国外城市设计丛书

城市地下空间设计

[美]吉迪恩·S·格兰尼

[日]尾岛俊雄　　　　　著

许　方　于海漪　译

U0249504

中国建筑工业出版社

著作权合同登记图字：01-2003-3664 号

图书在版编目（CIP）数据

城市地下空间设计／(美)格兰尼,(日)尾岛俊雄著；许方，于海漪译．—北京：中国建筑工业出版社，2004
（国外城市设计丛书）
ISBN 978-7-112-07004-6

Ⅰ.城... Ⅱ.①格...②尾...③许...④于... Ⅲ.地下建筑物—城市规划—研究—世界 Ⅳ.TU984.11

中国版本图书馆 CIP 数据核字(2004)第 117549 号

Geo-Space Urban Design / Gideon S. Golang, Toshio Ojima
ISBN 0-471-16252-3
Copyright © 1996 by John Wiley & Sons, Inc.
All rights reserved.
Translation Copyright © 2005 China Architecture & Building Press

本书由美国John Wiley & Sons, Inc.图书公司正式授权我社在世界范围翻译、出版、发行本书中文版

策　　划：张惠珍
责任编辑：董苏华
责任设计：孙　梅
责任校对：刘　梅　赵明霞

国外城市设计丛书
城市地下空间设计
[美]吉迪恩·S·格兰尼
[日]尾岛俊雄　　　　著
　　　许　方　于海漪　译
＊
中国建筑工业出版社出版、发行（北京西郊百万庄）
各地新华书店、建筑书店经销
北京嘉泰利德制版公司制版
廊坊市海涛印刷有限公司印刷
＊
开本：787×1092毫米　1/16　印张：19¾　字数：600千字
2005 年 1 月第一版　2016 年 7 月第三次印刷
定价：59.00 元
ISBN 978-7-112-07004-6
　　　(28841)

献给日本致力于发展现代地下购物中心的工程师、建筑师和科学家们！

目　录

前言 ……………………………………………………………… 9
绪论 ……………………………………………………………… 11

第一章　地下空间的城市土地利用 …………………………… 13
　第一节　分类 ………………………………………………… 14
　　　　　覆土住居 ………………………………………… 14
　　　　　半地下住居 ……………………………………… 17
　　　　　地表下住房 ……………………………………… 17
　　　　　地下空间 ………………………………………… 17
　　　　　全地下空间 ……………………………………… 17
　第二节　地下空间利用的赞同和反对看法 ……………… 18
　　　　　地下城市的巨大优势 …………………………… 19
　　　　　最终目标 ………………………………………… 21
　　　　　国家城市政策 …………………………………… 25
　第三节　土地利用的基本政策 …………………………… 26
　　　　　紧凑的土地利用 ………………………………… 27
　　　　　分隔的或综合的土地利用 ……………………… 32
　第四节　深度和土壤热性能 ……………………………… 33
　第五节　土地利用和深度 ………………………………… 34
　　　　　浅层区域 ………………………………………… 36
　　　　　中层区域 ………………………………………… 38
　　　　　深层区域 ………………………………………… 39
　第六节　城市运输和物流系统 …………………………… 39
　　　　　城市运输 ………………………………………… 40
　　　　　无污染的车辆 …………………………………… 42
　　　　　自动化物流系统 ………………………………… 44
　第七节　地上和地下空间相结合的土地利用 …………… 44
　　　　　综合城市中心区 ………………………………… 45
　第八节　用地划分 ………………………………………… 52
　　　　　无窗建筑 ………………………………………… 53

　　　　　　　商业中心 ……………………………… 55

　　　　　　　工业发展 ……………………………… 59

　　　　　　　教育、文化和娱乐用地 ……………… 62

　　第九节　健康、危险与安全 ………………………… 65

　　　　　　　健康 …………………………………… 65

　　　　　　　危险与安全 …………………………… 68

　　第十节　法规 …………………………………………… 69

　　结论 …………………………………………………………… 71

　　注释 …………………………………………………………… 72

第二章　坡地地下住居设计 …………………………… 78

　　第一节　感知和心理学 ……………………………… 78

　　　　　　　偏见和成见 …………………………… 78

　　　　　　　幽闭恐怖症 …………………………… 79

　　　　　　　自我形象 ……………………………… 79

　　第二节　创新的可实现方法 ………………………… 81

　　　　　　　山坡上的地上空间村落 ……………… 81

　　　　　　　坡地地下住居的意义 ………………… 85

　　　　　　　建造 …………………………………… 91

　　第三节　场地选址标准 ……………………………… 93

　　　　　　　地质构造和土壤成分 ………………… 93

　　　　　　　地貌学 ………………………………… 97

　　　　　　　坡度 …………………………………… 100

　　　　　　　水文，径流，地下水位和侵蚀 ……… 101

　　　　　　　海拔高度，热状况和相对湿度 ……… 102

　　　　　　　朝向 …………………………………… 103

　　　　　　　可达性 ………………………………… 104

　　第四节　住居设计和气候因素 ……………………… 105

　　　　　　　风 ……………………………………… 105

　　　　　　　辐射热 ………………………………… 106

　　　　　　　日照 …………………………………… 108

　　第五节　地下住居的热性能 ………………………… 108

　　　　　　　耶路撒冷民居实例 …………………… 108

　　　　　　　温度波动影响 ………………………… 110

　　　　　　　结露 …………………………………… 111

　　　　　　　热性能和地下空间形式 ……………… 112

　　第六节　坡地地下住居设计 ………………………… 113

　　　　　　　新的设计原则 ………………………… 117

　　　　　　　坡地住居的交通 ……………………… 119

　　　　　　　住居形式和设计 ……………………… 122

　　第七节　社会经济利益 ……………………………… 128

　　结论 …………………………………………………………… 131

　　注释 …………………………………………………………… 134

第三章　日本的地下购物中心 ···················· 141

　第一节　历史 ······························· 142

　第二节　法规 ······························· 144

　第三节　形式，设计和功能 ···················· 147

　　　　　场地规划 ··························· 147

　　　　　平面规划 ··························· 148

　　　　　规模 ····························· 153

　　　　　商店和饭馆 ························· 153

　　　　　与周围设施的连接 ···················· 155

　　　　　企业家 ··························· 155

　第四节　健康问题 ··························· 156

　　　　　环境特征 ··························· 156

　　　　　热性能 ··························· 156

　第五节　效率 ······························· 165

　　　　　建设费用 ··························· 165

　　　　　能量消耗 ··························· 166

　第六节　安全问题 ··························· 167

　　　　　灾害举例 ··························· 170

　　　　　灾害应对措施 ······················· 171

　第七节　愉悦性 ····························· 172

　　　　　形象 ····························· 172

　　　　　舒适性设计 ························· 173

　第八节　管理 ······························· 177

　　　　　设备管理 ··························· 177

　　　　　安全和保安防范 ····················· 181

　第九节　案例研究：川崎杜鹃地下购物中心(Kawasaki Azelea) ··· 182

　　　　　设计 ····························· 184

　　　　　管理 ····························· 185

　　参考文献 ······························· 185

第四章　日本的地下交通设施 ···················· 187

　第一节　地铁 ······························· 187

　　　　　发展状况 ··························· 187

　　　　　建造形式 ··························· 189

　　　　　健康 ····························· 191

　　　　　安全 ····························· 194

　　　　　效率 ····························· 195

　　　　　地铁的功能 ························· 196

　　　　　实例：东京地铁12号线 ················· 197

　第二节　地下停车场 ························· 199

　　　　　健康 ····························· 203

　　　　　效率 ····························· 205

　第三节　地下公路 ··························· 208

      实例 ··· 210
      地下公路的附加问题 ···················· 213
  结论 ··· 214
  参考文献 ··· 214

第五章　日本的地下基础设施系统 ············· 217
  第一节　基础设施的现在和未来 ············· 217
      日本的基础设施 ························· 217
      基础设施系统的发展 ···················· 220
      地下利用 ································· 228
      深层地下利用 ···························· 232
  第二节　东京都的地下空间网络工程 ········· 235
      城市环境问题 ···························· 235
      在都市中释放地上空间的工程 ········· 242
  第三节　东京湾地下空间网络工程 ··········· 249
      当前的问题 ······························ 249
      释放海湾地区空间的工程 ··············· 252
  结论 ··· 256
  参考文献 ··· 256

第六章　各国的地下空间利用：当地的和当代的实例 ······ 258
  第一节　当地经验 ····························· 258
      中国 ····································· 259
      卡帕多基亚 ······························ 263
      突尼斯 ··································· 266
      印度 ····································· 271
  第二节　当代实践 ····························· 273
      日本 ····································· 273
      美国 ····································· 273
      法国 ····································· 274
      加拿大 ··································· 275
      瑞典 ····································· 275
      中国 ····································· 276
  结论 ··· 276
  注释 ··· 277

总参考文献 ·· 281
英汉词汇对照 ······································· 309

前　言

　　近年来,大城市中心的快速增长已经引起当代城市设计者们的高度重视。地价上涨、交通堵塞、管理失当、邻里紧张以及其他无数与这种增长相联系的问题,这就使研究城市设计专业过去和当前的经验显得非常重要,因为它们可以为城市边界扩张发展提供有价值的经验和方案。

　　20多年来,我一直研究在当前城市设计的趋势中所形成的一些物质、社会和经济问题,并且把这些认识结合到我对地下空间各种巧妙应用的深入研究中。通过对过去和当代的信息进行汇编,我发展出一种全面的设计,它可以满足当代的设计要求,以构建我认为最理想的未来城市。这个研究的一部分涉及其他可能的前卫概念,比如山城、海面漂浮城,或海底城市,以及太空城,有它们的相互比较,也有与地下空间的比较。虽然城市规划的任何一种不同布局都有各自的优缺点,但是我清楚地认识到,尽管地下城市只是众多的设计选择中的一种,但它可能最具可行性。

　　虽然我对地下空间的研究开始于1950年代,但是直到1970年代的能源危机,我才开始全面研究中国和突尼斯历史上的地下空间发展实例,以及日本现代的购物中心设计,从而投身到与实现这种未来设计概念相关的特定的细节研究。利用这些实例作为实验,以形成我对于未来地下城市的总体而全面的概念。1990年我在东京逗留期间,关于这种地下城市概念的一些特殊理念又继续发展。

　　从那时起,我开始把研究重点放在改进全面的城市设计上,这种全面设计不仅要混合城市中不同的土地利用,而且还要将传统的地上城市与新的地下城市融合到一起。另外,鼓励普通公众克服对地下工作、生活的偏见,也是具有挑战性的工作。为了实现这种整体性,并满足这种城市中居民的心理需求,采用创造性的设计和可行的建造方法是至关重要的。要达到这些要求,有时候可以通过利用坡地,以及设计便于在地上和地下空间之间移动的构筑物来实现，这种构筑物能允许最大的直接日照和开放性，同时又不会丧失整个城市规模的视觉和美感。

我认为全面的地下城市设计，对解决许多现有的城市问题具有革命性和现实性的意义。地下城市设计是城市设计的一个里程碑。据我所知，本书是这类书籍中的第一本英文著述。

我要特别感谢宾夕法尼亚州立大学的科研和研究生院的资深副主席大卫·舍利博士，艺术和建筑学院院长内尔·波特菲尔德教授，负责科研和研究生计划的副主任爱德华·威廉斯博士；以及宾夕法尼亚州立大学建筑系主任迈克尔·富菲尔德教授，感谢他们的一贯鼓励和财政方面的支持。还要感谢我的同事彼得·迈格亚教授，他审阅了本书的部分图片并提出了宝贵的意见。我还要感谢我的编辑助教鲁思·文斯托拉小姐和克劳迪亚·林克小姐，她们帮助编辑我的文章，还有秘书琳达·贾默和卡瑞·拜尔，感谢他们在整个工作过程中所给予的帮助。最后，我还要感谢越丽小姐，克里斯蒂·温小姐，李红小姐，陈燮先生和黄世军先生，他们帮助我把我的草图整理成最终的插图。非常感激他们所有人的帮助和奉献。

G·S·格兰尼
宾夕法尼亚州立大学
大学城，宾夕法尼亚

绪　论

　　世界范围内的大城市中出现了城市聚集问题。迫切需要一种创造性的解决措施，来应对今天大都市中心所面临的许许多多在经济、社会、环境和物质等方面的问题。在20世纪里，回应这种要求而产生的许多设计概念，主要集中于城市中垂直方向和水平方向的地上扩展。虽然在整个人类文明的历史中，有零星的对地下空间的不同利用，但是大规模地利用地下空间作为解决城市膨胀的一种方法还有待于充分考虑。对此不重视的原因部分是由于过去严重缺乏设计实践——这些设计的设施条件很差，难以满足发达国家中当代社会的规范和标准要求。因而，地下空间常常与令人不快的环境，以及黑暗、潮湿、疾病等印象联系在一起。

　　近期倡导利用地下空间的运动，赞同创新的技术设计、日照渗透、有效的通风以及多用途的土地利用。本书就出自这一运动，它论述了地下空间利用的可行方法，它是作为原有地上城市或新建城镇的一种补充，而不是要替代后者。它建议城市设计者用全面和整合的设计理念来考虑城市的各个方面，包括交通、居住、物流系统、通讯、健康以及规划的许多其他方面。

　　最有义务设置地下城市环境的是具有以下一种、几种甚至所有条件或需要的地方：

　　• 土地保护：需要保护耕地免受城市快速扩张侵占的国家，如荷兰、以色列、日本。

　　• 城市土地价格高昂：城市增长造成空间需求激化，土地价格暴涨，使得地下建筑更为经济的国家，例如美国、英国和日本的大城市。

　　• 防御：地下空间是重要的防御因素的国家，大山或丘陵内的地下空间能够满足这种安全需要，如以色列和中国。

　　• 有效的城市规模：城市自然扩展造成过度膨胀和低效市政网络的城市；地下城市会大大减少市政管网的铺设长度，使其更加经济合理有效。市政管网扩展过长造成低效率的例子见诸于世界范围的许多大都市。

　　• 应对恶劣气候：位于严酷的干热气候、或者干冷气候条件下的城市，前者如中东地区、美国西南部，或者北非、澳大利亚，后者如加拿大中部或者西伯利亚，这些地区的气候非常不舒适，而且能量消耗大。

　　地下城市概念的引入产生了一个既相对独立又相互联系的问题综合体，需要各个不同的专业致力于对此的研究，例如城市规划师、工程师、开发商、建筑师和立法者。只有这样，才有可能实现一个有效地考虑了建造和居住所有方面的全面的城市规划。技术、逻辑、法律、边界、环境、社会、经济、安全和保险，以及可能是更为重要的心理学因素，构成了实现成功的地下空间设计概念的所有组成部分。

　　像任何其他的前卫理念一样，地下城市设计也有赖于时间来调整和采用。然而，我们膨胀的城市面临着不断增长的复杂情况，人们不久就会发现它必定是对实际问题的富有远见的一种解决方案。

第一章 地下空间的城市土地利用

G·S·格兰尼

地下住居是人类所知道的最古老的遮蔽所形式。甚至当人们搬迁到地上居住时，出于经济环境的考虑，还部分地保留地下空间用作储藏和居住。由于巨大的城市扩展、空间的严重短缺和暴涨的城市地价等原因，近年来人们对地下建筑的兴趣不断增长。这种居住地的潜在利益导致了人们去探索一种完全现代的地下城市设计概念。与这种城市设计相关联的争论和问题存在于两个层面：建造和使用。建造的要求可以由现有现代技术得以满足，但是，使用则包含着社会心理因素，对此的处理就不是那么容易了。人们运用尖端技术解决第一个问题的同时，城市规划师、工程师和建筑师们需要使用创造性的、非传统的设计来解决社会心理问题。他们需要研究古老的乡土设计经验和现代理论，并加以综合运用，导出适合现代规范和标准的、富有创造性的、多学科综合的独特概念。

历史上，人们将当地的地下空间利用和世界上农村地区的低收入，以及无家可归人群等联系在一起。这种联系造成了一种负面印象，从而忽视了利用地下空间所能获得的明显益处。但是，地下空间设计一旦开始与先进技术的有效性联系起来，并且为中上阶层所接受，它的印象就会得到改善，其正面的益处也会变得明显。事实上，现在正是那些技术先进的国家对此抱有极大的兴趣。在城市空间短缺、土地价格飞涨、城市积聚和其他因素的压力作用下，某些国家在其原有城市中已经不同程度地使用地下空间。

人类的地下居所主要建在农村地区。出现这些居所的起因是为了满足各种各样的需要，其中有为了节约宝贵的耕地，为了防御，为逃避宗教迫害，或者为抵御严酷气候。最为广泛地被人们所承认的地下城市有突尼斯北部的罗马时代的城市布拉雷吉亚(Bulla Regia)；波兰南部克拉科夫附近的地下盐矿城维利奇卡(Wieliczka)；中国的延安；土耳其中部卡帕多基亚的许多拜占庭聚落，以及以色列和约旦南部的纳巴泰(Nabataean)村落。另外，在突尼斯南部、意大利南部、土耳其中部、中国北部、西班牙及北美，地下村落的演化发展也已存在几千年。

第一节 分类

自从几千年前人类开始使用山洞以来，已经发展了各种各样由土地包围的空间，作为掩蔽所及其他功用。因而，人们采用许多术语来描述这些住居的不同形式，尤其在近些年。首先，术语涉及不同程度的与土壤的空间关系，以及热性能模式、对本地环境状况的适应以及可得到的建筑材料(图1.1)。"地下空间"(geo-space)一词是指建造在土地里面的空间。本书中，术语"地下空间"用来表示被土地包围的地下空间。然而近年来，用来描述不同形式地下空间利用的许多用词常常被互换，这些术语包括覆土、半地下、地下住宅；地下空间，以及全地下空间。作者冒昧地对词义和定义作了澄清，另外，为了给读者和研究人员一个正确的认识，也有必要将这些不同的人类村落加以分类，探讨在整个人类文明的历史进程中，它们的起源和特征(图1.2)。

覆土住居

"覆土住居"或"地上覆土住居"一词，在美国，目前普遍用来指那种大半建在地上、并被土层封闭的住所，通常覆土厚度大约1.5米(图1.2a)。这种方式目前被用来解决能量消耗的问题，特别适用于制冷供暖能量消耗大的严酷气候。覆土住居的功能首先是作为室内外空气温度之间热的绝缘体。由于它的覆土层厚度相对较小，它保持热量的作用也就非常有限，但是，它仍能有效地减少昼夜热量的得和失。美国西南部干旱地区的土著美洲人曾经使用这种方式的覆土居住空间。这种古老的建造形式在严酷的气候地区一直被普遍采用，比如在干热地区：中东，地中海地区(伊朗、土耳其、意大利和西班牙)以及中国的华北。这种建造形式的一个绝好的例子是耶路撒冷的本地民居(图1.2b)。

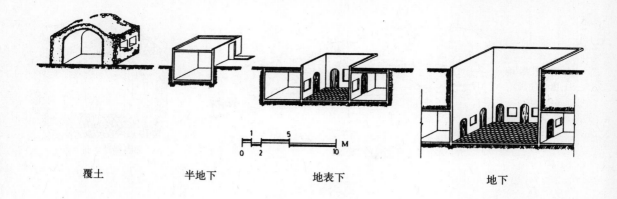

覆土　　　　　　　半地下　　　　　　　地表下　　　　　　　　地下

图1.1　土地包围的空间单元的
　　　术语。名词的确定是根
　　　据空间单元与土壤表面
　　　之间深度的不同程度而
　　　定

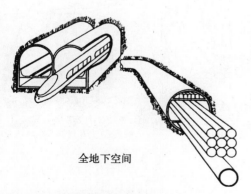

全地下空间

图1.2　人造覆土住居的类型。
　　　这个分类原则基于对
　　　整个人类村落历史的
　　　调查

1.覆土住居(地
上覆土住居)

A．覆土住居(近代美国)   B．耶路撒冷本地民居

2.半地下住居

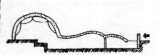

C．新石器时代(中国和日本)   D.台地式(地中海)   E．爱斯基摩人的冰房子

3.地下住房

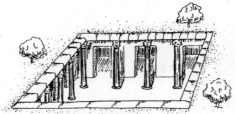

F.罗马夏季别墅(突尼斯北部)

4.地下空间

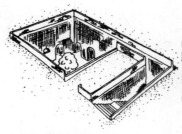

G.地坑式(突尼斯和中国)   H.崖壁式(中国)   I.蜂巢式(土耳其的卡帕多基亚)

5.全地下空间
(日本概念)

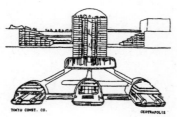

J.交通、基础设施、商店和住房

半地下住居　　　　　　半地下住居是指部分建在地下，部分建在地上的一种单元。它是最普遍的人造住宅形式之一，曾经用于中国、日本新石器时代的村落和古代的其他一些地方(图1.2c)。在非洲的农村，至今还沿用这种形式。带地下室的住宅形式也归于此类，被普遍地应用于世界各地。在中国华北和突尼斯南部还有一种功能类似的形式，它建在台地式的悬崖上，住宅的一部分建在地下，一部分建在地面上(图1.2d)。另外的一个例子是爱斯基摩人的冬季冰房子和夏季半地下住房(图1.2e)。

地表下住房　　　　　　地表下住房是指建在地下浅表层里的房屋，其室内顶棚到土壤表面距离较小，通常约在1.5米以内。在古代，这种地表下的住房类型被罗马人应用在突尼斯北部的布拉雷吉亚(Bulla Regia)城(图1.2f)。罗马人建造了大量地下周柱廊院式的消夏别墅，来躲避北非的酷热。这种设计形式在罗马人到达以前，就可能已经被北非当地的柏柏尔部落所采用。在一些现代住房中，地下室单元常常采用地表下建造形式。

地下空间　　　　　　地下空间是历史上把土地与空间整合为一的、最常用的一种形式。地下空间是指建在地下相当深处的空间－通常从室内顶棚到土壤表面大约有3米。因为房间顶部的土壤层很厚，这种地下空间通常采用"挖除并使用"的方法来建造，建造过程中不需要任何建筑材料。这种方法在平地上采用地坑式设计(图1.2g)，而在山崖上则采用台地形式(图1.2h)。它典型地发展于石灰岩或石灰华地质，因为这种地质中挖掘相对较容易，比如在卡帕多基亚(图1.2i)，还发展于黄土类土壤条件，这类土壤在干燥状态下非常坚硬，并且能保持其形状，中国华北的窑洞居所就属于这种情况。

全地下空间　　　　　　"全地下空间"一词目前被日本人用来指那些被完全深埋在土地中的空间。[1]日本的设计师对于地下空间形式已经提出了一些颇具创造性和前卫思想的概念，设想在地下50米或更大的深度空间里容纳多用途的人类活动(图1.2j)。重新兴起的对地下空间进行利用的兴趣，主要出现在世界上技术发达的国家中。

深层地下空间利用的另一个例子是挪威西南海岸的冉发斯特(Rannfast)计划。这一计划包括两个横跨海峡的海底通道，并且为伦讷斯(Rennesoy)郡的所有主要岛屿提供与大陆的连接。这个网络中最长的隧道是比峡湾(Byfjord)隧道（5860米）和马斯特拉湾(Mastrafjord)隧道（4405米）。自从比峡湾(Byfjord)隧道1992年11月开通以来，每天有将近2400辆车次通过隧道。[2]然而，隧道工程是地下空间的一个新兴领域，人们预料它的应用会随着技术的不断进步而加速发展。[3]

第二节 地下空间利用的赞同和反对看法

地下城市的一个主要目标是保护自然，并改善地上传统城市的审美和社会空间。因此，地下城市的设计就是用来对传统城市进行意义重大的改进。[4]促使每个国家接受地下城市发展的理由各有不同。[5]这些理由包括节约耕地；为防御的需要提供掩蔽所和安全保证；抵御严酷气候；获得舒适的室内温度；缓解高昂地价的压力；获得紧凑的土地利用和城市土地高效利用以应对当代城市扩张；减少城市市政管网长度；改善地上城市空间的健康和吸引力；以及创造一个充满绿色、免于机动车干扰的、更加适宜居住的城市。[6]例如在美国，近年来中上阶层开始对地下空间系统进行探索，以满足建造创新式住宅的需要。

采用先进的技术，连同创新的设计、建造和操作过程一起，有可能提高地下空间的使用。本书提及的与平地或坡地相连的地下城市，其主要目标是提升现有城市生活的品质，减少或消除某些城市问题，改善自然环境，同时重视新的地下开发，并且对实现未来的城市中心提出一种既有远见的，又具现实性的城市模式。[7]本章中对土地利用的讨论主要涉及城市的非居住用地。[8]居住用地将在下一章中进行讨论。

城市扩张可以同时或单独地发生在三个方向上：水平、垂直向上和垂直向下。在整个19世纪至20世纪，城市以高层建筑的形式垂直向上扩张。20世纪的增长特点还表现在水平扩张上，为了建造独户住宅，城市被分散到郊区。在广泛研究了这两种途径以后，我们坚信，21世纪的城市仍将在垂直方向上扩张，但这一次它将向下扩张形成地下城市。出现这种情况不仅出于必要性，而且出于对地下空间潜力的认识；更重要的是因为它对传统地上空间城市的发展具有积极的影响。

几乎所有传统的地上空间土地利用类型都适用于地下城市。[9]对于某些用地，使用地下空间则更具有优势。地下城市垂直向下扩张，会减少城市基础设施网络的铺设长度。我们的研究结果表明，利用地下空间可以使所有公用事业和基础设施总的组合长度缩短75%，其中包括道路、电话、电视、电力、给水和排水系统。[10]

地下城市可以缓解许多与传统城市中心有关的巨大的用地压力。[11]同时，通过把车行道改变成步行道以及提供开阔的绿色空间和自然植被，将提高城市核心区的物质和社会环境。另外，它即使不能减少，也能控制土地价格投机，能够提供无污染的环境，减少空调和采暖的能量消耗，并且增加城市中心区的安全性。如同任何复杂的设计尝试一样，地下城市事业也存在优势和局限。无论如何，为了扬长避短，我们有必要认识它的特点。

地下城市的巨大优势

我们把地下城市概念定义为广泛而多样化的地下空间利用，以及这种空间与现有的或规划中的地上城市全面融合。地下空间提供了一个新的城市维度，它将大大影响传统的地上城市。这种创新的城市形式是地上城市的补充，而不是要取代它，而且它提供了土地利用的一种新设想。[12]

从心理的、逻辑的和经济的角度看，在坡地上及坡地内发展完整的城市，比利用平地建造地下住宅更为有效。坡地更符合私密性和采光的需要(第二章)，而且它还可以灵活地将平地用作许多其他类型的城市用地。虽然地下城市需要权衡得失，但这种选择的优势是无比巨大的。下面的讨论将阐释它的主要优点。

气候　居住在地下是对付室外气候条件——尤其是严酷气候的一种有效方法。无论冬夏，地下空间都可以提供舒适的室内环境。它消耗的能量更少，而且可以减少热量的得和失。[13]

地价　无论是因为土地的双重利用，还是因为初期建造是在价格低廉的坡地上，一般地，土地价格都会降低。事实上，节省土地的意义非常重大，因为地下建造可以释放出很多地上空间用作人行步道和其他用途，例如儿童游戏场、休闲场所或其他建筑。地下空间中的住所与外界隔离，非常安静，甚至可以把它建

在机场附近。设计和建设费用在大规模建造时会大大减小，或者
是当地质上没有层理时，"挖除并使用"的建造方法也会降低建
设费用。另外，有限的外部建筑材料需求和低水平的维护费用，
也会减小其成本。地下空间也不需要定期整修屋顶（地上建筑每
10到15年需整修一次），而且也几乎很少需要维修由于风、冰雹、
雨、雪或其他自然力而造成的损坏。

环境　地下城市能保护土地和环境，并且节省出大量的空
间作为绿地和开放空间。它能提供一种私密、安静和令人放松的
环境。正因为如此，它对于创造性的工作，如写作、音乐、作曲、
绘画和雕塑等，是非常理想的。

安全　如果设计合理，地下城市比地上环境更为安全。它
能抵御暴风雨、台风和辐射，它还是防火的，而且火灾很难蔓延
到相邻构筑物中。因此，其保险率可望低于传统的地上构筑物。
如果采取了抗震设计措施，居住在地下空间还能安然免于地震的
毁坏。另外，地下空间不会出现由于温度波动而造成的问题，比
如水管冻裂的情况。

睡眠和安静　虽然对地下居住空间还没有全面展开专门的
科学研究，但是逻辑推理表明，它可以大大降低噪声，提高私密
性和亲密的气氛，非常安静，更是非常好的睡眠条件。对澳大利
亚的地下居住者进行的采访揭示，他们感觉所居住的地下空间环
境比住在地上更加安静和健康，特别是对孩子们。例如一位母亲
指出，她的孩子们从来没有像住在地下房子里睡得那样安静。[14]

工业　由于有特殊的优势，地下空间可以提供多样化的土
地利用。地下空间温度的稳定性最适合那些需要季节性的、或长
期热稳定性的工业，如胶卷和造酒工业。作者的研究表明，地下
设施中的温度波动极小，可以加快手术后外伤的愈合。人们认为
同步稳定的干湿球温度，会使外科病人的康复时间缩短20%或者
更多。[15]

冷藏　由于夏季温度凉爽，地下空间可以用作大规模的冷
藏和中央食品贮藏，尤其适合柑橘类水果和蔬菜。目前这种贮藏
中心还用在土耳其的卡帕多基亚；日本的大谷和中国的重庆。古
代的中东地区，以及中国和许多其他地方，广泛地利用地下空间
贮藏粮食。在中国的唐朝时期(公元7至10世纪)使用的贮藏谷物

的地窖，最近在河南省的洛口市和洛阳市被发现，地窖里59%以上的谷物仍然保存完好。[16]现在，美国正在研究地下空间贮藏的现代方法，它具有大规模发展的潜力。

教育设施　现在，美国出现了对地下空间的另一个有效利用，即用于教育设施，如图书馆、学校和书店。大学里的空间非常宝贵，现已建好的图书馆又常常需要扩建，附近的地下空间就成了一种理想的解决办法，它还不会干扰现有的环境（温度稳定性在这里也是一种优势，因为它有助于保护书籍的品质，同时它还能满足较小的相对湿度的要求）。其图书馆已经向地下空间扩建的美国大学有伊利诺伊大学、哈佛大学、约翰霍普金斯大学和康奈尔大学。美国还建成了大约100所现代化的、与大地相结合的学校。

办公建筑　随着教育设施的建设，近二十年来，在地下空间还建造了大量的办公建筑、公众集会场所、商业场所和宗教中心。[17]这个新兴的地下空间利用的运动，发起于应对能源危机、满足室内热环境的需要和环境保护。今天，这个运动在世界上大多数发达国家都有很大的发展势头。

总而言之，地下城市积极回应了传统地上城市的因素。另外，地下城市还刺激设计者和经商者采用创新理念，采取有效措施使城市恢复活力。表1.1对地下城市的赞同和反对看法做了概括总结。

最终目标　　　地下城市的最终目标是解决传统的地上城市中已经存在的和预计会出现的问题。[18]最终，我们认为地下城市要达成以下目标：

1. 重建大多数的地上城市交通网络。尤其是城市中心区部分，将它们设置到地下层。它的最终目标是开放城市的地上空间作为步行道，把自然景观引入到城市里，把人类活动与汽车分隔开，使人们在一个自然的环境中得到放松。

2. 将自然环境深深地渗透到地上城市环境的核心区。

3. 将城市所有的基础设施转移到地下层，其建设要全面综合地组织，把它们纳入一种先进的运行模式中。

4. 为城市设计、实现和运行一种完全自动化的地下物流系统。

5. 以整体的和分离的地下空间模式,实现有内聚力的土地利用规划,并作为地上城市的一个整体部分。因而,将重新构建地上城市用地模式,使其符合人的尺度,以步行网络控制整个城市。

6. 引入坡地地下居住设计原则,并将其与平整低地城市相结合,而不要在平地建造地下住房。

7. 将所有无窗构筑物重新设置到地下空间。

期望地下城市在短时期内实现是不现实的。作为城市设计的一种革命性的概念,它的优势和力量主要在于它对现有城市问题的长期性的反应。从立法、经济、设计、执行以及其他城市发展的角度来看,从零开始建一座地下新城,要比将其与现有城市结合更容易一些。

在世界所有发达地区中,城市化趋势通常都伴随着大地景观的改变和整个物质、社会和经济环境的改变。不可逆转的城市化模式将继续主宰着我们的环境,与之相随,空间、货物、高技术的消费得到增长,生活水平得到提高,而所有这些又导致社会经济价值观发生剧烈变化。[19]任何一种规划体系都应该考虑这些改变和隐藏于其背后的力量。在这种情况下,城市设计系统的作用变得重要而不可缺少。城市设计被认为是自然环境和人工环境的综合,所有构成城市结构的作用力都要慎重地加以考虑。城市设计的焦点是人及其三维物质环境。城市设计的目标是为整个城市中的所有居民创造一个可持续的、愉悦的环境。

本书引入地下城市及其与地上城市相融合作为一种设计概念。地上城市和地下城市的结合将使地上城市恢复活力。两者的结合会给地上城市带来更加健康的环境,使城市面貌焕发生机,使居民与工作地点更接近,建立贯穿全城的更加安全的步行网络,使自然环境能与城市中心区相整合,在动态的文明中提供一个放松而安静的社会环境,并且创造一个没有空气和噪声污染的物质环境。

全面处理这种地下城市计划,需要考虑城市的方方面面,而不只是一个一般的概念。为了发展地下城市模型,需要对历史的经验教训和现有实践经验加以研究。

地下城市努力的主题是一个长期而广泛的梦想,它引入一个

表 1.1

地下城市赞同和反对观点的概括

赞同观点	反对观点

历史

赞同观点	反对观点
• 大规模地利用地下空间已证明具有可行性，并能为将来的发展提供指导 • 历史上的设计为当代实践的创新提供推动力，以满足现代规范和标准的要求	• 虽然历史上个别案例取得了它们的最终目标，但是其规范不能作为我们当代的典范，现在要求满足日照、自然采光、通风和其他环境的需要

土地利用

赞同观点	反对观点
• 将城市道路网转移到地下空间，使得自然环境可以深入到城市中 • 保护自然美景 • 提供地上和地下空间的双重土地利用 • 提高土地的整体利用，将现有地上城市与地下城市相融合 • 为日常需要创造接近的土地利用 • 通过混合的整体土地利用为使用者提供更多的舒适便利 • 与交通的完全分离将大大减少人与交通网络之间的冲突 • 缩短所有城市市政网络的长度 • 减少建筑材料消耗 • 增加地面的承载力 • 紧凑的土地利用减少能量消耗 • 提高农业和家禽产量	• 密集的土地利用有可能导致交通堵塞 • 拥挤可能导致某些私密性的丧失，这在一些文化中可能是不可接受的

社会

赞同观点	反对观点
• 通过引入混合和接近的土地利用，促进各年龄层的社会交往 • 改善社会文明 • 鼓励不同种族群体的社会整合，减少隔离	• 文化偏见会造成不同种族人群产生环境适应性困难 • 可能造成潜在的幽闭恐怖症和心理压抑，这需要进行特殊设计 • 难以消除心理上对地下空间的排斥 • 需要适应性

经济

赞同观点	反对观点
• 双重土地利用会降低城市土地价格 • 减缓城市土地价格投机 • 地下城市所带来的紧凑性会减少基础设施的复杂性及其设计、建设及维护费用 • 增加住房的选择和就业 • 热量得失少，能量消耗低 • 提供廉价的冷藏	• 增加水泵抽水费用 • 初期投资费用高 • 经过初期发展后，土地价格可能上涨 • 新设计可能费用高昂，且有待于研究 • 建设期间的费用有可能会高 • 照明可能会增加运行费用 • 可能需要的爆破会增加费用

表 1.1（续）

赞同观点	反对观点
• 舒适稳定的空气温度可以提高劳动生产率 • 减少城市土地利用投机	• 还包括地质和土壤的测绘费用 • 广泛的挖掘可能需要高昂的代价改良土壤表层以使其重新适合耕作或其他使用

交通

赞同观点	反对观点
• 增加无污染的大量性交通的使用，如地铁 • 减少使用私人交通 • 缩短通勤时间	• 对城市系统造成重大改变 • 带来重型机动车交通震动的危险

安全

赞同观点	反对观点
• 避免人为的和自然灾害 • 给水设施不会造成冻结、破裂等问题 • 火灾的抵抗力增加 • 因在坡地建造住宅大大减小洪水危险 • 采用相应的设计措施和合理的选址，可避免地震灾害 • 抵御台风、龙卷风和雷暴	• 火灾疏散困难 • 地质断层增加地震冲击力的危险

环境

赞同观点	反对观点
• 大大减小对自然环境的影响 • 紧密结合日常的城市土地利用创造一种愉快而非常放松的城市环境 • 提供适于居住的而又充满活力的城市 • 为作家和艺术家的创造性提供激发的环境 • 提供完全私密的住宅	• 可能产生某些环境上的限止，需要调整 • 聚集在公共空间所产生的噪声水平可能会增加 • 有暴露于氡的可能性 • 某些空间需要特殊的室内景观

生活质量

赞同观点	反对观点
• 所有交通都转移到地下 • 城市里可以提供有着令人愉快的绿色空间的开敞自然环境 • 缓解个人和群体的精神压力 • 使不同的用地更接近 • 提供更加卫生清新的空气 • 在整个城市里引入宽敞安全的步行网络，完全与机动车隔离 • 减少交通噪声和空气污染，提供安静和安全的环境	• 在一个封闭的环境里，如果没有被动或主动的通风设计，或者电动汽车还没有得到普遍使用，空气污染可能是个问题

健康

赞同观点	反对观点
• 舒适的室内温度使人放松，头脑活跃 • 宁静可激发创造力 • 大大减少视觉和听觉干扰	• 湿度增加，特别是在潮湿地区 • 可能导致幽闭恐怖症 • 可能需要被动或主动的通风设计

表 1.1 （续）

赞同观点	反对观点
• 术后恢复期可减少 20％	
• 安静可以减少压力	

气候舒适性

赞同观点	反对观点
• 增加抵抗极端和严酷气候的耐受性	• 在某些地区有被沙尘暴淹没的危险
• 季节和昼夜的温度稳定，有益于健康和某些工业	
• 能抵御温度波动，形成舒适的室内环境	
• 在极端寒冷的气候里，当电力和供暖中断时，仍然可以保证生存	
• 大大减少风力冲击	

维护费用

赞同观点	反对观点
• 降低维护费用	• 用水泵向坡地住宅供水和从地下单元抽出污水的费用增加
• 延长构筑物的耐久性	
• 房屋维修费用降低	
• 火灾保险率应更低	
• 用地的接近大大减少公用事业费用	

非传统的然而又具有应用性的概念。[20]直到 20 世纪，城市的增长还是在水平方向和垂直向上的方向上扩张。地下城市为城市增长引入一种新的垂直向下的维度。现在，人们在技术上有能力并且有勇气来实现这些措施，造福于人类和整个社会，而不再是简单地建造另一个美丽的、但有缺陷的历史的建筑纪念碑。[21]

虽然地下城市的概念看起来是幻想的、激进的、革命的，但是作者坚信随着时间的推移，地下空间利用必定会稳步增长，并将持续发展下去。对这一主题作调查研究，并且更为重要的是缓解我们的城市问题的需要，会使这一计划逐步变成现实。为了满足当代标准，尤其对于日常的居住空间，地下空间的设计需要采用不同于地上空间设计的处理方法。

国家城市政策

我们对世界上许多地区的城市设计和区域规划的观察和结果表明，存在有一种强烈的相关性，其中的一个方面是特定国家的大小、人口密度和技术水平，另一个方面是集体意识和全面的国家城市增长政策的需要。这种相关性的例证有英国(新城发展)、荷兰(围海造田和区域发展)、日本(技术和设计意识)、以色列(土地利用法规和人口的再分配)。这些国家面积小，人口密度大，自然资源有限，但是它们能够建立一种有内聚力的、全面的国家城市增长政策和有效的空间城市设计。

在任何特定国家中慎重地使用地下空间，都必须全面考察它的可行性、前景和社会的、空间的、经济的、环境的后果。[22] 重要的是明确大规模的目标和任务，确立国家发展政策和建立法规，来规范地下空间。中央政府应对私人和公共事业提供鼓励。并且在努力执行任何大规模地下空间建设的全国运动中，围绕着的交通问题也是重要的因素。

第三节 土地利用的基本政策

地下空间利用的意图是强化和优化城市土地利用，同时改善居民的社会、经济和健康状况。[23] 如果地下空间的发展得以审慎地监控，经济效益和社会效益都会得到增长。

地下空间土地利用与地上城市的整合是一个复杂的问题。土地在地上和地下层的双重利用在那些土地价格剧烈上涨的地区暗含了经济性。为了获得最理想的城市地下空间利用，必须考虑将其与其他设计概念相结合。这种城市发展在本质上被视为三部分，作者把这个概念称为"三位一体概念"，它所包含的三个要素是坡地、紧凑的城市形式和地下空间。城市设计和建设的三位一体概念倡导地下空间与紧凑的形式以及坡地选址整合为一体。[24] 实现这三个设计要素的融合，是为了提升和改善地下空间概念，以满足我们现代和未来的规范和标准要求。事实上，这三个要素曾被广泛地应用于整个历史的人类定居中，这里的不同之处在于，过去，要素被单独而不是整体的处理对待。即使三位一体概念中相同的两个用地要素或者相关的两个用地要素在地上和地下相组合，都会缓解或减少与传统的地下空间利用相联系的问题。这三条原则的联合应该被当作一个有凝聚力的整体单元来看待、分析和实现，它也提供了适用于现有城市本身的多种设计原则。城市规划师可以使用这三条原则中的任何一条，可以用孤立的形式并列使用(一条原则)，可以采用半整体的形式(两条原则)，或者采用完全整体的形式(所有的三条原则一起)。这样，地下空间的有效利用可以全面地回应某些日益紧迫的城市问题。

建立另一种地下空间用地模式的途径是在地下空间中引入方格网系统，并将其与现有的地上空间土地利用相结合。地下建造的洞穴可以镜像映射地上已建成的模式，例如方格网交通网络。另外，主动的和被动的地上开放空间、停车场、干道及类似的东西也应与地下土地利用相对应。它们应该包括步行通道、机动车道、地铁，还连同用作停车的地方。整合地上和地下土地利用对获得结构稳固性、可达性、步行的畅通和安全性都是必要的。由于诸如定位等原因，这类镜像设计模式将会证明主要对步行者是有益的(图1.3)。

紧凑的土地利用　　　　城市土地利用的紧凑形式曾经普遍地应用于整个人类聚居的历史，通常人们对地形没有特别的考虑－使用任何平地、山地或者坡地建设居住环境。人类聚居进化发展的原因是多种多样的，包括防御、保护可耕地、抵御严酷气候、节约修建城墙的人力、或者是为了增强区域的内聚力和社会的同一性。在某些干旱和半干旱气候下，紧凑式城市千万年来进化成为主导形式。它在气候温和的地区也使用了几千年，例如在欧洲和地中海。在20世纪，为了寻求最佳的城市设计，紧凑城市又重新被城市规划师、建筑师和社会学家采用，包括埃比尼泽·霍华德，弗兰克·L·赖特、勒·柯布西耶和保罗·索莱里(Paolo Soleri)。

土地紧凑利用的城市与典型的美国城市那种分散形式不同，它的物质形态与它周围的自然开敞环境之间发生了一个清晰的分界。这种天然的对比，在现实和下意识里，都造成对自然环境的强烈意识和社区的凝聚力。

对紧凑用地城市的讨论，常常会与一个"单元人口密度高"的概念联系在一起。但是，有必要对居住单元的人口密度和城市的居住单元密度进行区分。紧凑的城市土地利用不应在城市的居住单元数量增长的同时使每个居住单元的居住人口增长。然而，城市中居住单元的高密度不会减损室内私密性的质量，应受到鼓励。人口中的缺乏私密性、噪声增加，活动受限以及破坏行为等问题，可能更多的是由于特定城市中居住单元的人口密度的增加，而不是城市居住单元数量的增加。相反，紧凑用地城市应该引入邻近的住宅单元，减少消极的开放空间。精心设计住宅单元并引入其他的土地利用，可以改善物质和心理环境。

图1.3 地下城市中土地利用的方格网和线形模式, 把地下和地上城市结合在一起

同种族的群体比不同种族的群体更容易接受紧凑城市, 因为前者喜欢更多的交流, 并倾向接受在紧凑邻近的地区常见的亲密感。另外, 密集城市也不会损害个人或家庭空间, 而它们是城市居民的最重要的空间。

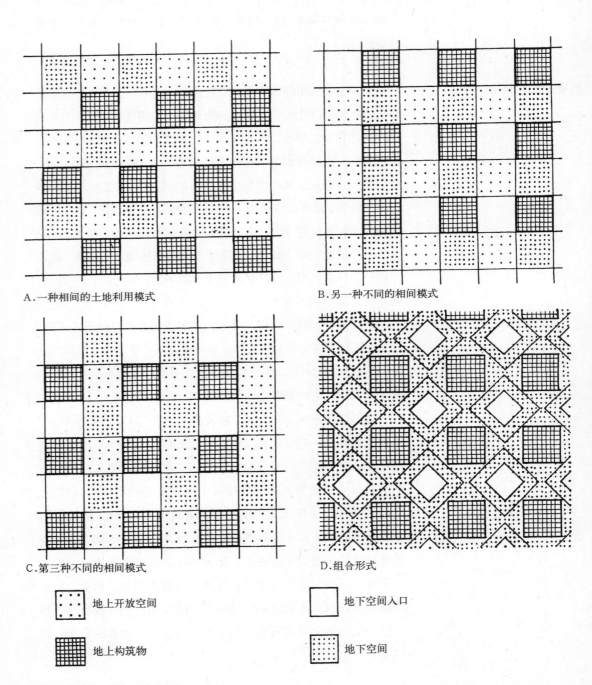

A.一种相间的土地利用模式   B.另一种不同的相间模式

C.第三种不同的相间模式   D.组合形式

⦿ 地上开放空间		□ 地下空间入口	
▦ 地上构筑物		⠿ 地下空间	

对空间状态的适应性取决于现存的人类因素,如血统、文化和生活方式。因为同种族群体有共同的价值观,他们之间的交流程度会高于不同种族群体之间的交流,因而,他们通常更能容忍较高的人口密度安排。使用空间的优先权也因文化差异,和家庭与家庭的不同而存在差异,它通常与家庭大小、年龄及孩子的数量有关。基本上,对个人和家庭来说,室内的个人空间较之在室外街道、市场或其他公共场所里的个人空间更重要。同样的优先权存在于室外,它与公共空间、购物中心、文化中心或教育机构的使用有关。在紧凑利用土地的城市中,由于购物中心和其他的公共活动场所与社区邻近,所以设想人的接触会比在传统城市中更频繁。

然而,不同类型的社会对在密集城市中居住可能会有不同的反应,并且由于邻近而建立起的共同接触和交往,对某些社会而言可能不会完全接受。社会、经济和居住规范不是静止的,它更易受社会期望的变化而波动。为了适应未来的变化,城市规划者╱设计者应该制定一种弹性的规划。

这里介绍的紧凑城市是在整合了城市地下空间的三位一体的城市设计概念之内。正是通过他们共同的相互作用,概念才能获得意义,也才可能变为现实,并且互相得到加强。城市规划者╱设计者可以消除单元的高密度造成的潜在消极作用,其途径有满足居民对大量开放空间和绿地的需要、孩子和成人的活动安全、邻近的服务设施以及远离噪声和污染源。

地下城市的主要贡献是增加了空间。由于它的新维度,地下城市通过建立水平和垂直用地的邻近性,强化了紧凑的土地利用。这样减少了上下班往返时间,加快了服务的传输,建立起一个摆脱了地上交通及其相关的环境损害的城市。表1.2给出了紧凑城市形式的赞同和反对意见的一个全面的列表。历史上本土的紧凑城市土地利用需要作进一步的研究,并且要从社会和经济视角去理解。但是,我们把紧凑的土地利用看作是社会和经济目标的一种权衡。

正像在下一章中将会讨论到的,三位一体概念及其紧凑性,会适应在坡地地形上的地下城市居住部分。这种基本形式衍生出多种多样的派生形式,非常适合我们的需要(图1.4)。

表1.2

城市土地紧凑利用的赞成和反对意见

赞成	反对
物质	
• 提供日常需要的用地的邻近性	• 可能会出现拥挤，导致部分私密性的丧失
• 大大减少运输网络	
• 缩短市政设施长度	
• 增加步行网络的使用	
• 接近自然	
经济	
• 保护耕地或其他用地	• 由建筑密度增加造成土地价格上涨
• 减少能量消耗	
• 提供高效的土地利用	
• 缩短通勤时间	
• 节约设计、建造和维护的时间	
社会	
• 增加社会接近和交往	• 需要时间去适应
• 增加不同年龄群体的交往	
• 改善城市的自我形象	
• 增加公共设施的使用	
• 鼓励步行运动	
健康和保健	
• 减少污染	• 公共空间产生的噪声可能增加
• 抵御严酷气候	
环境	
• 减少占地	• 需要创新的设计，代价可能昂贵
• 创造令人愉快的城市环境	

　　总之，地下空间土地利用的需求是由存在于当代城市中的许多因素激发的，其中包括地价上涨，缺少扩展空间，城市土地消费量增长，用地分散，交通堵塞，市政管网发展过长、城市设计的效率低以及维护费用高。紧凑城市的引入积极地回应了几乎所有这些问题，特别是当它与地下空间坡地利用相结合的时候。

　　紧凑城市有可能减少上下班高峰时段的交通堵塞和通勤时间，鼓励人们短距离内采用步行，并且建立安全而舒适的环境。

图1.4 水平－垂直台阶式坡地的渐进几何模型。模型提出的各种可能的坡地可作为紧凑城市的物质形式

紧凑的居住区描述为建筑集中而统一，相互距离很近，并与统一的土地利用相结合。

城市里的地下城建设是一种创新的事业，需要回顾城市设计的许多传统方法，其中包括的城市设计概念有选址、标准、心理、能获得自然光的朝向、宏观气象学和微气象学系统、地质限制、排水模式、可达性以及环境约束。

地下城市有很多优势，也存在一些局限，但是这些问题必须要通过长期的思考进行研究。这个领域严重缺乏理论和现代实

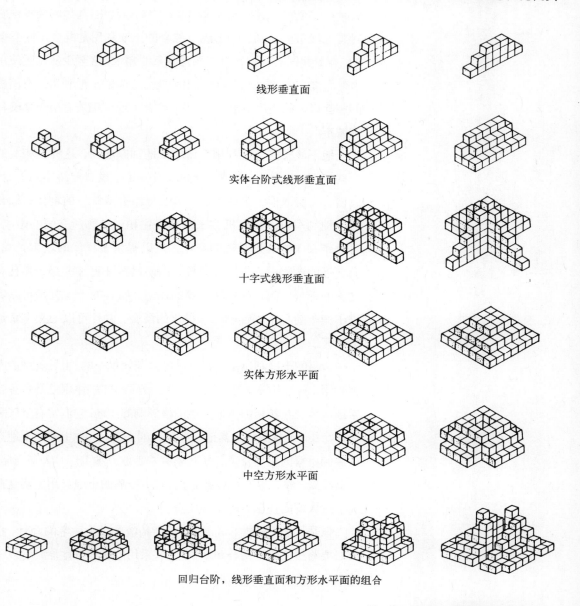

线形垂直面

实体台阶式线形垂直面

十字式线形垂直面

实体方形水平面

中空方形水平面

回归台阶，线形垂直面和方形水平面的组合

践，还缺乏出版的作品，无论经济上还是实践上，都需要在这一领域开展明确的研究。地下土地利用与传统城市相比是一个革命性的概念，它的建设是应对一个复杂的问题群：抵御日益严酷的气候、能源价格上涨、建设费用、维护费用、用地类型、安全忧虑、健康状况和环境损害。

分隔的或综合的土地利用

城市地上空间和地下空间的融合强化了土地的利用，因而有必要介绍倡导综合的和分隔的土地利用的原则。分隔的土地利用表示在一个特定城市区域内的单一的土地利用，其目的是隔绝它对其他城市土地利用的影响。综合的土地利用是混合不同类型的、有着共同的利益和有着相互联系的需求，这至少从该区使用者的角度来看。综合土地利用由那些对分隔的土地利用没有消极的相互影响的使用所组成。这样，综合土地利用最适用于紧凑型的城市。

地下城市的土地利用应该审慎地加以选择，这样，相关的一些使用，如居住、教育设施和文化中心、或者无污染的工业、仓储、和交通枢纽等就可以很容易地组合成统一的群体。综合的土地利用可以提供机会来减小居住和工作场所之间的距离，可以带来人类大地景观的变化，可以提供多样化的城市景观，有邻近的购物中心，靠近学校，因而对孩子更加安全，并且有文雅的邻里，而不是单调分隔的住宅。综合的土地利用可以促进不同年龄和不同性别的多样化的混合，并且可以大大丰富地下社区。

分隔的土地利用是在指定地区内配置单一的、主导类型的土地利用，例如专用工业区或居住区。分隔的非居住用地是那些常常被认为会对其相邻用地产生消极影响的用地，它们常有空气和噪声污染，大量废物或其他一些讨厌的东西。这类用地典型地产生装卸材料的重型交通，其对象有重工业、加工厂、大型仓储、食品冷藏、农业生产及包装业。然而，分隔的土地利用主要受白天上班人群的控制，晚上不安全。

但是，在一个地下城市里，保留传统的地上住宅的同时，也有必要将居住用地结合到地下空间。采用的基本用地原则有以下几点：

1. 地下住宅只能建在坡地上,而不能设置在平地或低地上。这条原则与在附近的平地或低地上发展传统的地上住宅是不矛盾的。

2. 大多数的非居住地下用地应有选择地设置在坡地或平地上,布置在地上和地下。

3. 那些对居住区不产生消极影响的土地利用,例如教育、文化或商业设施,应被整合到居住用地中。这种整合将平衡白天和晚上的人口数量。

非居住用地包括公共集会空间、停车场和交通空间,并应提供安全疏散的出入口和交通的主干道。所有这些活动都需要特殊的空间,也表明了可以纳入地上和地下空间的综合坡地用地类型。地下空间和地上空间的融合是可能的,但不会没有技术困难和创新设计。

第四节 深度和土壤热性能

土壤的热性能是影响地下空间利用的最重要的因素之一。一般地,过去对土壤的热性能作用的研究兴趣局限在土壤的两个特殊区域。农学家的兴趣无可非议地、典型地集中于影响作物生长的非常浅的深度。而矿业工程师则关注于地下几百米的深度。但是随着现代地下空间利用时代的来临,地下空间设计者开始对深度在0-10米的地下区域感兴趣。

土壤的热作用与地上空间的热作用差别巨大。一般地,我们认为向下大约10米的深度中,土壤是依靠太阳供给热量。随着深度的增加,热量对土地的影响也增加。但是,土壤的热活动不仅取决于热源供给的强度,而且取决于土壤的成分、密度(岩石、砂、冲积土等),和含水率。

白天,太阳的热量影响到土壤的很浅的一个深度,通常在5—7厘米之间,但是这种热量在一个大约10米的深度内作持续的季节性的运动。其热性能的基本规律如下:

• 在土壤表面和10米的深度之间,存在一种季节性的热波动,越深波动越小,靠近地表波动增大。白天不发生温度波动。
• 大约在10米深处,季节性的温度趋于稳定。

简而言之，土壤的热性能有两个显著的功能。第一，它可以作为抵抗热量得失的有效的绝缘体；第二，它可以充当蓄热体。作者的研究结果显示，空气温度需要一个季度的时间（大约三个月）才能走到大约10米深处。[26]大地保持了热量的连贯性。这样，夏季的空气温度会在冬季到达地下10米深处，而冬季的空气温度也将在夏季到达那个深度，那时都是最需要它们的时候。

这些土地－热学区域的发现，即在地表和地下10米或更深处之间的区域，在未来的地下空间发展中，会为工业甚至人类的舒适性需求提供富有希望的前景。某些工业需要恒定的季节性温度和恒定的昼夜温度，使生产效率最大，例如贮藏和人的手术后恢复。因此，这些区域将会拓展其经济、社会和健康的含义。

第五节 土地利用和深度

地下城市提倡对地下空间的利用可以拓展到几乎无限的深度。首先，坡地建设的深度可以定义为一种水平维度；平地地下的建设深度主要被定义为一种垂直维度，将这两个维度结合起来利用，能大大丰富城市土地利用。我们的地下空间概念就是基于平地和坡地的整体利用。

深度的扩展定义为我们展现了知觉的二分法。在视觉上，地下空间的深度知觉被限制在紧邻的周围环境中，而传统的地上城市的深度知觉会包含一个宽广的水平面。例如，地下城市的分隔土地利用，如工业，只有来上班的人才看得到。而其他的一些就更加看不见了，如快速传输网络和某些快速交通系统，它们都是自动化的。然而，实际的情况是地下空间的深度具有巨大的扩展潜力，因为实际上它在水平和垂直深度上没有任何限制。

地下空间土地利用的配置主要与土壤的垂直和水平深度有关。合理选定土地利用将使地上城市和地下城市融合成为一个有内聚力的城市有机体。因而，对于深度和地下城市土地利用分配模式，建议采用以下基本的原则：

1. 地下空间的深度越浅，空间中人们白天的活动就越密集，越广泛。另外，因为地下空间的深度浅，地下空间的土地利用与地上城市之间的结合会得到加强。

2. 地下空间的深度越大，自动化的土地使用活动增加就越高，而人们白天的活动程度就越低。

3. 在坡地的地下空间，那里深度主要是一种水平维度，几乎所有的土地利用都可能被约束在一个单独的水平上，与密集的人类活动相关的多样化的土地利用将与坡地住居结合在较浅的深度里或者邻近浅层深度处，浅层深度中的坡地住居可以与自然、日照和阳光直接接触。非居住性的白天活动使用的用地可以设在更深的土层中。这种非居住的土地利用实例是剧院、艺术中心、教育机构、购物中心和体育场等，这些场所被人们白天的活动所占据。

因而，至少从一般意义上，土壤深度应划分为三个基本的用地组：浅层、中层和深层(表1.3)。然而，土地利用和深度要考虑人类活动的密集性和可能引入的自动化系统。

表1.3
地下城市中与深度相关的土地利用和人类活动的基本分组

层次/深度 (1)	人类活动 (2)	分离的/综合 的土地利用 (3)	土地利用 (4)	
地上空间层				
地上： 高度：无限；取决于技术	白天活动高度密集而广泛	可选择整体的、混合的和分离的土地利用	• 将以下部分转移到地下层： 　• 运输网络（尤其是城市中心区），急救通道除外 　• 传输系统 　• 基础设施网络 • 增加的城市特征：绿色开放空间，自然环境，水体，儿童游戏场，休息场所，露天市场，艺术展览 • 步行网络延伸到城市的每个部分，形成一个广泛的整体网络 • 大多数传统的土地利用保持不变	
地下空间层				
浅层深度： 0—10米	白天活动密集而广泛	可选择整体的、混合的和分离的土地利用	• 住居(仅用于坡地) • 步行网络 • 旅馆(用于中转、短期逗留) • 手术和恢复用房 • 会议室 • 轻型基础设施 • 餐馆	• 娱乐中心 • 特殊休闲 • 体育活动 • 教育活动，图书馆 • 创造性环境 • 宗教活动 • 轻型交通 • 停车场

表 1.3（续）

层次／深度 (1)	人类活动 (2)	分离的／综合 的土地利用 (3)	土地利用 (4)	
			• 文化中心，剧院，博物馆 • 办公建筑	• 购物中心 • 公共集会 • 有限的运输网络
中等深度： 10—50 米	有选择的日常 人类活动	分离的土地利用	• 地铁，高速公路，街道 • 停车场 • 基础设施网络 • 自动化传输系统	• 冷藏 • 能源储存 • 无污染工业 • 仓储（短期）
深层深度： 50 米以上	很少的人类活 动／高度的自 动化技术	分离的土地利用	• 快速运输（市内） • 快速自动化网络传输系统 • 能源储存 • 特殊仓储（长期） • 重型基础设施	

　　地上空间应该把它的三个主要传统土地利用－交通、市政设施和传输网络系统，逐步地转移到地下层。这样，会创造更多的空间用作绿地和自然环境，用作步行道和休闲。地上空间将继续用作大多数的其他传统土地利用。

　　无论对于场地的坡地梯度(水平深度)还是对于它的平地梯度(垂直深度)而言，在深度、与人的舒适性关系和土地使用的配置方面都存在着明显的差别(图 1.5)。

浅层区域

　　对实际应用来说，把 0—10 米之间的深度称之为浅层区域，其特征包括与外界温度绝缘，随深度而增加的季节温度稳定性以及冬暖夏凉。浅层区域仍存有季节性的温度波动，随着向 10 米处深度的增加，温度的稳定性也不断增加，当到达 10 米深处，温度保持季节性的稳定。因为这个区域范围紧邻地表，幽闭恐怖症的感觉(讨论地下空间时最普遍的担忧)会很小。因此，建议把这个深度层次作为容纳绝大多数人类活动的区域，因为在物质上和心理上，它都是最舒适的。浅层区域将容纳密集的全天活动，与地面上的活动相类似。紧邻在这个浅层区域上面的地上土地利用，应与其完全结合起来。这类综合土地利用的实例有娱乐、文

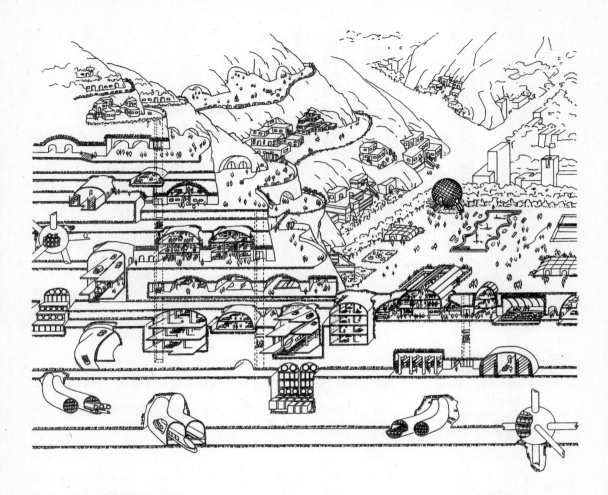

图1.5 平地的土壤垂直深度和
　　坡地的水平深度划分示意
　　图。注意地下土地利用的
　　密度随深度的增加而减少

化和体育中心；创造性活动，如绘画、雕塑或音乐；某些限于运
输网络的轻型基础设施；购物中心和公共集会堂。正是活动的相
似性，使地上空间和地下空间融合起来(图1.6)。相似土地利用
的结合关系着地下空间概念的成功。

　　浅层区域中的土壤热性能模式适合于混合的土地利用。这种
模式可以保证人的全天活动的增加，因为更广泛多样化的土地利
用白天晚上都会吸引来更多的人。浅层区域垂直方向上可以分为
2—3层，这会增加活动的层次。精心地组合各种元素，诸如餐
馆、娱乐中心、及文化和教育活动，会达此目标。

　　虽然城市的地上运输最好是转移到中层区域(下面将讨论)，
但是也可以将部分运输移到这一浅层区域里。只有当位于该层
的运输不会影响其他土地利用时，它才可行(图1.7)。从人类的
观点来看，浅层区域的用地设计是最敏感的，有必要由专家组

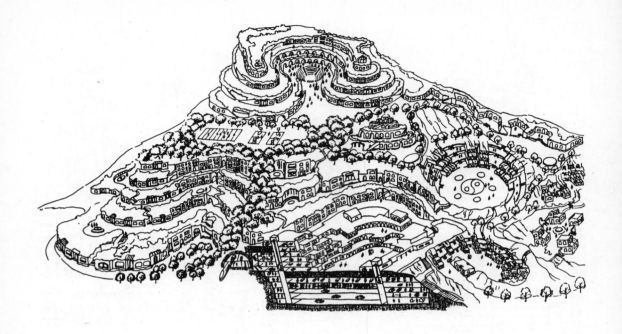

图1.6 地下城市土地利用的垂直和水平层次示意图。对于地上的城市土地利用来说，这些层次可能是垂直的(或者几乎是平地形式)，也可能是水平的(坡地形式)

成一个团队来开展审慎的工作，其中包括建筑师、艺术家、社会学家、经济学家、健康专家、心理学家和环境学家，并由城市设计者带头。

中层区域

中等深度用地区域一般指10—50米之间的深度。这个区域里的成分组成和地质结构因场地的不同而变化。典型地，温度相对稳定，因而可为特殊类型的工业提供适宜的空间。虽然这个区域还存在着人类的一些日常活动，但是分离的土地利用就是在这个区域引进来(图1.8)。这一区域也应容纳地铁网络、所有类型的机动车、高速公路和城市街道、火车站和停车场，以及工业和仓储。它与浅层区域之间通过楼梯和广泛的电梯网络连接。中层区域还应容纳无污染的工业。假设每层净高3—5米，在40米的深度内可以建8—12层。

在中层区域的山谷实例中，基岩上覆盖着砾石和其他的沉积物。东京就属于这种情况。这类地质层理会影响建造，因为基岩能提供坚固的基础。不同的国家对土地所有权向地下延伸的深度规定不相同，并且深度发生变化可能会大大改变它的所有权，基于此，这一区域还隐含着法律问题。

图1.7 位于浅层区域中的一个城市运输网络和一些公用设施。运输和市政网络结合到地下城市中，对地上城市的社会、健康、安全和环境状况都会产生巨大而积极的影响

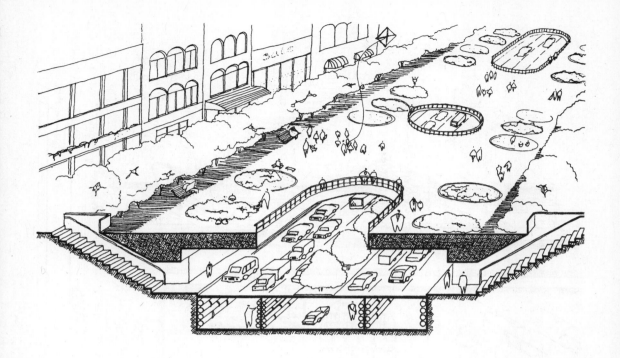

深层区域

深层区域是指大约50米及以上的深度，它是一个独特的区域，特征是人类活动几乎不存在，而更多的是自动化的、程序化的系统。这一区域采用分离的土地利用类型。

作者期望到21世纪早期，会普遍使用无污染(电动)的汽车，那样，这个区域将会提供市内快速运输，重型的基础设施网络，快速物流传输系统，大型长期仓储空间，以及其他的有限使用活动。

简而言之，对深度的利用应与土壤的热性能、地质层理、土壤成分，以及更重要的与人类活动的适应程度相联系。其基本规律是深度越大，人活动的程度越低。这种状况与物质和心理的舒适性相关。

第六节 城市运输和物流系统

这里所阐释的关于地下城市的一个基本的主题，是将地上城市中的城市运输和传输系统逐步转移到城市地下的不同层次里。其理念是将释放出的地上空间，用作大片的自然植被和安全的步行，并且使地上空间摆脱与传统运输相联系的环境干扰。重新恢复生机的地上环境将改善整体的社会和自然环境，并进一步增进城市的文明。地上环境也要靠近地上和地下的购物中心和其他商

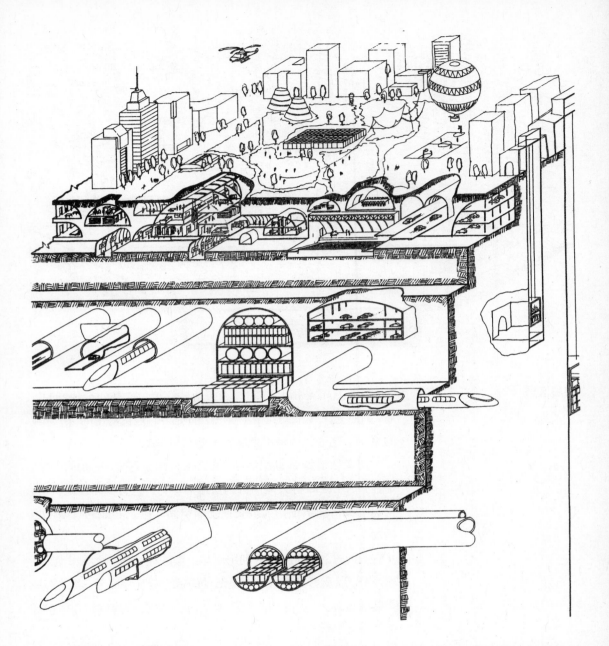

图1.8 土地利用的剖透视图。地下空间三个区域的举例和地上土地利用的举例

业活动，并且与新的地下运输系统相连接。城市社会里的环境和社会气候的这些革命性变革，需要以实践的形式对城市运输的技术方面作全面彻底的调查研究。

城市运输

把运输转移至中层区域应首先从城市的中心区开始，继而逐步向城市周边移动。[27] 虽然城市中心区技术上的处理难度最大，但是由于高昂的地价、严重的交通堵塞、污染(空气和噪声)，以及对日益恶化的城市中心区进行改造更新的需要,使得它又最急迫。[28]一旦将运输从城市中心区移走,大量的地上空间就可以开放出来供更自由的活动之用,并带来新的土地利用和社会交往。它将成为城市里最安全的地上场所之一,并且使自然景观在城市的心脏繁荣发展。这些优点的重要性不能被忽视,因为现在许多大城市居民根本没有机会和资源接触到自然环境。在大都市地区,城市中心横断面发生的这种变化,将极大地改善整个生活质量,从而变革居民的生活方式。

城市重建改造的第一步,即地质勘测和立法,需要同时进行。后者的难度很大,因为它需要花费时间,并需要顽强的政治谈判。在某些国家,如日本,土地所有者可以控制地下的最深点和地上的最高点。而在另一些国家,这个控制限制在特定的米数。在任何一种情况下,私人企业都最有可能向前迈出第一步,参与控制地下空间的开发。这里,如果有公共部门在测绘、规划和公共设施发展方面的支持,自由市场经济有助于引来私人开发商,带来广泛的地下城市运输事业的建设。[29]当在更深处开始挖掘时,有必要进行立法修改。较深处主要用作运输,它需要特定地区很长的沿线,会卷入与不止是少数的土地所有者之间的法律权利争辩。然而,作者认为,在这种情况下,需要一个连接公共和私人的机构。[30]在任何情况下,政府都不能免除地下测绘、设计和基础设施建设所需要的先期投资。基础投资会鼓励私人投资者投入到这个新的尚未开发的事业。

发展地下运输时需考虑的其他主要因素包括熟悉掌握创新的地下空间设计实践,适合岩石土壤不同类型的先进的建造技术,以及与建造相关的所有逻辑程序。然而,有些国家,如日本、瑞典、英国、法国、美国和加拿大,现在已经在地下空间的城市运输建设中取得了显著的优势。[31]我们现在的隧道技术经验已经引起广泛的建设和密集的使用。[32]像日本在北海道－本州岛海底连接隧道和火车隧道的建设中取得了大量的地铁运输网络知识,英国和法国在多佛尔海峡的海底隧道建设中获得了经验,而瑞典是通过地铁、隧道和矿井的建设获得经验。在21世纪,地下隧道技术将为地下城市的城市公共传输和乘客运送带来希望。[33]

另外一个与地下运输相关的重要问题是污染以及这些系统和空间使用者的健康问题。最终的目标是所有运输都能达到无污染。

无污染的车辆

一种有前途的无污染机动车辆是安装有蓄电池的电动汽车，在最近十年它已经进入试验阶段。另一类是靠太阳能供电的汽车。这种汽车在全年太阳能有优势的地区尤其有效，比如干热气候。第三种有前途的无污染汽车是最新试验的日本本田汽车，这种被称为HRK模型的汽车，期望用从水中分解出来的氢气取代传统的汽油燃料。它的时速可以达到每小时150公里(92英里)。[34]美国已经要求所有的美国汽车制造商到1998年要制造无污染的汽车。

虽然通用汽车公司(GM)没有制造出世界上第一辆电动汽车，但是它声称已经造出了迄今为止最好的实验性电动汽车。通用公司也至少是第一家研制出了性能比优于同类燃油动力汽车的电力汽车。加利福尼亚州已经通过了一项法律，要求在该州销售的汽车，到1998年，至少要有2%是零废气，到2010年要有10%是零废气。基于像加利福尼亚州的这种即将执行的法律，通用公司有动力去满足这种标准。加利福尼亚州的这条法律迫使这些公司对电力汽车的发展加以特别研究。福特公司和克莱斯勒公司也对这条法律作出了反应，开始研制小型货车的电动款型，而欧洲和日本的汽车制造商主要将重点放在现有载客汽车的改造上(表1.4)。通用公司的目标是设计全新的更高性能的电动汽车，而不是改装现有车型。

许多汽车公司正在把深入研究的重点放在改善电动汽车的加速性能和总体性能，其方法是通过特殊样式的设计和技术。新型汽车必须比传统的燃油汽车有更高的效率和吸引力，以使公众信服这种新概念的潜力。通用公司的因派克特(Impact)实验车型从1993年中期就开始进行测试，测试的地点包括纽约，长岛，洛杉矶，华盛顿特区，亚特兰大，休斯敦，菲尼克斯，圣迭戈，圣克拉蒙多，旧金山，劳德代尔堡(Ft.Lauderdale)和哈里斯堡。将有最少1000名普通人在两周到一个月的时间内使用这种汽车，评价它的性能。[35]

表 1.4

当前实验性电动汽车的进展

车型	电池	行程	日期	评价
通用 Impact	铅酸电池 1100 磅	市内 70 英里 EPA；高速公路 90 英里 EPA；稳定时速 55 英里时 100 英里	1998 年	从 0 加速到 60 英里／小时需 8 秒。再生制动。
宝马 E—1	钠－镍－氯化物电池 440 磅	165 英里	不定期	四座平台；最高时速 78 英里／小时；铝和塑料车身面板；限重 1980 磅。
克莱斯勒 T—Van	镍－铁电池 约 1800 磅	混合驾驶状态 80 英里	1997 年	1993 年 4 月可以使用；从 0 加速到 60 英里／小时需 25 秒；最高时速 60 英里／小时。
福特 Ecostar	钠－硫电池 780 磅	时速 45 英里／小时可达 100 英里；时速 25 英里／小时可达 200 英里	1998 年	最高时速 75 英里／小时；有效载荷 900 磅。
尼桑 FEV	镍－镉电池 444 磅	稳定时速 45 英里／小时可达 100 英里	不定期	顶部安装太阳能电池帮助增加充电；0.19 牵引系数；再生制动系统；FEV 是尼桑研制新的 EV 技术的测试基础。
标致 106	镍－镉电池 572 磅	速度 50 英里／小时可达 75 英里	1995 年欧洲	标致的电动汽车以现有 106 平台为基础；后轮驱动；最高时速 55 英里／小时；尾部行李箱内置充电器。

*Dan McCosh，"我们驾驶世界上最好的电动汽车。" *Popular Science*，1994/1，58 页。

地下运输网络预期要包括无污染的车辆，其范围有地铁，低速和高速火车，轻型和重型汽车，停车场，汽车服务设施，电梯，水平自动步道，以及自动化的货物传输系统。地下停车场已经被人们使用了很长时间，而且预计会成倍增长。[36]

非居住用地内的地下干线更可能沿地上原有交通线采用一种线形发展模式，尤其在那些需要与现有地上城市网络连接和结合的地方。同样地，地下停车场的模式可以延用地上模式。地上网络的主线对地下空间的线形影响很大。另外，地下空间的干线需要地面上城市现有的街道和道路作为参照点。在地面层，以前的道路用地将转变为绿色空间，以自然环境覆盖，并成为完全的步行区。所有的地上交通都将引入到地下。另外，大多数街道在法律上普遍地属于公众，这将使它的地下空间也成为共有。

自动化物流系统

地下空间的自动化货流传输网络将取代地上城市的市内货流系统，甚至可能取代某些市际的货流系统。长距离的重型传输网络可以占据深层区域，短距离的轻型货流传输可以用中层和浅层区域。

自动化传输系统的基本概念是从地上的站场通过垂直电梯用特定的容器来分配货物。站场与地下水平网络的节点相联，它们再与垂直的电梯网络连接，返回到地上的站场。垂直和水平的整体网络都是由计算机和程序控制而自动运行的，地下层上不需要人。现在日本的公共机构正在进行此概念的研究。[37]

第七节 地上和地下空间相结合的土地利用

因为实际使用的理由，连接地上城市的地面和浅层地下环境的通道应能快速运动和出入方便，应采用自然光，要有足够的宽度保证大量人流的无障碍通行。有阶梯的通道本身就可以容纳商店及其他土地利用。因为地上城市的地面层，和地下浅层区域都设计有活跃的日常活动区域，因此要使它们相互融合就得对转换通道进行精心设计。

地上空间和地下浅层区域的土地利用，应该混合相似的和互补的用地。地上空间部分应混合绿地、植被和一些商店，为行人提供消遣，从白天直到深夜。同样地，在地下城市的上层部分，餐馆、文化和娱乐剧场、体育场和教育中心里也会是人头攒动，热闹非凡。

像平地城市一样，坡地城市既占据地上空间，又占据地下空间。这种双重利用会强化总体土地利用，并加强紧凑性，它可以为投资者提供更多的机会，并稳定土地价格。

用地结合模式是融合地上城市空间和地下城市的关键。最重要的区域是在两个城市互相邻接的区域之间，即地上的地面层和地下0至10米的浅层地下区域之间。由于它们是城市中最活跃的两个区域，会有一个共同和相关的用地特征，并且它们几乎全天都在使用中。它们在互相接近的地方广泛地混合了互补和类似的土地利用。在设计这些临近区域的土地利用时，要特别精心检查这个接近性。

每个区域选择的土地利用都应与其邻近区域的土地利用保持连续、共存或互补，这样它们才能密切结合起来。要获得这两个区域的融合，就应在双方层次上建立活跃的人类环境，促进一种生动活泼的文化，同时其心理学的重要性也不应忽视。教育、文化、娱乐和购物设施白天、晚上的使用时间都很长。通过组合这些类型的土地利用，地上和地下两个城市将会融合到一起。实现这种融合的另一个关键问题是在地下城市里，需要设计和建造一个全面的中心区。

综合城市中心区

　　城市中心区会给居民和参观者提供城市的第一印象。在世界上大多数城市里，正是中心区最需要复兴，并吸引了公共和私人部门最多的注意力。由于城市中心不断上涨的地价和有吸引大量人口的倾向，把中心区的地上空间和地下空间的土地利用结合成有内聚力的整体至关重要。但是可以帮助达成此目标的合适的工具很少。有一个可能是设计一种布局，然后建立综合的而又独特的城市中心区。综合的中心区是指包含多样化的全天开放的中心，它们能增加活泼、愉快的气氛。而且，建设综合中心区会诱使私人投资者为这个目标出力。

　　正如作者前面所解释的，所有运输和传输系统都将从地上城市中撤走并安排到地下城市里，从而在城市的中心部分提供安全的、摆脱机动车交通的绿色环境。正是在城市的这个部分，实现地下城市最有可行性，而且会成为地下土地利用的先锋。

　　综合城市中心区应包括的土地利用有商业、文化、娱乐、休闲、消遣、运动、社交和教育活动，另外还有餐馆、办公建筑、一些经过选择的制造厂、过夜旅馆和其他一些相关的行业。这样的活动会吸引所有年龄和性别的人群。它会把提供了多样化使用的多层和高层建筑，与下沉的庭院结合起来(图1.9)。居于中心区综合体中心的下沉庭院，规模会很大，并且会作为进入地下城市这一部分的主要入口(图1.10)。

　　在这种建议的综合中心区中，步行者的流动包括地面上下，共有三个层次(图1.11)。停车场和所有其他的机动车都只设置在地下空间里，大多数可能是布置在中层区域(10米以上)。步行者至少是在三个层次上水平流动，其中两个在地上，而地下至少有一个。第一个层次会在围绕中心的所有建筑物的第四层上。在这一层，所有的屋顶都做成平屋顶，并通过天桥连接起来，从而

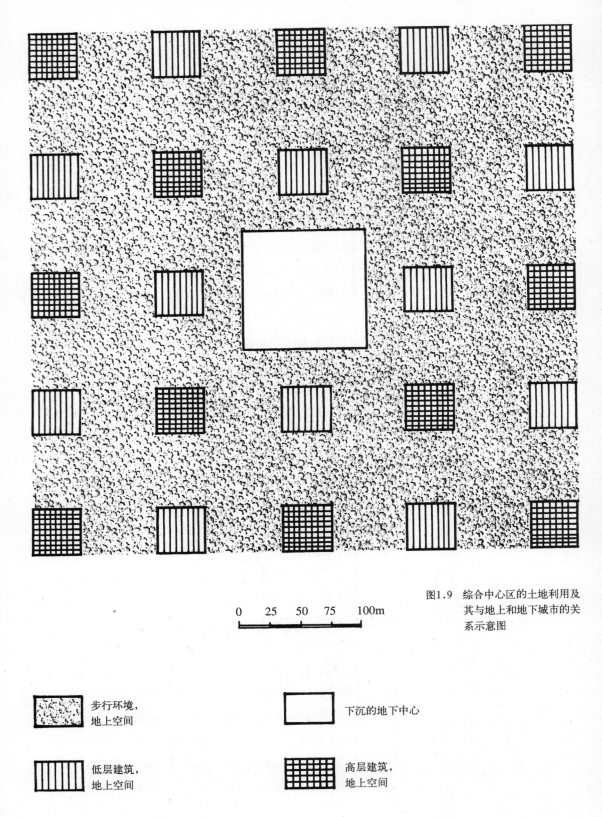

图1.9 综合中心区的土地利用及
其与地上和地下城市的关
系示意图

0   25   50   75   100m

步行环境,
地上空间

下沉的地下中心

低层建筑,
地上空间

高层建筑,
地上空间

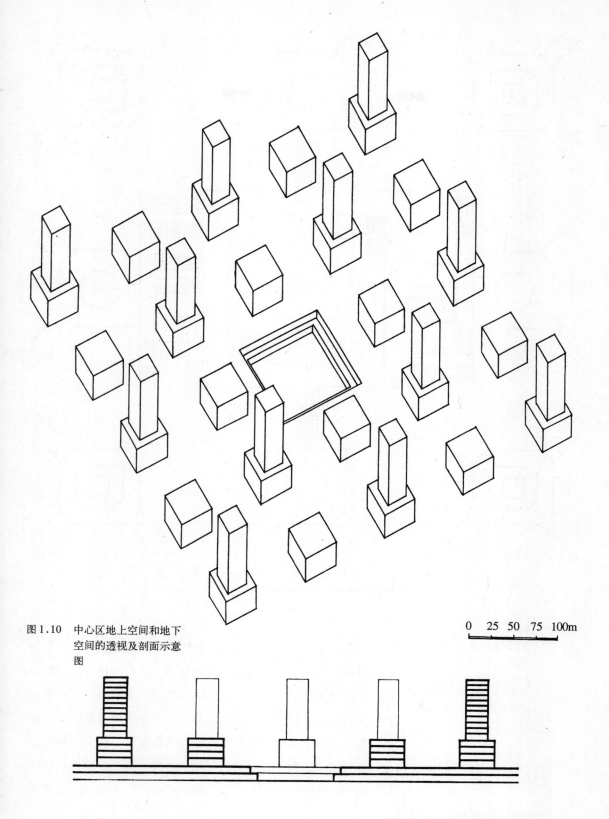

图 1.10 中心区地上空间和地下
空间的透视及剖面示意
图

0 25 50 75 100m

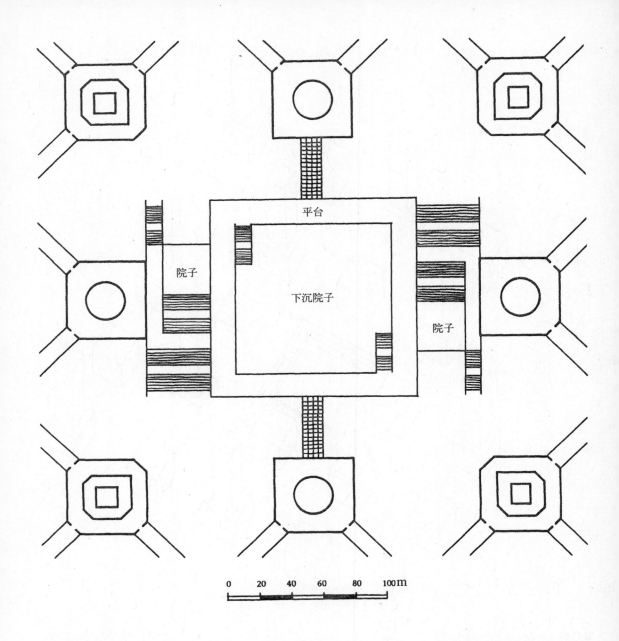

图中文字：
平台
院子
下沉院子
院子

0　20　40　60　80　100m

图 1.11　下沉广场地下空间的总平面，四周围绕着高层和低层的地上建筑。所有地上建筑也都与地下空间层连接

提供了屋顶上的开放步行空间。建筑的第四层和第五层应被指定做餐馆和休闲活动之用，可以把屋顶、楼层和楼层之间的天桥用于扩展的活动。另一方面，这种屋顶—天桥层还为整个中心区所有的地上建筑中人的流动创造了一个水平层次。步行流动的第二个水平层位于地表面，现在它摆脱掉了任何一种机动车，并提供了一种完全自然的环境。这种规划还能使地面层提供宁静、愉快和安全的城市气氛。它还创造出一种丰富、完美和

生动的城市环境,持续不断地吸引着怀有不同兴趣的人们(图1.
12)。第三个水平的步行流动位于地下空间中日常活动发生频繁
的层次里(图1.13)。在这一层,行人可以进入设在地上的每一栋
建筑,因为所有这些建筑在地下也是连通的。简而言之,步行流
动可以在三个主要水平层次上得以利用,并且通过电梯和楼梯
在垂直方向上把它们都连接起来。

人们进出深层地下,要依靠楼梯或者电梯来进行垂直交通,
它们引导人们从所有各层的停车场和车行路线向上到达位于地面
以上的每一栋建筑的顶部。在配置了地铁、机动车、自行车和停
车场的层次上,形成了交通循环。地下空间中的运输层位于人的

图1.12 展示中心区下沉地下中
心及其地上空间环境融
合状况的轴测图。注意
行人拥有三个独享层
次:由天桥连接的所有
建筑第四层的屋顶,大
地层和地下层。所有各
层都没有机动车,停车
场设在下沉天井的下面

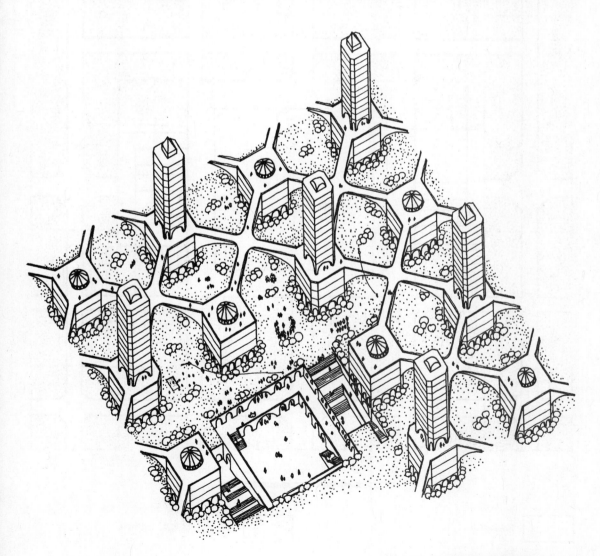

活动层的下面。然而，住在这样的中心区里，人们最有可能不需要私人汽车。

　　综合中心的核心是以一个巨大的、递退台阶的下沉广场为标志的。广场的顶部开口大而向底部逐渐缩小(图1.14)。递退的台阶可以由两个或更多层次构成。这样的设计可以使采光和日照渗透到地下中心。光线还可以通过建在地面层的间隔的玻璃瓦或玻

图 1.13　图示地下层中围绕综合下沉广场中心的步行流通模式

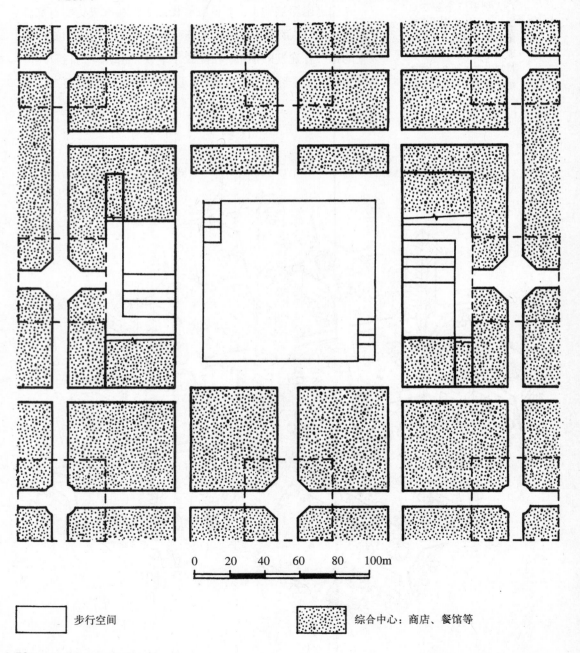

0　　20　　40　　60　　80　　100m

☐ 步行空间　　　　　　　　　　　　⣿ 综合中心：商店、餐馆等

50

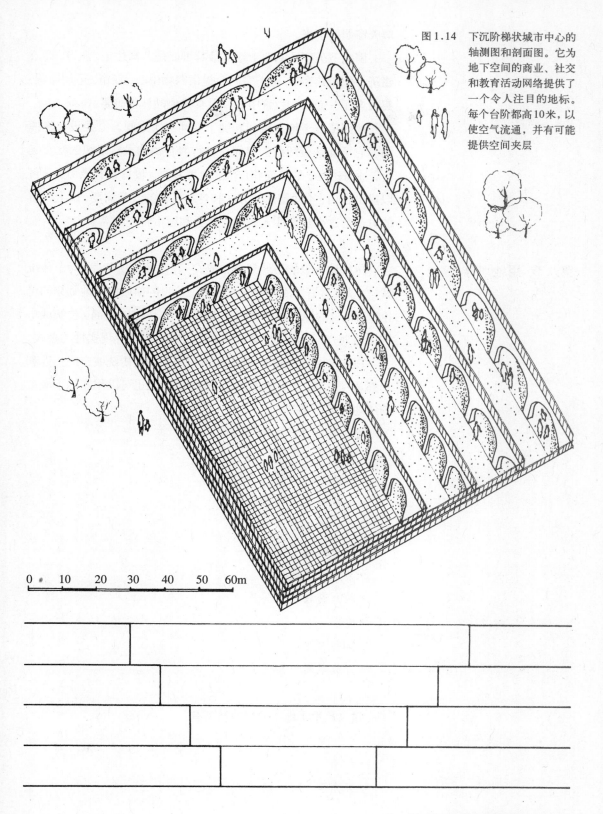

图1.14 下沉阶梯状城市中心的轴测图和剖面图。它为地下空间的商业、社交和教育活动网络提供了一个令人注目的地标。每个台阶都高10米，以使空气流通，并有可能提供空间夹层

0 10 20 30 40 50 60m

璃天窗照射下来。

围绕下沉广场的地上建筑最有可能是公寓住宅、旅馆、办公建筑、餐馆和学校。地下空间会提供购物中心、餐馆、运动场所、集会大厅、文化和教育中心，以及其他的日常需要。

地面层位于地上空间和地下空间层次之间，需要设夜晚照明。它可能是最活跃的空间，举行着自由的或有组织的社交集会，通宵达旦。它的面积广大，位置重要，设计富有吸引力，可以提供自由、不同流通的方式和各种各样的日常需要，以上所有的方面给这个层次注入一种有社会和城市特征的品质。

第八节 用地划分

传统城市里的用地划分和模式，在各地有所不同。对于传统城市，以及对第二次世界大战后英国建设的新城的用地划分的讨论，为提议的地下城市贡献了宝贵的经验教训。然而，传统城市的用地划分，看起来比新城表现出更普遍和更具现实性的模式。

在技术上和实践上，地下城市采用大多数传统城市的土地利用都是可行的。普遍地用在地上空间，并且也可以用在地下城市的用地有以下类型。

地上和地下都可采用的有：

• 居住(在本书第二章中讨论)
• 商业建筑(包括购物中心)
• 工业建筑
• 办公建筑
• 某些医疗服务
• 教育设施
• 娱乐
• 某些农业
• 开放空间和游戏场

建议只用于地下的用地类型有：

• 运输
• 公用事业

- 传输系统
- 仓储

当分析地下空间利用的类型时,很重要的一点是考虑它们没有外窗,要拿出证据表明它们可以正常运行并能控制污染。

无窗建筑

除了居住建筑,所有类型的城市建筑都可以不设外窗而存在,并功能正常。传统城市里相当大的一部分城市土地利用可以归于无窗建筑这一类。

窗户最典型的功能是可以让阳光、通风和空气流通进到室内。它们可以建立与室外环境之间的视觉联系。但是,在我们大都市的中心区里,一些当代建筑却有意设计成没有窗户的形式。[38]这些类型包括娱乐建筑、教育机构、文化中心、餐馆、工业建筑、购物中心、停车设施,以及许多其他类型(表1.5)。无窗环境有助于提高生产率,减少外界干扰。

表1.5
地下空间可采用的城市无窗环境概括

农业和食品业	绘画用品	体育场
- 面包房	- 工艺和手工艺	- 各类运动俱乐部
- 公共饮食服务	- 冥想中心	- 游泳池
- 肉食加工厂	- 音乐商店	- 乒乓球,室内场地
- 肉食零售和批发商店	- 雕塑	- 网球和羽毛球场地
- 蘑菇养殖	- 裁缝和纺织品商店	- 剧场
- 养鸡业	- 书写用品商店	- 录像带出租商店
- 各类商店和百货公司		- 摔跤馆
- 屠宰场	教育机构	
		金融中心
墓地	- 艺术学校	
	- 书店	- 银行服务
- 公墓	- 教室:学校,大学	- 储蓄所
- 殡仪馆	- 文化中心	- 经纪,金融服务
- 宠物公墓	- 展览馆	- 票据交换站
	- 讲堂	- 保险公司
商务服务	- 图书馆	- 房地产公司
	- 各类博物馆	- 信托公司
- 拍卖行	- 音乐学校	
- 汽车租赁商店	- 报纸设备	工业,工厂
- 房屋维修处	- 照相馆	
- 数据处理办公用房		- 汽车制造厂

- 配给服务
- 职业介绍所
- 设备及其他租赁服务
- 消防队
- 搬家公司
- 包装和运输
- 宠物饲养服务
- 警察局
- 邮局
- 出租中介，房地产
- 履历代写服务
- 学校用品
- 某些办公建筑
- 旅行社

创造性工作

- 艺术画廊
- 艺术家展示商店
- 人力服务组织
- 医疗实验室
- 药房和药品中心
- 内科诊所
- 康复中心
- 避难所
- 社会公益服务组织

私人服务

- 健身中心
- 理发店
- 美容院
- 按摩诊所
- 体育馆
- 健康矿泉浴场
- 洗衣店
- 按摩院
- 健身房

印刷服务

- 广告中心
- 装订
- 复印和摄影服务
- 绘图设备
- 印刷和页面设计

- 出版社
- 研究中心

娱乐－运动中心

- 酒吧和餐厅
- 保龄球馆
- 拳击馆
- 广播中心
- 电影院
- 足球，篮球，网球中心
- 赌场
- 体操中心
- 音乐商店
- 歌剧院和音乐厅
- 聚会大厅
- 台球房
- 公共集会大厅
- 室内溜冰场：轮滑，冰滑
- 各类社交俱乐部

购物中心

- 酒精饮料商店
- 服装店
- 家具店
- 园艺用品商店
- 杂货店
- 五金商店
- 家居用品
- 宠物商店
- 邮局
- 餐馆
- 学习用品
- 供应商店
- 转让商店
- 旧货店
- 贸易中心
- 批发商店

仓库

- 农产品
- 设备
- 家具仓库

- 建筑设备和器材
- 建筑厂商
- 地毯工业
- 清洁工业
- 制衣业
- 商业
- 垃圾场
- 胶卷工业
- 食品业
- 家具制造厂
- 加工厂
- 录音工业
- 裁缝店
- 纺织工业
- 制酒业

医疗中心

- 动物医院
- 诊所
- 医疗保健设备
- 医院，手术室
- 车库
- 一般仓库
- 粮食仓库
- 冷藏库
- 除雪设备仓库

运输

- 汽车展示和销售
- 汽车修理和服务
- 自行车商店
- 洗车
- 停车库和停车场
- 零配件供应
- 铁路，公共汽车，出租车车站

货栈

- 建筑材料
- 私人仓库

宗教中心

- 教堂和犹太人会堂

在地下建筑中，窗户的所有传统功能几乎都能用技术手段代替。通风和空气流通可以引入到建筑的每一个部分，而无需考虑它是位于地上还是地下。居住土地利用是一个例外，因为自然通风和日照需要直接引进建筑里面。但是，还是有可能在地下建造居住建筑。如在第二章要讨论到的，如果房屋建在坡地而不是建在平地上，则适应居住需要的特殊技术是存在的，并且住房仍然可以获得充足的日照，良好的通风以及其他必需环境。[39]

自然采光和日照可以通过三棱镜或者一组镜面的光线折射，而被引入到地下空间深处的构筑物里，镜子会将光线反射到地下深处。[40]设在明尼苏达州的明尼阿波利斯市的美国地下空间中心建在33.5米(110英尺)深的地下，但仍能接受到自然光和日照。另外，室外景观的动态节奏也可以通过投射在屏幕窗口上的视听图像而引入到地下的室内空间。

对无窗的学校教室进行的研究表明，无窗教室更有益于集中注意力。[41]通常，外界活动有很大的干扰。虽然这项研究没有给出最后的结论性的回答，但是它确实表明了无窗环境可能会影响到某些儿童的学习成绩。有趣的是，教师一致赞成无窗教室，并且很高兴它能有更多的墙面空间作为展示："教室没有窗户时，孩子们不再由于外面的事情而转移注意力了"。[42]在新墨西哥州阿蒂西亚(Artesia)的阿博(Abo)小学进行的另一项研究结果显示在地下教室环境中的学生成绩提高了。[43]

商业中心

当代建造地下购物中心的实践在一些技术先进的国家，如日本和加拿大，是非常成功的。虽然这些购物中心一般都设在平地上，它们也同样适合于坡地。除了美国，购物中心通常都设在城市中心或者社区中心。日本的76座地下购物中心中的大部分都是需要连接地铁站时的副产品，并且通常发展于平地上。它们的设计和建造非常出色，并有拥有高效率的操作系统。同样成功的案例还见于加拿大的多伦多和蒙特利尔。

建于平地上的与建在坡地上的地下购物中心，所面对的挑战各有不同，需要进行特殊的设计处理。在大多数情况下，它们是与现有的、需要更新的城市建筑结合，或者是建在新址上与地上高层建筑相结合。不管哪种情况，为适应新的环境状态，新的城市和建筑设计都是非常重要的。这些购物中心可以设计在平地上，也可以位于坡地地形中。除了谨慎的选址以外，为了充分利用潜在的自然光和日照，每一个案例都需要富于想像力的设计。在这两种基地中，可达性、安全、通风、停车、流通和环境状况问题都需要采用不同于以往的设计来解决。场地的选择对于以上的每一个问题的设计品质都有重要的影响。

坡地地形上的场地比平地场地在解决这些设计问题上具有更大的优势。位于南向山坡上的商业中心可以获得非常多的自然光和日照。如果购物中心有若干层，它会有设置两个出入口的独特优势，其中一个在底层，而另一个则通过一种类似竖井的形式(图1.15)。这种设计概念可以提供足够而温和的通风，两个采光开口，方便的可达性和安全性。这种设计能够在每个楼层加设出入口，来增加社区不同层次的可达性，以及可以允许紧急疏散。商业、娱乐和其他社会经济性消费的土地利用组成

图 1.15　地下商业中心剖面图。这个中心位于坡地上，有两个出入口——一个在坡地的底层，另一个在它的顶层——可以提供通风、方便的流线、可选择的入口、安全和大量的自然光和日照

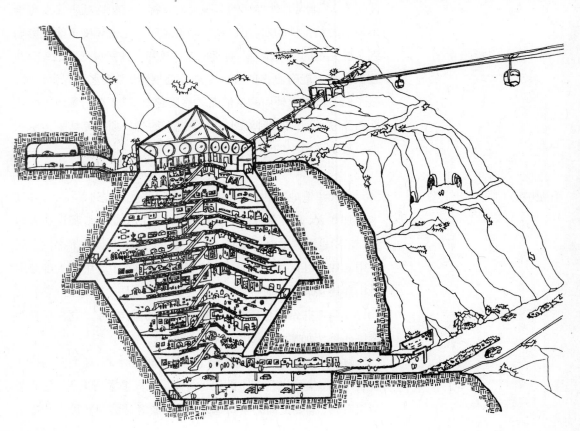

了城市核心区活动的大部分。不过，城市坡地的地下部分可以分摊这些土地利用，甚至可以建立它自己的城市中心。

把地铁附近的坡地社区购物中心和机动车运输网络结合起来是可行的(图1.16)。这三个因素的结合会提高居民的生活质量。

线形的地下商业中心适合于坡地地下住宅综合体。这种线形的购物中心还可以设计成能接受大量的自然光和日照，并能容纳停车场(图1.17)。

另一类坡地地下购物中心是台阶式的，它与自然地形的外形轮廓相配合(图1.18)。按照这种设计，每一间地下商店都有舒适的朝向和直接的日照、通风和俯瞰低地的视野。其他机构也喜欢这种特殊的布局，因为整个综合体向着天空开放。

商业购物中心或者商业停车场也可以设计在地下坡地城市和平地城市交接的边缘地带。这种情况下，它可以服务于不同类型的社区或者相关的不同土地利用。许多历史城市就是由于它们位于两种对比的地质地区的边缘而经济繁荣，增长迅速。

不过，位于平地中的地下购物中心可以与邻近的地上建筑相

图1.16　地下线形商业中心。这种中心设计成靠近山坡和地下住宅，有相邻的地下运输

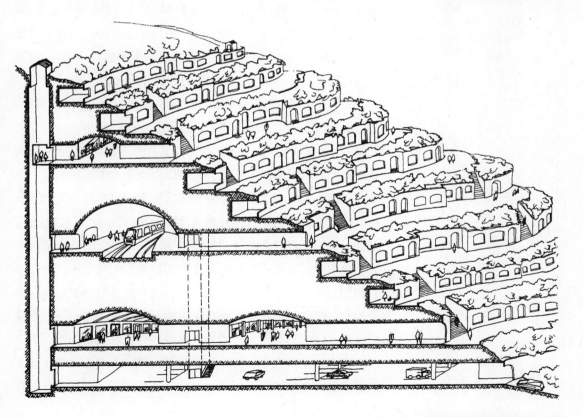

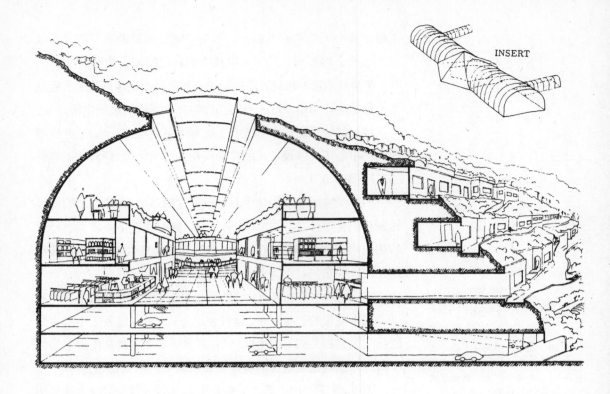

INSERT

图 1.17 建在一个坡地居住社区里的线形地下购物中心示意图。购物中心有空气流通、自然采光和停车场

结合。商业网络可以在地下城市里扩展,形成一个综合性建筑(图1.19)。地下空间的步行流通应与商店组织在一起,形成一个更广大的网络,并能在地下城市中营建出城市的感觉。同样的流通模式可以被用来形成一个有内聚力的大型单元。

一个基本设计原则是提倡在平地中修建一个大的下沉庭院,商业中心围绕着它水平扩展,扩展形式可以是周边的,线形的,十字的,放射状的,或者是多中心形式(图1.20)。自然光和日照是商业中心的重要元素,它们也可以由这个大的下沉庭院,以及为平地中的地下商业中心设置的其他洞口来提供。大的下沉庭院通过它宽阔的开口引入光照,建筑的形式和材料(玻璃)也可以进一步促进自然光和日照的穿透(图1.21)。另外,还可能在平地上建造下沉庭院式的带有地上高层建筑的购物中心,并且在它们之间形成一个互相联系的网络。这种综合性建筑可以在两个层次上提供一个没有机动车干扰的步行流通网络。[44]下沉庭院的设计可以采用各种各样的形式,如四分之一圆,圆形,六边形,或者其他多边形,并且可以作为地下商业中心或地下城市中心的聚焦点。

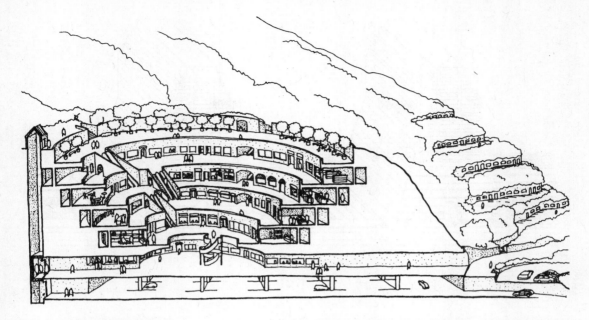

图 1.18　坡地地下城市里的一个
台阶式地下购物中心的
剖面图

电子技术革命,城市土地价格提高和对停车空间需要的增长都支持把某些单个工业分解成许多设置在不同地点的活动。生产、管理、储存和分配不再需要绑在一起、位于一地,并且坡地的地下空间可容纳一个工业中的一个或者所有部分。由于这种分解,不同形式的许多关键点结合到一起,有潜力提高城市地下空间的气氛。要这样做的话,下沉庭院单元及其周围的商店需要与相邻建筑的地下土地利用结合起来(图1.22)。

工业发展

在地下空间的城市设计中,工业需要划分为污染和无污染类别。污染类应进一步按照空气、水、土壤或噪声进行分类。污染工业通常需要广大的平地,并且不能转移到坡地地下城市中。然而,当地下和地上空间综合利用时,可以在坡地地下空间发展传统的工业园。在这种情况下,必须认真考虑某些要素,包括有可达性、装卸、停车、储存、可能包含的管理办公室和机器及地上空间中的产热元素的布局(图1.23)。无污染工业和轻工业可以结合到平地或者坡地的地下空间里。一般地,轻型、无污染工业规模小,占地有限,并在城市中心与其他土地利用类型竞争。当代的轻工业不限于任何一个领域,因而,对于许多城市很普遍。某些类型的轻工业,如精密工业,需要无振动的场地。地下空间对这类工业来说是一个理想的地方。

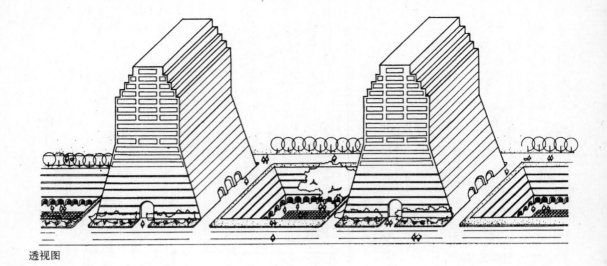

透视图

剖面图

图 1.19　平地地形中间隔的地下
和地上购物中心。购物
中心组合在能提供安全
流动的步行和机动车流
通的建筑里

　　根据我们的研究结果，地下空间舒适的热环境和稳定的湿
度可以提高劳动生产率。无论如何，都需要对地下空间和地上
空间环境里的劳动生产率进行比较研究。地下空间稳定的季节
性湿度和热性能能满足其他某些工业的需要，如胶卷、造酒和
农业生产。

　　许多在平原上发展的古老的大城市，常常靠近坡地。东京、
里约热内卢、旧金山和巴黎，都位于这样的场地，并有可能利用

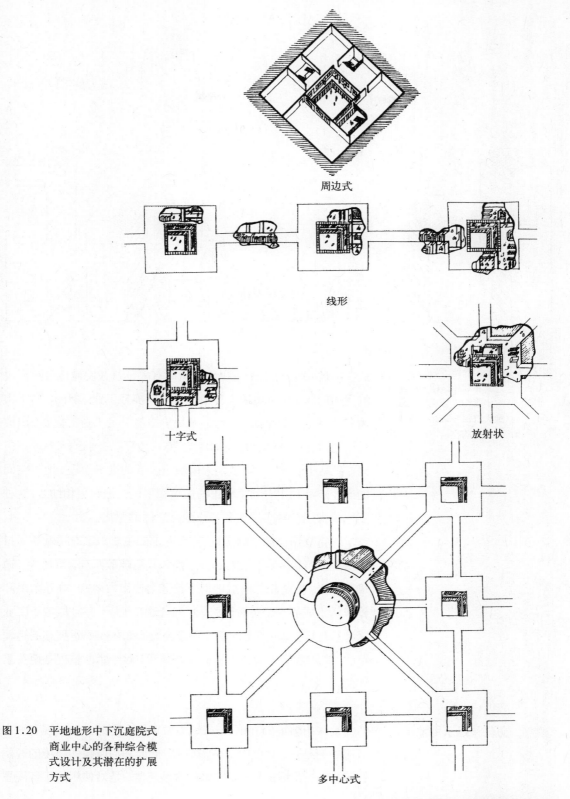

周边式

线形

十字式

放射状

多中心式

图 1.20 平地地形中下沉庭院式
商业中心的各种综合模
式设计及其潜在的扩展
方式

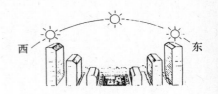

西　　　　东

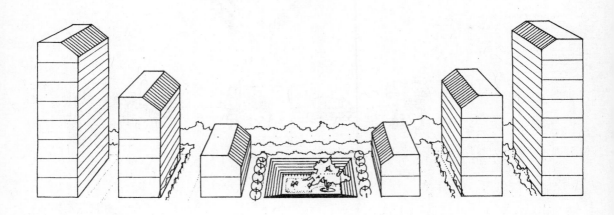

图 1.21　平地中的地下购物中心
　　　　与其相邻建筑结合。所
　　　　有中心都设计成能获取
　　　　最大日照、采光、通风
　　　　和安全的交通

这些山坡。然而，由于它提供的空间有限以及开发建造台阶形式的费用问题，使得山坡本身不能吸引发展轻工业。然而，由于山坡和地下空间的结合，较低的土地价格能满足工业的需要。山坡被认为适合于建造大规模的住宅，而工业可以全部纳入到地下空间。在某些情况下，山坡是未来城市扩展的惟一途径，地下空间的商业土地利用有利于城市的山坡和平地土地利用相结合。这种用地模式还会减小居住和工作地点之间的距离。

　　对完全建在地下的工业，需要考虑的主要因素有运输和原材料供应、产品传输、工人的可达性和紧急疏散系统、舒适性、通风和采光。但是相邻的坡地地下社区会使用由地铁、高速公路和停车场组成的一个运输网络，它们会建在地下，并且服务于工业区和居住区。地下城市的工业还应为装卸和停车引进便捷的运输路线。提供和室外网络流通的步行路线，对于紧急情况是至关重要的。

教育、文化和娱乐用地

　　对城市坡地的利用，带来地下城市综合体的大地景观和城市景观的新维度。它提供了眺望城市、低地和周围自然环境的开阔视野。对一些居民来说，开敞的坡地风景，是对使用地下环境里

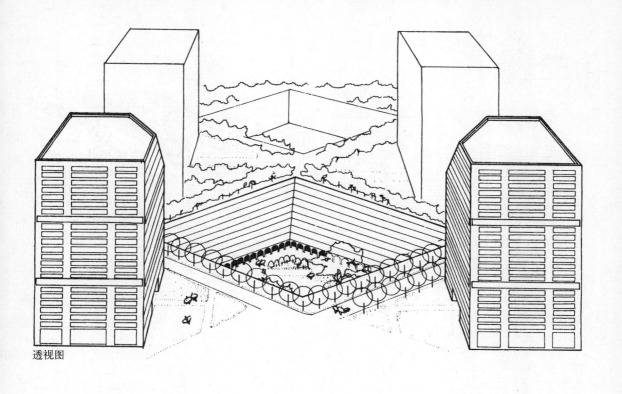

透视图

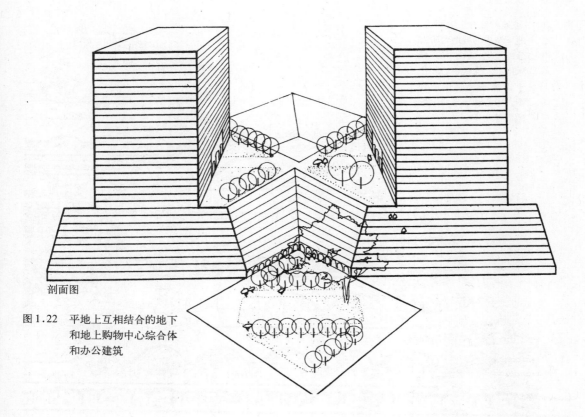

剖面图

图 1.22 平地上互相结合的地下
和地上购物中心综合体
和办公建筑

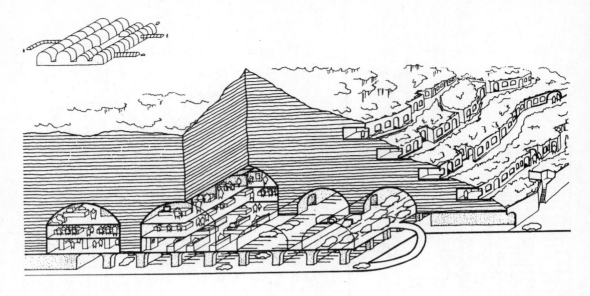

图 1.23　坡地地下城市里一个工业综合体的剖面图。中心有通到主干道和停车场的出入口

图 1.24　坡地的综合土地利用。地下城市的坡地台阶部分的住宅、购物中心、娱乐中心、文化中心和位于山顶的大学剖透视图。中心和住宅可以俯瞰低地

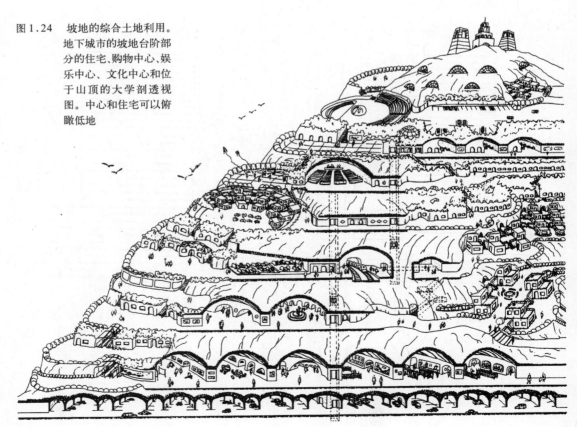

那些受限制的空间的一种平衡和补偿。

供所有年龄的人们使用的教育机构,如果设置在坡地的地面或地下,就有可能变成坡地地下社区的社交中心(图1.24)。[45]这种设施的设计和建设,应该结合地下和地上的土地使用,这样,它们将成为坡地城市景观的一个可见部分。[46]某些类型的教育机构,如幼儿园,需要大量地直接对外,作为对孩子们成长的促进因素。[47]但是,大多数教育机构的品质不会受无窗环境的影响。[48]事实上,学生由于在无窗教室里不容易分散注意力,常常取得更好的成绩。

通过调整城市中心区本身的发展,坡地城市的景色,尤其是入夜以后,会更加吸引人,有可能把许多人吸引到这里。它就使这个区域成为全天文化和娱乐活动的中心。这种中心会有土地的混合利用,包括商店、餐馆、室内运动场所、音乐机构等等。[49]为了保持活力和动力,土地利用应是多样化的,并满足不同年龄人群全天的需要。

第九节 健康、危险与安全

除了地下空间设计和建造的技术因素以外,还有两个与人的状态有紧密联系的问题:健康和安全。如果设计合理,地下空间可以满足这些人所关心的某些方面的要求。

健康

人的健康受环境影响很大。室内温度和相对湿度模式是一个能决定人的健康和身体状况的环境因素。这个环境因素的改变,直接影响身体的生理功能及其代谢活动。地下空间形成了适合生理舒适和发展的最佳室内热环境。[50]相对不变的环境,有助于调整神经系统和保持身体的产热量和失热量之间的平衡,从而可以完成正常的生理功能、促进有效的新陈代谢率,并有助于身体抵抗疾病。

一项研究的结果揭示,在中国上海的一所医院,其手术室和恢复室建在地下,外部手术伤口的愈合时间缩短了大约20%。[51]看起来温度和湿度全天候的稳定性加快了治愈过程。另外一个优点是地下房间安静,它可以使病人平静。

根据中国进行的研究结果,恒定的温度和相对稳定的相对湿度会产生积极的影响,并可能增加人体的寿命。[52]地下空间基本

上冬暖夏凉。[53]霍岩(Huo Yan)把在地下居住的健康优势，权威地概括为七个方面：[54]

1. **上呼吸道感染**。地下空间稳定的温湿度对呼吸道和气管及肺部肌肉起润滑作用。当呼吸道处于这种健康状态时，咳嗽反射作用能排出灰尘和细菌，消除病菌感染。继而减少感染的危险。

2. **风湿病**。与通常的看法相反，没有证据显示生活在地下的人们易得关节炎和风湿病。这种情况会发生在空气寒冷而潮湿的时候。但是，地下空间的气候是温和而湿润的。人们发现在温暖多雨的季节人的关节炎和风湿病发生率比生活在较寒冷气候中的要低。地下空间里稳定和适宜的温度和相对湿度还能减少急性风湿热的发生率，这是一种与上呼吸道感染有关的疾病。它会影响身体的各个部分，包括许多器官、皮肤和关节，并伴随疼痛和发热。霍岩的发现表明，实际上，地下空间的气候会减少急性风湿热的发生。

3. **鼻黏膜感染**。在干冷环境里，鼻腔易于受刺激或出血，并会受到痉挛的困扰。这样会降低对细菌、病毒和组织炎症的免疫力，而导致全身不适。当人们居住在地下空间的时候，那里相对湿度较高，黏膜壁湿润，因而黏膜表面和血管会保持它们的弹性、血液流通和代谢功能，并且增强对寒冷、气流和污染气体的抵抗。

4. **皮肤保护**。皮肤营养与皮下腺体的新陈代谢功能有关，它直接受气候影响。在干冷气候里，皮肤的毛细管处于持续的收缩状态，阻碍血液循环。这样会干扰组织里的新陈代谢，导致冻伤(寒冷造成的损伤)。另外，还可能发生皮肤开裂和出血，尤其当相对湿度非常低而温度非常寒冷的时候。地下空间较高的相对湿度和室内温度提供了一种能使皮肤变得光滑、柔软，并能抵抗感染的环境。

5. **噪声刺激**。地下空间有效地隔绝了室外噪声。在城市环境里，空气和噪声污染严重。地下空间可提供防噪声的安静环境，可以减小压力。更重要的是，它对于安宁的睡眠和激发创造欲望是一个理想空间。长期的噪声刺激会损害神经系统的调节功能。简而言之,地下空间会减少噪声对人的健康造成的不良影响。

6. 放射性物质。对地下空间的放射性物质进行测定是必要的。在中国建在黄土里的窑洞中,测定的结果表明没有发现放射的踪迹,或者癌症造成的疾病。另一方面,瑞典放射性保护研究所警告在未来的30年中,生活在地上住宅可能会造成1100种新的癌症病例。使用石头、砖和灰浆建造的住宅会发出某些程度的放射性。

7. 健康良好和长寿。在中国的陕西省作过一项调查,那里有20%的人口(500万人)居住在地下房屋里。在临汾县的大杨村,住在古老的窑洞里的四个家庭中,有三个人超过80岁,一个人超过90岁。家庭成员健康良好。[55]类似地,在太原附近的杨家峪乡镇的两个村庄里,对200个家庭的800个成员作了生理检查。对这些村子过去三代人的寿命、死亡率和老年人的死亡原因作出了报告。霍岩共收集了住在窑洞里,无家庭遗传疾病史的364名居民的数据。结果表明没有发生关节炎、皮肤疾病和感染性疾病,甚至其中有66人吸烟,13人喝酒。在另外的104名居民中,其中72人住在有100多年历史的窑洞里,99%的人感觉窑洞舒适,并且所有人都不感觉潮湿,66.2%的人活到65岁以上。

另外,地下空间环境可提供寂静和安宁。因而,对于那些需要一个与失眠症作斗争的环境的人,对于被神经衰弱症所苦的人,以及那些有精神紧张倾向的人来说,它是具有治疗性的。在地下空间的深处,人可以睡得更长更深。除了稳定的温湿度,地下空间还能提供新鲜清洁的、没有灰尘和细菌的空气。[56]

地下空间提供了稳定的温湿度,尤其在干热气候里,会创造一个令呼吸顺畅、皮肤柔软、柔韧的舒适环境。[57]体温是由中枢神经系统通过物理和化学调整进行调节的。化学调整控制身体的热量,然后它再调节新陈代谢。但是,这种化学反应可能受外界物理力量的支配。当室内温度较高,热量散发受到阻碍的时候,身体产生的热量减少。相反,当室内温度低,热量散发减少,会造成身体产热量增加。这样,物理调整通过传导、对流、辐射和蒸发影响身体的散热。身体生长主要依靠体内物质的新陈代谢热量的产生和消耗。极端的室内温度和相对湿度会干扰蒸发和散热过程，造成身体不适、感染，甚至呼吸道炎症。简而言之，对人的舒适和有效的身体新陈代谢起作用的大多数物理调整功能，在 $10—20℃$，和相对湿度 $30\%—75\%$ 的范围之内，可以很好地工作。[58]

作者对突尼斯和中国的地下住宅进行实地调查的结果显示，在夏季，从室外进入窑洞的人易患感冒。这种感冒与外界因素有关，而不是由细菌和流感病毒引起的，它们会导致炎症和感染。而外界感冒因素可以通过在室内外环境之间设一个过渡空间来解决。

可能还存在某些起作用的因素，它们由地下空间提供，可以改善居民的生理状态和寿命。要证实这种环境的益处还需要进行深入的研究。

危险与安全

地下城市，特别是它的坡地部分，容易遭受自然的危害，因此需要特别设计一些预防措施来保证安全。[59]坡地上的地下空间土地利用，与地上利用相比较，会减小这些危害的影响。尽管如此，必须加强对于这些危害的认识，并建立相应的预防性措施。[60]最主要的坡地灾害是泥石流、塌方、坡身不稳、火灾蔓延和大范围的侵蚀。[61]

泥石流会在岩石碎块滑下陡坡时发生。当岩屑与土壤、沙砾和水混合在一起的时候，这种向下运动的速度会加快，就像强烈的雪崩。[62]塌方是混有石块的大量土壤由于水的奔泻向下运动，可以发生在各类坡度上。[63]塌方通常发生在软土或黏土土壤，甚至可以以很低的速度和在很小的坡度发生。坡身不稳会在陡坡上小规模地突然发生，常常很危险。预防性措施包括挡土墙和正确的排水。

预防和缓解上述灾害的一个方法是种植林带，尤其是在坡地的上部。在发生火灾的情况下，地下结构可能比地上结构更能抑制火灾的蔓延，因为，在坡地，火往往向山坡的上方移动。由于烟会蔓延，在地下社区吸入烟及热量成为危险的问题。另一个预防性措施是在每个地下空间单元留出更多的出入口，尤其是在公共建筑和那些人员密集的建筑中。从安全的角度看，地下城市，尤其是位于平地上的，应具有与地上城市相同的步行流通模式。[64] 因此：

1．地下单元不应发展成封闭单元或者有受限制的通路。

2．地下空间应有覆盖广泛的无障碍干线，用于大量人群的迅速移动，带有多个备用出口。

3．用于规律的日常步行干道，其地下模式应按照地上步行网络类似地建设。两个模式的相似性会使人们熟悉在紧急情况下迅速疏散的路线模式。[65]

第十节 法规

在许多技术发达的国家,建立了完善的规划法规和城市分区规则和法规,但有僵化不变的倾向。这些法规应该根据新的、坡地地下空间和地上空间相结合的城市设计原则,重新进行检查和评价。在大多数国家中,法律上的土地所有权涉及土地表面水平的长宽维度,没有涉及深度和高度垂直维度的所有权限制。[66] 例如日本,完全的土地所有权是向下延伸到地球中心,向上直到顶空。在其他国家,可能存在土地里发现的自然资源的所有权的法律规定,例如水、气、石油、煤矿,或其他矿藏,这些属于公共所有。[67] 还有另外一些国家,如美国,土地所有者保有对土壤里所有矿产资源的权力。有一段时间,在以色列,橄榄树属于一个人,而树木生长的土地却属于另外的人。地下空间建设的快速扩展产生了这一新领域的法律问题,尤其在技术先进的国家。在20世纪80年代,芬兰的赫尔辛基每年大约建设300000立方米的地下空间。获得正式批准建设这种空间,和在地下发展规划中使用地球技术和地图信息系统,还需要一个漫长的过程。另外,在赫尔辛基,法规建议由一个研究当前地下规划和负责建筑审批的委员会发布。[68]

在特定国家利用地下空间应澄清土地深度的所有权,要澄清它是公共的,还是私有的,还是联合的,以及谁拥有在土壤里建造的空间的权利。[69] 在讨论地铁或其他运输隧道的建设和满足城市有效发展和安全的基础设施的建设需要时,这个问题的法律性是至关重要的。有一点非常清楚,在耶路撒冷,散布在多山地形结构里的地下运输干线的引入,极大地提高了城市的运输效率和地上空间环境，以及生活品质。还有，在日本，76个地下购物中心中的大多数是建在原有地上道路或交叉路段的下面，就是为了回避不存在的地下空间私有土地所有权的法律权利。还是在日本，多数地铁被限制建在已有道路的地下，从而造成冗长的线路并严重影响了地铁的效率。

公众需要对地下运输发展的法律决策提出意见，无论有没有私人企业。在特定国家里应对以下方面进行法律上的重新检查：

1. 重新检验边界限制(地下深度)和地下空间的法律所有权。考虑的因素有私人土地所有者的职责和其所有权中深度的延伸范围。目前，日本正在考虑将私人所有者的土地所有权限制到50米深度的可能性。提出这个限制是由于东京湾的基岩位于50米的深处。

2. 作者认为，在法律复杂的情况下，地下空间的所有者应寻求私人和政府(地方或中央政府)部门之间的合作，组成联合企业。

3. 在地下空间进行建设时，在任何情况下都应保护其地上土地所有者的权利和所有物。建造不应对其造成任何未来的损坏和麻烦，如土壤污染、振动和其他损害。

4. 关于地震、土壤压力、塌方、渗水、潮湿、循环流动、空气运动、采光和室内热舒适(与热性能和湿度有关)方面，地下空间建设应有自己的规范和法规，以适合环境、安全、和健康的需要。任何其他需要也应作法律的调整。

5. 地下空间发展必须制订关于建设质量和用地法规的法律、法规和标准。用地法规要提到分离的和综合的土地利用，以便改善环境质量。

在全面和整体的土地利用中，地下空间的使用是一个开拓性的概念。因此它需要创新和革命性的手段来制订一个新的法律体系保护有关各方。作者认为，如果给予鼓励，私人企业会成为地下城市发展的推动力量。也有必要让一般公众参与建设的法律和法规，并投资于基本的基础设施建设，缺少了这些法律、法规，私人企业是不会参与进来的。[70]

结论

地下土地利用是一个新概念，需要对它进行审慎的考虑。土地利用的多样化对于地下城市的成功是非常重要的；但是，它在一般的外行人中间获得的支持是有限的。城市设计者，应该会同有关专家，如建筑师、社会学家、人类学家、政治家和城市发展团队的其他可能的成员，一起发展满足一般公众需要的、全面和整体的规划。通过在地下限制那些出现在我们现有的，地上城市环境中的问题，并引入现实性的，而具远见的解决措施，可以实现这种计划，至少是部分地得到实现。地下城市是对我们拥挤的城市里的一些问题的，一种有前途和现实性的解决方案。

我们在地下空间的建设中已经取得了一些经验，它们在20世纪中得到发展，用作有限的几种利用类型。当前的城市趋势看起来显示出持续的，甚至增长的地下空间利用。我们一定有技术和能力设计建造地下城市。一个基本的制约是缺乏公众认识和缺少对地下城市发展的社会、经济和环境含意的广泛研究。

地下城市所必需的全面步骤是，首先，它必须与已有地上城市结合。第二，必须整体地看待土地利用，而不能像以往所作的那样只重视某一种类型，如停车场或仓库。第三，地下城市的发展应对日常活动是有功能性和实用性的。因而，位于地表面的地上空间的土地利用和位于靠近地表的地下空间的步行流线，应能给消费者提供相似或互补的功能。第四，地下城市发展，像任何其他城市设计计划一样，也是一种有得有失的平衡。城市设计者和建筑师理性地寻求乌托邦式或者富于幻想的解决方案。这样，他们经常引入开拓性和创新的解决方案，它们在规划的初期阶段可能不会被普遍接受，但是假以时日，会被一般公众所接受。

地下空间概念是城市需要的产物，然而它的实现将要花费许多时间。由加速的城市问题造成的压力越大，地下空间实现得越快。本章建议要全面地看待发展，而不能继续零碎地进行城市地下空间的设计。在地上建设中要比在地下较容易纠正错误。地下城市的整体城市设计对近期和远期的未来发展都是重要的，并且这种全面的方法有社会和经济价值。

注释

1. Tetsuya Hanamura, Mitsugu Shioiri, and Yoshihiko Kouno, "Underground City Development and a Case Study," *Urban Underground Utilization '91, Proceedings* (Tokyo: Urban Underground Space Center of Japan, 1991): pp. 143-48.

2. Tor Geir Espedal and Gunnar Nærum, "Norway's Rennfast Link: the World's Longest and Deepest Subsea Road Tunnel," *Tunneling and Underground Space Technology*, Vol. 9, No. 2 (April 1994): pp. 159-64.

3. Sir Alan Muir Wood, "The Economics of Tunneling: Problems and Opportunities," *Tunneling and Underground Space Technology*, Vol. 2, No. 2 (1987): pp. 131-36.

4. F. L. Moreland, "Earth Covered Habitat—An Alternative Future,"*Underground Space*, Vol. 1, No. 4 (Aug. 1977): pp. 295-307.

5. Eugene Raskin, "The Underground City," *Underground Space*, Vol. 3, No. 5 (March/April 1979): pp. 227-28.

6. Kenneth Labs, "The Architectural Underground — Part I," *Underground Space*, Vol. 1, No. 1 (May/June 1976): pp. 1-8. "The Architectural Underground — Part II," *Underground Space*, Vol. 1, No. 2(July/Aug. 1976): pp. 135-56.

7. Yoshiyuki Uchino, "Utilization of Underground Space of Ginza Area," *Urban Underground Utilization '91, Proceedings* (Tokyo: Urban Underground Space Center of Japan, 1991): pp. 140-50.

8. David Martindale,"Why American Business Is Going Underground," *Underground Space*, Vol. 6, No.1 (July/Aug. 1981): pp. 21-23.

9. Ichiro Ozawa, Hirai Takashi, and Satoru Otomaru, "A Study on the Method for Areawide Development of Urban Underground Space,"*Urban Underground Utilization '91, Proceedings* (Tokyo: Urban Underground Space Center of Japan, 1991): pp. 101-05.

10. Gideon S. Golany, *Earth-Sheltered Habitat, History, Architecture and Urban Design* (New York: Van Nostrand Reinhold, 1983): pp. 162-66.

11. Nobuhiko Nakano, Keiichi Shintani, and Junko Fujita, "Planning of Underground Space Utilization in Tokyo," *Urban Underground Utilization '91, Proceedings* (Tokyo: Urban Underground Space Center of Japan, 1991): pp. 108-12.

12. Nishida Yukio and Nobuyuki Uchiyama, "Subject of Utilization of Underground Space on Urban Development," *Urban Underground Utilization '91, Proceedings* (Tokyo: Urban Underground Space Center of Japan, 1991): pp. 151-54.

13. Gideon S. Golany, *Design and Thermal Performance, Below-*

Ground Dwellings in China (Newark, DE: University of Delaware Press, 1990):pp. 23-139.

14. Sydney A. Baggs, "The Dugout Dwelling of an Outback Opal Mining Town in Australia," in *Underground Utilization: Human Response and Social Acceptance of Underground Space,* ed. Truman Stauffer (Kansas City, MO: A Geographic Publication, Department of Geosciences,University of Missouri), Vol. 4 (1978): pp. 573-99.

15. Gideon S. Golany, *Urban Underground Space Design in China, Vernacular and Modern Practice* (Newark, DE: University of Delaware Press, 1989):P. 94.

16. Id., pp. 28-54.

17. Masato Ujigawa, Hiroshi Muto, Masahito Yasuoka, Kotaro Hirata, and Yoshio Tsuchida, "An Experimental Study on the Improvement of the Underground Office Environment," *Urban Underground Utilization '91, Proceedings* (Tokyo: Urban Underground Space Center of Japan, 1991): pp. 505-09.

18. BirgerJansson, "City Planning and the Urban Underground," *Underground Space,* Vol. 3, No. 3 (Nov./Dec. 1978): pp. 99-116.

19. E. L. Foster, "Social Assessment — A Means of Evaluating the Social and Economic Interactions Between Society and Underground Technology,"*Underground Space,* Vol. 1, No. 1 (May/June 1976): pp. 61-64.

20. Kunihiko Oshima, Satoshi Ihara, and Hisao Hakuba, "Vision and Subjects of Urban Underground System," *Urban Underground Utilization '91, Proceedings* (Tokyo: Urban Underground Space Center of Japan, 1991): pp. 183-88.

21. Tadashi Tanaka, Takako Kyogoku, and Ikuo Hanatani,"A Planning of Underground Space by Civil Engineers," *Urban Underground Utilization '91, Proceedings* (Tokyo: Urban Underground Space Center of Japan, 1991): pp. 157-62.

22. Yasushi Nakajima, "Perspective Underground's Space View for Resources and Assignment — Case Study of Oya Area Utsunomiya City," *Urban Underground Utilization '91, Proceedings* (Tokyo: Urban Underground Space Center of Japan, 1991): pp. 167-71.

23. Royce LaNier and Frank L. Moreland, "Earth-Sheltered Architecture and Land-Use Policy," *Underground Space*, Vol. 1, No. 4 (Aug. 1977):pp. iii-iv.

24. Gideon S. Golany, *Chinese Earth-Sheltered Dwellings, Indigenous*

Lessons for Modern Urban Design (Honolulu, HI: University of Hawaii Press,1992): pp. 144-54.

25. Gideon S. Golany, "Soil Thermal Performance and Geo-Space Design," *Geotechnical Engineering Proceedings of JSCE — Japan Society of Civil Engineers,* No. 445/III-18 (1992-93) (Invited Paper), pp. 1-8.

26. Golany (1983): pp. 61-73. Also in Gideon S. Golany, *Earth-Sheltered Dwellings in Tunisia, Ancient Lessons for Modern Design* (Newark, DE: University of Delaware Press, 1988): pp. 84-108.

27. Junji Nishi, Hideo Igarashi, Keiichi Sato, and Mototo Morita, "Traffic Problems and Underground Utilization in Urban Area," *Urban Underground Utilization '91, Proceedings* (Tokyo: Urban Underground Space Center of Japan, 1991): pp. 223-30.

28. Keshan Zhu and Sishu Xu, "A Promising Solution to Surface Congestion: Using the Underground," *Underground Space*, Vol. 6, No. 2(Sept./Oct. 1981): pp. 96-99.

29. Heinz Duddeck, "Future Trends in the Structural Design of Tunnels," *Tunneling and Underground Space Technology,* Vol. 2, No. 2 (1987): pp. 137-42.

30. Andre Guillerme, "Urban Underground Network and Terminal Facilities," *Urban Underground Utilization '91, Proceedings* (Tokyo: Urban Underground Space Center of Japan, 1990): pp. 39-45.

31. ITA Report, "Cost-Benefit Methods for Underground Urban Public Transportation Systems," *Tunneling and Underground Space Technology,* Vol. 5, No. 1/2 (1990): pp. 39-68.

32. Masahiro Endo, "Design of the Underground Expressway in Tokyo," *Urban Underground Utilization '91, Proceedings* (Tokyo: Urban Underground Space Center of Japan, 1991): pp. 206-10.

33. Carlo Grandori, "Tunneling and Underground Construction in the Twenty-First Century," *Tunneling and Underground Space Technology*, Vol. 2, No. 2 (1987): pp. 143-46.

34. CNN Television Broadcast News, February 21-22, 1994.

35. Dan McCosh, "We Drive the World's Best Electric Car," *Popular Science* (January 1994): pp. 52-58.

36. Katsuya Matsushita, Toshio Ojima, and Shuichi Miura, "Environmental Study on Underground Parking Lot Development in City," *Urban Underground Utilization '91, Proceedings* (Tokyo: Urban Underground Space Center of Japan, 1991): pp. 234-41. Ikuo Sugiyama, Yoshinori Nakatani, Michinobu Ohashi, and Takao

Wakamatsu, "Programming and Design of Underground Car Parking Network,"id., pp. 245-50. Koichiro Hamajima and Shinshiro Matsuoka, "Computer Aided Planning Systems for Underground Parking," id., pp. 253-58. Katsumasa Igarashi and Shinji Okumura, "Conception of Underground Parking System," id., pp. 262-65.

37. Takimochi, et al., *The Japan Corridor Plan*, Committee Report (Tokyo,1990) (in Japanese).

38. Paul B. Paulus, "On the Psychology of Earth-Covered Buildings,"*Underground Space*, Vol. 1, No. 2 (July/Aug. 1976): p. 128.

39. Masato Sato, Masao Inui, and Junichiro Sawaki, "Psychological and Behavioral Effects of Visually Closed Office Space," *Urban Underground Utilization '91, Proceedings* (Tokyo: Urban Underground Space Center of Japan, 1991): pp. 493-504.

40. Wybe J. Van Der Meer, "Possibilities for Subterranean Housing in Arid Zones," in *Housing in Arid Lands, Design and Planning,* ed. Gideon S. Golany (London: The Architectural Press, 1980): pp. 141-50.

41. C. Theodore Larson, *The Effect of Windowless Classrooms on Elementary School Children,* Project Consideration (Ann Arbor, MI: Department of Architecture, University of Michigan, 1965): p. 46.

42. Id., p. 55.

43. Frank W. Lutz, "Studies of Children in Underground School," *Alternative Energy Conservation: the Use of Earth Covered Buildings*, Vol. II,proceedings of conference held in Fort Worth, Texas (July 9-12,1975), Conference Coordinator: Frank Moreland, pp. 71-77. Also, see Phelan G. Allen, "Fremont Elementary School Air Conditioning," in *Underground Utilization: A Reference Manual of Selected Works, Vol. IV:Human Response and Social Acceptance of Underground Space,* ed. Truman Stauffer (Kansas City, MO: A Geographic Publication, Department of Geoscience, University of Missouri, 1978): pp. 562-63.

44. Shuichi Miura and Toshio Ojima, "Environmental Study on Underground Shopping Center," *Urban Underground Utilization '91, Proceedings* (Tokyo: Urban Underground Space Center of Japan, 1991):pp. 471-77.

45. Charles R. Nelson, "Geotechnical Design of the University of Minnesota CME Building," *Underground Space,* Vol. 8, No. 2 (1984): pp. 77-82.

46. Kenji Okuyama, "A Study of Urban Underground Public Space

in Japan and the Planning Complexity of Pedestrian's Selected Space Factions in Underground Space," *Urban Underground Utilization '91, Proceedings* (Tokyo: Urban Underground Space Center of Japan, 1991):pp. 460-67.

47. Frank W. Lutz, "Studies of Children in an Underground School," *Underground Space,* Vol. 1, No. 2 (July/Aug. 1976): pp. 131-34.

48. D. N. Carter, "Terraset School," *Underground Space,* Vol. 1, No. 4(Aug. 1976): pp. 317-24.

49. "Georgetown University's New Underground Sports Center," *Underground Space,* Vol. 6, No. 3 (Nov./Dec. 1981): pp. 142-46.

50. Golany (1990): pp. 23-125. Also, Golany (1988): pp. 91-108.

51. Golany (1989): p. 94.

52. Yah Huo, "The Effects of Cave Dwellings on Human Health," *Tunneling and Underground Space Technology,* Vol. 1, No. 2 (1986): pp. 171-82.

53. Golany (1990): pp. 33-37.

54. Huo (1986): pp. 172-73.

55. Id., p. 173.

56. Id., p. 175.

57. Xin Zhonghua Zashi journal of 1934, as noted by Huo (1986): p. 171.

58. Huo (1986): pp. 171-72.

59. Junichi Oda and Yuki Shuto, "An Analysis of Disaster in Underground Space," *Urban Underground Utilization'91, Proceedings* (Tokyo:Urban Underground Space Center of Japan, 1991): pp. 578-81.

60. Ikuo Watanabe, Shigeyuki Ueno, Masahiro Koga, Kiyoaki Muramoto, Toru Abe, and Tamiko Goto, "Examination on Safety and Disaster Prevention Measure for Underground Space Based on Analysis of Disaster Cases," *Urban Underground Utilization'91, Proceedings* (Tokyo: Urban Underground Space Center of Japan, 1991): pp. 570-75.

61. Golany (1992): pp. 109-15.

62. Tomomitsu Yasue and Isao Tsukagoshi, "Hazard and Disaster Prevention in Japanese Cities: Dealing with Landslides, Slope Failures and Fires," *Regional Development Catalogue*, Vol. 12, No. 2 (Summer 1991):p. 78.

63. Id.

64. Thomas Frost, "Safety Criteria for Underground Developments," *Underground Space,* Vol. 9, No. 4 (1984): pp. 210-24.

65. I. Watanabe et al., "Safety and Disaster Prevention Measures for Underground Space: An Analysis of Disaster Cases," *Tunneling and Underground Space Technology,* Vol. 7, No. 4 (Oct. 1992): pp. 317-24.

66. E. E. Sterling and C. J. Circo, "Legal Principles and Practical Problems in the Two-Tier Development of Underground Space," *Underground Space*, Vol. 8, No. 5-6 (1984): pp. 304-19.

67. William A. Thomas, "Ownership of Subterranean Space," *Underground Space*, Vol. 3, No. 4 (Jan./Feb. 1979): pp. 155-64.

68. S. Narvi, U. Vihavainen, J. Korpi, andJ. Havukainen, "Legal, Administrative and Planning Issues for Subsurface Development in Helsinki," *Tunneling and Underground Space Technology,* Vol. 9, No. 3 (July 1994):pp. 379-84.

69. Allan M. Ziebarth, "Potential Problems of Legal Liability in the Design, Construction and Ownership of an Earth-Shelter," *Earth Shelter* 2 (1979-1980), USC Series, Collected Papers presented at Earth Sheltered Housing Conference & Exhibition (Minneapolis, MN: The Underground Space Center of the University of Minnesota, 1980):pp. 133-38.

70. William A. Thomas, "Technology, Law, and Public Perception of Subterranean Space," *Underground Space,* Vol. 3, No. 4 (Jan./Feb.1979): pp. iii-iv.

第二章　坡地地下住居设计

G·S·格兰尼

历史上,群落利用地下空间作为对空间短缺的一种应对,为了防卫,为了抵御严酷气候,为了环境的优势,或者是由于其他外部或内部的压力,例如贫穷。除了罗马在突尼斯北部的布拉雷吉亚(Bulla Regia)地区的地下城镇,早期的地下空间利用都缺乏三个基本要素。第一,它不是预先设计的产物,而且地下空间利用的基本设计存在缺陷。第二,它忽视采光、日照和有效通风的重要作用。第三,没有可用的先进技术来克服障碍并引入一个健康的地下环境。对历史经验的考察使我们能得出这样的结论:即使这种地下空间利用在执行上有不妥当之处,但是它的基本理念有益于社会。如果我们解决了那些问题,并引入创新的设计来满足当代的舒适性和可接受性的标准,我们将从地下空间的优势中获益。

虽然20世纪地下空间的利用相当新异,但是它的设计仍然存在很多需要解决的问题。需要对土壤成分进行处理,以改善对湿度和温度的抵抗程度,决定结构的局限和适当的建筑材料,提供足够的自然光和日照穿透、空气流通和可达性,并且能接触到自然环境。[1]作者的研究表明随着现代技术、创新设计和管理的发展,这些建造设计问题能够得到解决并满足现代标准。会遗留的主要障碍是心理学问题。[2]

第一节　感知和心理学

与居住在地下相联系的许多问题不是技术上的,而是与社会对这个概念的接受程度和个人对这种空间的感知有关。[3]与地下空间相联系,存在三个方面的心理学问题。[4]它们是偏见和成见,幽闭恐怖症和自我形象。[5]

偏见和成见

公众形成的反对地下空间利用的心理学障碍被认为是最困难

78

的问题之一。偏见和成见普遍存在于世界上所有的社会经济阶层。[6] 这种偏见是在整个人类文明的历史中,从定居者所遭遇的现实情况发展而来。今天,大多数人对地下空间状况持有负面的印象,如黑暗、潮湿、疾病、隔离、寄生虫传染和蛇,而且,最后还有贫穷和落后。然而,偏见和成见主要是那些没有接触过地下土地利用的外行人的看法。[7] 地下空间利用的感知与它历史上的设计品质有关,还在很大程度上与公众的教育有关。

幽闭恐怖症

　　幽闭恐怖症的定义是对置身于有限的、狭窄的或者封闭的空间中的一种反常的恐惧。有幽闭恐怖症的以及那些天生倾向认为有限的空间有压力的人,通过对地下空间的特殊的设计处理可以缓和他们的感知,但是缓解不了他们的恐惧。基本上,封闭对人的感知是一个相对尺度;它涉及顶棚高度、宽度和深度的设计尺寸;以及光和日照渗透、联系室外环境的空间设置、空间大小、色彩是深是浅,或者封闭空间中自然环境的引入等因素。明智地利用以上的以及其他的一些设计技巧,虽然不能治疗幽闭恐怖症,但是能够大大减小恐惧感。[8]

　　幽闭恐怖症更经常出现于处在地下空间的老人、儿童和妇女中。[9] 必须告知这些使用者有关地下空间的正确信息,以控制他们的幽闭恐怖症。当然,结合适宜的顶棚高度、浅色色彩、宽敞的空间、自然因素和有直通室外的视线的设计技巧,也可以减小幽闭恐怖症的恐惧感。

自我形象

　　地下空间的历史发展给当地使用者留下的是这种环境低下的看法。当我们在实地调查研究过程中进行采访时,不论在中国还是在突尼斯,使用者对他们的地下住居都持有消极的情绪。在突尼斯,年轻一代逐步地离开了地下房屋转而住到地上房屋里。[10]

　　人们之所以住在地下的原因有很多。例如在中国,有4000万人口住在地下空间里,因为他们没有其他的选择。在其他的一些情况,有一家人就很乐于接受住在一栋现代的地下房屋中,那是近期作者为他们设计的,它里面充满着阳光和日照,并建在一个悬崖上。[11] 同样地,日本现代化地下购物中心的设计和开发具有很高的品质,在采访中,它们的使用者告诉我们他们非常喜欢地下购物中心的环境、容纳的内容和整体的设计。这些中心使用广泛，数量不断增长，并且采用所有最新的技术和设备。作者认为当地的和现代的使用者积极的自我形象是应该考虑的一个重要因素。[12]设计者需要通过选址、色彩、空间尺度和形式引入可以改善使用者感知的规划。这样，设计者会创造出对于利用地下空间的积极态度。[13]

其他的心理问题是对宁静和安静的需要，尤其对于一些有精神疾病的人。地下空间能为有精神疾病的人提供这样的条件。在波兰的克拉科夫附近已经有几所精神病院设置在采盐场的地下洞穴中。[14]

总而言之，根除偏见和成见是一个漫长的过程，且需要深入的探索和教育。其途径应该是通过各种媒体形式－视觉手段和讲演，直接面向所有年龄层。更重要的是，当创新的设计对与地下空间有关的问题作出了应对时，公众的观念会发生改变。当中产阶级实际上开始使用地下房屋时，地下住居中的居民也将增长积极的自我形象。当人们认识到地下住居在室内舒适性、健康状况、能效、环境品质以及更重要的经济费用等方面的巨大优势时，地下房屋的公众形象也会得到改善。

然而，最困难的问题是，要消除基于过去有缺陷的设计而形成的反对地下空间利用的消极态度。为消除心理问题，有以下建议：

1．设计：采用精细的、创新的城市设计和大规模的住居设计，使它们把地下和地上的土地利用结合起来。这种设计应满足我们现代的生活标准，并提供愉悦健康的环境，而没有与以往设计实践相连的消极方面。设计应该考虑设置宽敞的居住空间，有高敞的顶棚、能射进阳光的大窗户、浅色和令人愉快的色彩，直接的室内外视线联系，以及将自然环境引入到地下住居中。

2．消费和使用：增加地下空间作居住和非居住利用，并且加强它的优势，以使它能够在自由市场中进行竞争。据估计，城市里供非居住的潜在空间平均占城市总面积的40％至50％。这些空间的大多数可以采用无窗环境(表1.5)。因此，就有可能将我们现代城市用地中相当的一部分转移到地下。

3．公众形象：发展公众教育以使人们认识到，地下空间充分而积极地回应了我们对空间的需求，并能满足我们现代的标准。

第二节　创新的可实现方法

如果我们全面、科学和理性地看待地下住居计划，而不带传统的偏见，我们可以得出利大于弊的结论(见表1.2)。一个地下城市概念的创新设计方法是融合地上和地下空间的设计。一个设计方法是继续山坡上的坡地建设实践，它的发展贯穿整个历史。另一个方法涉及利用坡地的地下空间，称为地下空间住居设计。但是，首先有必要概述一下在整个人类住居的历史中，在山坡的地上建设中所取得的实践经验财富。因此，应该研究调查地上空间发展实践中的优点、缺点以及发现的经验教训，其目标是为了提高地下住居的设计。我们建议地下住居只能在坡地上发展。[15]

山坡上的地上空间村落

即使不是全部,大多数的山地城镇都是通过反复试验而发展起来的，而不是始于预先的设计。坡地或山地城镇，在整个历史中很常见，遍布于古代的中东、地中海地区、欧洲、以及亚洲和日本的许多地区。山地城镇非常有效地利用了山坡，坡度从缓到陡，大多采用紧凑的形式，在美学和功能上都有独创的形式。选择坡地的原因是其防御性的位置、气候、可为农业或其他目的有效利用土地、或者为了获得周围景观的视野。[16]从建筑和功能两方面，山地城市的发展都已被证明是成功的(表2.1)。

表 2.1
山坡地上空间的实践，赞成和反对意见

赞成	反对
历史价值	
• 人类村落的历史在坡地发展上有丰富的经验，而且甚至还有一些山坡地下住居的案例。[17]这两种模式都值得研究。 • 现代坡地的复兴引入卓越而独特的品质，而且已经在以色列和香港付诸实现。	• 虽然位置能提供很多优势，但是在许多历史实例中，坡地地下空间的实现是与负面的特征联系在一起：压迫、黑暗、落后和贫穷。
经济	
• 为农业节省低地。 • 这种场地的土壤层浅，坡地地下城市的基础会很坚固，因为基岩靠近地表面。	• 道路和基础设施建设的初始投资高于低地上的建设。 • 需要较高的费用把水提到高处。

赞成	反对
• 在坡地开发的早期阶段，土地价格低，能够弥补和缓解较高的基础设施建设费用。	• 建设费用通常高于平地。 • 在深基岩的场地，需要深基础。这样的场地只能建造单个住房，不能建造高层建筑或重型结构。 • 建设周期长。

社会

赞成	反对
• 为单个住房和社区提供私密性。 • 为居民提供无遮挡的视野，令人心旷神怡。 • 增加住房和城市的价值。 • 提供接近性和认同感。	• 可能阻碍老年人步行，尤其是上坡。

空气质量，通风

赞成	反对
• 空气不会逆温。 • 减少污染，提供清新洁净、没有灰尘的空气。 • 提供良好的通风，尤其湿热气候时非常需要。 • 各种气味和噪声较少。	• 易受大气变化和风向变化的影响，尤其是强风，它限制了可建造的坡向。

健康和安全

赞成	反对
• 提供了无遮挡的日照。 • 营造健康的环境，尤其在多雨地区。 • 较平地城市的机动车交通少，因而交通事故的危险低。 • 住宅单元深处能获得最大需要的光和日照。 • 地下水位低，可以使房屋的基础保持干燥。	• 从停车场到住地可能需要一些步行。 • 可达性可能受限制。

美学价值

赞成	反对
• 提供直接的沟通室内外的视野。 • 为私有土地所有者和独立的住所提供机会。 • 为周围的低地带来吸引人的景观。 • 与低地城市同一城市景观相比，坡地建造为城市带来壮观的、不寻常的、有吸引力的富有变化的城市景观，并且增进美学品质和地方魅力。 • 无论白天夜晚，城市都有全景式的景象。 • 为步行者带来连续的引人入胜的景观，尤其是在水平漫步时。 • 可以使居民与周围的自然环境接近，创造人与自然环境的和谐。	

能量消耗

赞成	反对
• 山坡带来在高处建造房屋的选择，随之而来的是温度降低，风力增大，在湿热季节这是有利的。[18]	• 驾车能量的消耗更多，而且车辆的损耗增加。

赞成	反对
• 比低地的制冷和采暖能耗低。 • 坡地有助于增加空气流动。	• 提升水的能量消耗可能较高。

生活品质

• 提供安静的环境。 • 较少的交通噪声。 • 位于地上的部分需要精心的屋顶设计和调整，以保持一种吸引人的景观。在温暖地区，平屋顶可以用来做家庭休闲。 • 地平线不会像在平地上那样被建筑遮挡，并能激发想像力。 • 需要能提供休闲空间的平屋顶。	• 发展局限于1到2层的住宅，通常不适用于高层建筑。 • 竖向运动需要楼梯，这给老年人、孕妇和残疾人造成困难。 • 为提高视觉品质，屋顶需要特别设计。

环境

• 排水容易，且没有被淹没的危险。 • 在城市环境里增加与自然环境的邻近和接触。 • 污水处理容易。 • 提高良好的居住环境。 • 以直接的观感，在人工城市景观和自然环境之间提供整体的、受欢迎的对比。	• 坡地容易塌方，尤其是在土壤疏松、湿度大且多雨的地区。 • 坡地发展受场地土壤条件的限制。如果土壤中混有沙砾或者坡度较大，就会存在塌方的危险。 • 塌方和地震的威胁需要特殊的设计和建造措施。

其他

• 地上空间与地下空间土地利用的理想结合。 • 缓解低地的城市压力。 • 缓解有保护耕地需要的低地的压力。 • 提供一种平衡状态，其中利用坡地发展存在巨大的收益。	• 交通运输困难，并且必须做专门的土地勘测和审慎的、创新的设计。

  坡地城镇景观将人工环境和与其对比的自然环境紧密地结合在一起。白天，山城反射着太阳光，夜晚，灯光从街道和房屋里面射出来，成为城市惟一可见的部分，使城市引人入胜。在那些农民要寻找更多土地用作食物生产的地区，坡地城市的发展可缓解低地的压力，把它们留作农业使用。

  在大多数古代的城市里，城市中心是非常独特的——它凝聚了这个城市的城市氛围。在我们的现代世界里，在一种"国际式"城市模式里，围绕城市中心的周边部分互相都很相像。但是，坡地城镇的每一部分，以及它的整体环境都是独特的。城镇沿着山脊的顶部发展，组合成坡地城镇。这种类型的城镇和城市是沿着山脊和山两边的支脉发展。坡地城市的扩展可以采用三种形式：遍布分散到山上，高层垂直生长，或者发展地下空间。

耶路撒冷是一个沿着山脊发展的城市实例。起初，20世纪制订的耶路撒冷的总体规划选定山顶和开发空间用作公共建筑，山坡用作居住区发展，溪谷用作绿地。遍山扩展的住房扩展成界限分明的社区，每一个都是一个带有各自种族特性的物质实体。

大量成功的坡地城市还见于中东、地中海地区、欧洲和日本。世界上另外一些是经过预先规划的，如以色列的海法、雅典和香港。

香港是现代坡地城市的一个优秀实例。岛上大约80%的地方是陡坡，坡度大于1:5。香港的土地利用高度混杂。在像香港这样的大都市里，心理压力是很典型的，但是坡地城镇的居民，当他们从坡地住房向外眺望的时候，会感觉非常解脱和放松。[19]

日本的山地或者坡地城市发展于长崎、热海(东京西南)、横滨、神户、函馆和其他地方。因为需要一个深港作为锚地，日本的重要港口——例如长崎、横滨、神户、函馆——通常都建在港口旁边的山上。这些港口连接西方，尤其是长崎到荷兰，这些城市的文化经常反映出一些西方的影响。[20]许多日本人都很喜欢这些城市。

除了某些特殊情况，大多数美国城市在平原和山谷中发展。当代世界上大多数的城市扩张都以与美国类似的方式发展。过去，技术没有现在先进，但是却在困难的丘陵基地发展城市，而现在，技术处于顶峰，城市扩展却喜欢平地，这看起来不合逻辑。

坡地城市的衰落开始于19世纪初期欧洲工业革命的兴起，并一直延续到今天。工业消费大量的平地空间用作原材料生产和在仓库中的储存。另外，新型的铁路运输系统也建在低地上，紧密配合工业，这进一步促成坡地城市的衰退。

坡地城镇除了有宜人的气候条件和有益于人的健康之外，它还有独特的空间魅力，这是低地城市无法提供的。由于它迷人的吸引力，在日本、印度和欧洲，一些坡地甚至发展作为富人居住区。这种魅力表现在建筑材料上(通常是当地的石头)，表现在街道的配置，在朝向山谷和低地的景观视线的限定点上，以及住宅单元相互之间和与山坡标高之间的和谐的安排上。在坡地城镇里，公共空间，尤其是那些小型的，迅速新兴起的，具有独特的象征性的表现，超越它们的物质形式本身。

　　过去，东京的住宅区向山手(Yamanote)地区的山坡扩展，那里高原和山谷环绕。东京的主要道路从城市中心向建有武家地(Bukechi)(武士住宅区)的平原边缘放射状伸展。发展的山坡连接山谷的低地农田，高原上建了武士住宅区。[21]朝向大海的长崎、神户和横滨市，也在山坡上建了富人区。建在山手(东京都)(Yamanote)的外国人居住区，从江户时期直至今天，一直是日本人的建筑模范。这个地区是惟一能够看到东京湾的住宅区。东京还有一个山坡叫作"潮见坂"(Shiomizuka)，它的意思是"观潮坡"。[22]

　　最近，长崎市为了创造更具吸引力的城市，把焦点集中在坡地住宅区的重建上。这项工作由强大的想象力和风景视线的设计牵引。长崎的大部分地区都有15%以上的坡度。[23]

　　简而言之，过去山坡的地上村落提供了优秀的证据，从它们那里我们可以提炼出用于现代发展的设计上的经验教训。这种实践可给使用者带来改善健康、美学和其他益处。这种坡地的地上空间方法与现代地下住居技术的融合，将进一步提高地下住居的设计，将在下面的章节中进行讨论。

坡地地下住居的意义

　　像任何其他的设计努力一样，从经济和社会的角度来看，地下住居设计也是一个得失的平衡。[24]虽然可以提出坡地住居一般优势的一个全面列表，但是本作者的焦点放在特殊的坡地地下住宅所具有的优势上。

　　在考察了非地下的山坡坡地村落以后，作者发现有几个坡地设计原则也可以适用于坡地地下住居的设计。如果把地下住居融合到坡地形式，就会消除许多反对地下居住的心理和技术上的争论。而且，通过组合这两种形式，许多使用者可以解决没有平整地区可供利用的问题。把地下住居放置在坡地的一些更明显的好处是日照和自然光可以直接渗透到室内，室内外之间便捷的可达，可提高生活品质，避免幽闭恐怖症，改善环境，景观宜人，以及空气的清新。但是，存在有技术上的障碍和建设上的困难。

它们与坡地地上空间的发展相联系,这种发展必须投入足够的精力用于坡地住居的设计(表2.1)。

虽然地下城市提倡在地下空间中引入所有类型的土地利用,以补足地上城市,但是住宅与其他土地利用的布置中间存在一个特别大的差异。住宅只能建在山坡上,而所有其他的用地形式除了可以在坡地之外,也可以引入到平地上。然而,坡地形式对地下住居是一个重要的改善。在日本一些国家中,其城市化在低地上不断增长,并且山地覆盖了整个土地面积的80%以上,坡地住宅是一个有前途的新的城市选择。人类的山坡村落历史性地取得了非常多样化的经验,从中我们可以推演出有刺激性的、坡地地下房屋的设计概念。

节能是最普遍为人所知的地下空间设计优势。一般地,地下住居因为冬暖夏凉,能量消耗减少,它热量的得失最小,能够抵抗室外的温度波动,它可以为人类在极端的天气条件下提供保护,并且它可以全年提供舒适的室内环境。

与城市所处的低地相比,位于高海拔的坡地建设可提供更新鲜的空气。坡地住居也较少受空气污染和与其相关的肺部疾病的伤害。另外,坡地住居附近的空气可能比低地上的更流通,因而能供给更清新的空气。

虽然坡地地下住居不能完全免于自然灾害,并且需要特殊的保护性要素,但是山坡地区本身有对自然和人为灾害的抵抗力。虽然,在地质上,山地更易遭受断层并且对地震敏感,但是人们发现,如果设计合理,在岩层中挖出空洞的空间比地上相同的空间具有更大的防护作用。[25]地震区通常是那些有明显的折叠带、上升、断层或冲断层的地区。因此,在做任何设计之前,都必须进行勘查和熟悉场地的地质特征。[26]地震可以有垂直运动、水平运动,或者两者的组合。不应沿着断层线建造构筑物(地下或地上)。在这两种情况下,结构有非常大的断裂危险。[27]在垂直运动时,位于地下的结构会裂开,并上下移动,而在水平运动中会向一旁移位。但是,没有断层和疏松沙砾的大块岩石里面的结构,会随着岩石块而移动,并保持它们本来的形式。因此岩石里面的空间越深越安全。但是,要使人们相信这种扩展的正确性可能会很困难。

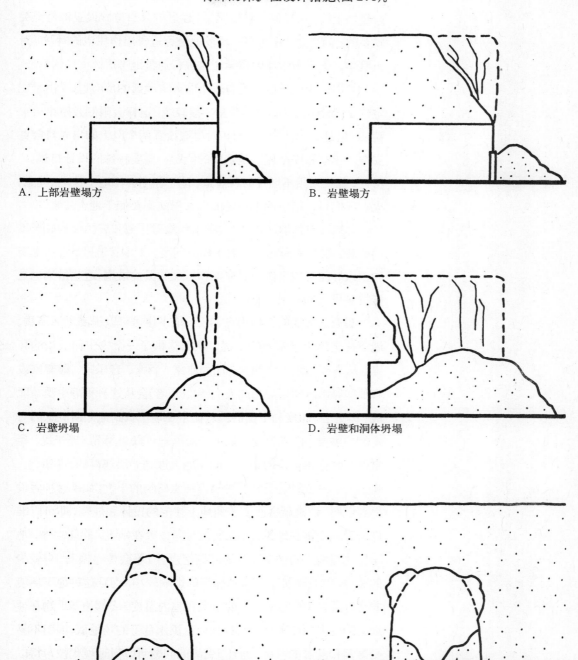

图2.1　塌方可能导致的地下空间
　　　　损坏的例子

地震能增加山坡塌方的力量。山坡的坡度越大，塌方的强度和相关的危险就越大。[28]为了保护地下住居免受地质的地震波动并避免塌方的影响，城市设计者必须熟悉可能的塌方类型以采取特殊的保护性设计措施(图2.1)。[29]

A. 上部岩壁塌方

B. 岩壁塌方

C. 岩壁坍塌

D. 岩壁和洞体坍塌

E. 洞顶坍塌

F. 洞壁坍塌

塌方会改变土地构成。如果土地的组成成分是黄土或砾石，或者在强降雨时泥土软化成泥浆的情况下，塌方会以某种倾角发生。地震振动对坡地也是非常危险的，并且可能改变整个环境。坡地住居还易受侵蚀或风蚀的影响。防止产生这些灾害的措施是修建挡土墙。在任何一种情况下，住居的入口位置设置都是至关重要的。简言之，在考察一块场地是否适于用作住宅的时候，对土壤学，土壤力学和地质学应该进行通盘地考虑。

　　人们认为地下住居具有较小的火灾蔓延的危险性。[30] 由于住宅位于地面以下，其窗户数量一般较少，这样会限制或阻止火灾蔓延。但是，在地下住居的相对尽端设置两个以上的出入口会更安全。排烟和安全疏散是重要的问题，需要特殊的设计措施。[31] 另外，如果采用不燃性材料建造，地下住宅会比地上住宅更加耐火。我们可以期望地下住宅的火灾保险率要低于地上住宅。

　　如果没有采取防御措施，洪水危险对住宅和居民会构成严重的威胁。我们前面已经提到了塌方问题。下水管道设计、挡土墙和雨水导流可用来作为对住宅和居民的保护措施。这些措施也是抵抗暴风雨的安全保障。

　　与普通大众的认识观点相反，地下住居可以提高生活品质。地下住宅隔绝了室外的纷扰，从而提供了一个安宁而放松的环境。从事创造性工作的人，比如作家、画家、音乐家、雕塑家或者那些寻求时间来冥想的人们(如修道者)会从这种平静中受益匪浅。历史上，印度和中国的佛教徒常在地下找到他们所满意的对安静的需要。作者假设在地下空间睡觉可以为深沉、无干扰、稳定的睡眠提供最佳的条件，而在地上这是无法获得的，在地上，晚上人们睡觉时会受到各种噪声和阻碍物的干扰。如果这种假设得到证明，那么就会改变普通地上住宅的设计和规范，即可以准许将卧室安排在地下，而将其他房间设置在地上。除此之外，地下住宅与地上的住宅比较还能隔绝声音，不会传递振动，有较少的噪声，并且受机动车交通噪声的影响较小。而且这种地下环境非常舒适，具有四季稳定的空气和室内温度，冬暖夏凉。建在坡地上的住宅的地下水位线往往比有洪水危险的场地低，因而不易受霉菌和潮湿的影响。而且，受潮的问题可以通过现代技术得以解决。在山坡上，住宅与大自然非常接近，俯瞰低地视线也不受阻碍，这可以使居住者更加放松和安宁。

地下住宅可以免受强暴雨如龙卷风、台风、雷暴以及极端气候条件如干热或干冷天气的严重损害。在寒冷气候地区，供水管不会结冰，水管也不会被冻裂。

简而言之，通过采用景观设计的美学特征、减轻精神压力、营造令人愉快的环境以及增进健康，地下住宅的品质得以改善。[32]

在评估地下空间的费用时，住所使用年限的耐久性、与该住宅相关的较低的运行维护费用、可能具有的双重土地利用，以及土地保护都应该作为评估的因素进行考虑。而这些因素会使费用降低。

我们前文论及了在坡地上建造地上住宅具有优越性，但是我们现在来关注将坡地利用的优势应用到各种地下住宅中去。首先，地下空间提供了同样的坡地利用所具有的所有优势(表2.2)，而且把坡地和地下空间利用组合起来会带来比在平地上更好的生活质量。我们的基本前提是地下空间的居住只是局限于坡地的地下住宅，而不涉及平地的地下住宅。坡地可以提供这些地下住宅环境所具有的优势，而平地的地下住宅无法提供这些好处。如前所述，像其他任何一种设计一样，地下坡地城市既有它的优点，也有它的缺点，优缺点应该权衡考虑。

表2.2

坡地地下住宅的环境优势

日照

- 如果通过精心布局、合理的朝向设置、以及采用创新设计，地下住宅中的一层或多层楼层能够得到深入直接的满日照照射(深7米以上)

自然采光

- 白天自然光线可以照射到地下住宅的深处

通风

- 增加风和空气交换
- 通过设计良好的通风竖井和可旋转的风斗可为被动式通风提供理想的条件

空气质量

- 由于坡地活跃的空气流动、高海拔以及地形特征的原因，没有空气污染、烟尘和臭气。
- 没有逆温，因而减少肺病危险
- 与低地相比，空气更清新

自然灾害

地震：

- 由于它位于地层以内，所以比地上房屋较少遭受地震灾害的影响
- 需要采用特殊的设计措施抵御地震造成的塌方或正立面坍塌

火灾：

- 火灾蔓延到相邻建筑的危险性较低
- 比地上房屋对火灾的抵抗性更大
- 当设置两个以上出入口时会很安全
- 火灾保险率低

洪水：

- 如果考虑了合理的下水道设计就可以避免洪水
- 污水处理容易

暴雨：

- 可以抵御龙卷风、台风和雷暴

生活质量

- 提供安静而放松的环境
- 提供最大的私密性
- 隔绝声音，不会传递振动；比低地的噪声少，机动车交通噪声少
- 地下水位线低，因而不易受霉菌和潮湿的影响
- 提供舒适稳定的空气温度；冬暖夏凉
- 为良好、无干扰的睡眠提供安静的条件
- 亲近自然环境
- 俯瞰周围低地的视线良好而没有阻拦
- 抵御天气条件的变化，保护抵御极端气候
- 由于地下空间的设计和地貌，提供较低的住宅密度
- 提供有益身心的健康环境
- 带来有吸引力的令人愉快的城市景观
- 与低地统一的景观相比，坡地改善着景观的美学品质
- 鼓励步行运动，从而有利于社会交往
- 将住宅与现存自然环境融为一体
- 减轻精神压力
- 提供有助于创造的有激发性的环境
- 提供可加快手术后痊愈的环境
- 抵御极端气候
- 整合地下空间和地上空间

经济

- 通过将地上空间利用作为开放空间来降低土地价格，补偿相对较高的建设费用

坡地上的建造形式可以有以下四种情况(图2.2):

1. 全地上
2. 半地下
3. 全地下
4. 以上三种的组合

坡地上的开发建设比在平地上的建设需要更多的初投资。这些增加的费用来自于道路、基础和防御侵蚀的措施所额外增加的建设量。然而,坡地开发同时也会带来节省,例如可以节省用于制冷和取暖的能源费用,可以大大提高运行过程的健康和安全状况,并能营造令人愉悦的环境品质。在任何价格-受益分析中,我们都应该把建筑的整个使用年限过程中的价格因素,以及对居民身心健康的影响考虑在内。当采用坡地地下开发建设时,人们生活质量常常是首要的考虑因素。

建于地上的坡地住区以单层住宅的形式可以提供较好的私密性。在地上可以建造各种各样紧凑的住宅类型,许多年来,依据地势地形,建造了类型广泛的各种坡地住宅,包括有单层分离式的、单层拼接式的、台阶式的、一层或多层住宅。最近,由于城市扩张带来的空间短缺,以及坡地带来的巨大优势被人们认识到以后,这类坡地开发就越来越多了。其中最常用的是台阶式住宅类型,它可以利用下面一层的屋顶作为宽敞的室外平台(图2.2c)。六到八层的中高层半地下建筑可以不设电梯,因为坡地地形可以自然地在两个不同的楼层提供出入口(图2.2k)。地上台阶式单元还可以建造一个家庭拥有两层或三层台阶的乡村小屋式的住家(图2.2a)。总之,坡地创造了大量灵活的可选择的住宅类型,同时,还为环境本身增加了吸引力。

半地下住宅将地下空间和地上空间结合起来,地下和地上空间可占不同的比例。半地下住宅通过在不增加用地面积的情况下向地下扩展了空间,进一步地丰富了全地上坡地住宅的内容。而且,半地下住宅在不增加建筑的造价和高度的条件下,使土地得到更完全的利用。半地下住宅还可以采用台阶式住宅以及高层建筑。最为重要的是,如果设计合理,半地下住宅能够获

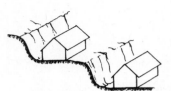

A．单层的地上单元

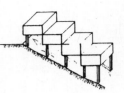

B．单层架空的单元

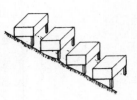

C．架空的、相分离的单层单元

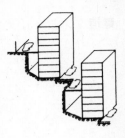

D．与山坡分离的
多层单元

全地上

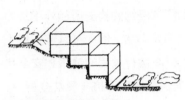

E．两层拼接的台阶式单元

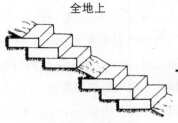

F．单层拼接的台阶式单元

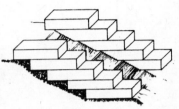

G．单层成组拼接的台阶式单元

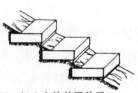

H．相分离的单层单元

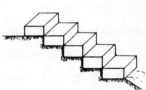

I．单层台阶式单元

J．单层、凌空的与山体
结合为一体的单元

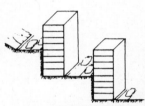

K．与山坡邻接的多层单元

半地下

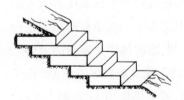

L．与山坡结合的单层台阶式单元

M．与山坡结合的单层分离式单元

N．单层成组的与地层结合单元

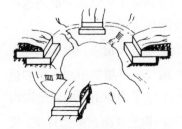

O．环绕四周的台阶式与地层结合
单元

P．成组的与地层结合单元

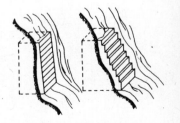

Q．与悬崖结合的多层单元

全地下

图 2.2　坡地建设的几种基本形式，表明了建筑单元和不同坡度之间的相互关系

得日照、充分的自然采光、对开放景观的广阔视野、通风、私密性以及安静。

全地下住宅全部嵌入山坡之内，留下至少一个边向视野和日照开放。这种住宅可以设计成单层的(分离的或者拼接的)，或者成组布置的形式，可以设计成乡村小屋式，也可以是多层建筑。它们为在一个坡度大约85°的山坡上，或者是在一个悬崖边，建造高密度住宅提供了可能。在第二种情况下，台阶式的山坡需要通过特殊的隧道网络，在建筑的背后建造一个可通达的交通系统。全地下住宅由于其与大地的结合而带来非常广泛的好处。[33]同样，在这种情况下，通过合理的设计，坡地全地下住宅也能享受到深达7米多的日光照射，获得自然采光和充分的通风，并且能够为人们提供私密和放松。

虽然我们的坡地地下城市的概念是作为一个独立的城市单位而拥有自己的个性，但是它也能够将坡地城市与现有的平地城市土地利用结合起来。坡地的地下空间和低地的地下空间利用的结合可以缓解存在于低地城市中的一些城市问题。

第三节　场地选址标准

在把地下和地上空间的土地利用相结合的一个山坡场地的开发中，至关重要的一环是选址。[34]选址的方法应该采用多向标准，全面而大量的理论综合与直觉、想象力、灵活性相结合，以适应于变化和分析。更重要的是，它应该把重点放在满足人们心理和生理健康的需要上。[35]在坡地地下城市的选址中，依据的主要标准如下：

1. 地质构造和土壤成分
2. 地貌学
3. 坡度
4. 水文地理、径流、地下水位线以及侵蚀
5. 海拔高度、热学性能和相对湿度
6. 朝向
7. 可达性

地质构造和土壤成分

在选址的时候需要对很多因素进行详尽的评价和分析。

规划师应该对坡地有全面的了解，才能为坡地构筑物选择合适的基址。基址的特性对经济有影响，正如它对安全也有影响一样。

在很多实例中，斜坡，尤其是一个陡峭的坡，通常是由一个主要构造的断层所导致。陡峭的构造对于地震和塌方是很敏感的。陡峭的构造对于坡地地下空间发展的有利因素，部分抵消了为了避免那些灾难而必须的特别设计和构造测量所带来的昂贵开销。应该知道，由两个交叉的断层所构成的坡地，与这断层延伸部分的任何一点相比较，更有可能成为强烈地震的震中。这种地区当然不应该成为任何形式地下建筑的基址，更不应该作为地上城市的基址。

从设计和建造的角度来看，通常有三种地质构造：

1. 石灰石岩层；
2. 花岗岩或者石灰华形成的火成岩；
3. 混杂着砂砾或淤积土的土壤沉积层。

石灰石岩层散布于世界各地。石灰石从软到硬可以划分为很多种类；时不时地位于海平面之下；是沉淀性岩层堆积的产物。经过漫长的时间，无论产生向斜或是背斜的弹性弯曲，作为内部骚动的结果，这些石灰石岩层露出海平面，或者形成水平的地层。如果后者表现为软、硬岩层交互出现的状态，将会受到坡地设计师的青睐，软层至少3米厚，使得软层内部能够提供凹入的空间(图2.3)。在密苏里州的堪萨斯城发现有这种石灰石岩层，那是一个现代坡地空间设计的生动样板。通过把软层的土壤挖出，并在内部设置梁柱的方法，形成了水平的外形。这样上层的硬石灰石岩层就成为屋顶，而下层的作为地板。[36]所形成的巨大的内部空间被用作仓库、冷库等房间，或者办公室。类似的地质情况和做法也出现在突尼斯南部与撒哈拉沙漠接壤的塔塔维纳省舍尼尼(Chenini de Tataouine)，杜维拉特(Douirat)，以及位于马特马塔(Matmata)高原的吉尔米塞(Guermessa)的土著坡地村落里。[37]当地人以一种经济有效的方式灵活地利用了地层构造。

图2.3 地质上水平的石灰石岩层，由足够容纳地板到顶棚高度的软、硬石灰石岩层构成。这对坡地住居而言是一种理想的状态，使得"开挖－使用"方法得以运用。在密苏里州的堪萨斯城和突尼斯的杜维拉特(Douirat)具有这种实例

　　在由岩石构成的坡地上发展地下空间的时候，可以使用"开挖－使用"的方法。这种方法可以降低建设费用，因为它需要很少的，或者说基本不需要建筑材料，只消耗有限的人力；中国北部的黄土高坡上通常都采用这种做法。大约4000万中国人居住在这种称为窑洞的住所里。在使用"开挖—使用"方法的实例中，地下空间的高度和宽度是由石灰石岩层的自然状况所决定的。建设在地质岩层当中的坡地地下空间可以有各种不同的土地使用，因为其深度的潜力来自对坡地水平软层的挖取。阳光的渗透深度取决于开挖口部的高度：开口越高，能够照射进来的阳光就越多。关于阳光照射的问题将在后面讨论。

　　块状的无内部结构或层理的岩石通常可见于花岗岩或者石灰华岩石。花岗岩非常坚硬，有极少或者没有断层，需要用机械来切割。由于它的坚固的和非层状的特点，花岗岩可以用来构筑更宽敞的空间和更高的室内空间。同时，对花岗岩最经济有效的使用是用于大范围的地下空间，比如公众聚会空间，剧院，博物馆，仓库，商业空间，或者餐厅。尽管开挖花岗石会比较贵，但它可

以用作建筑材料。这种块状花岗岩石块在北欧占岩石的大多数，并被广泛用于斯堪的纳维亚，尤其是瑞典，在那里，这种地下空间已经被用作工厂、仓库、停车场，和军用港口。

石灰华岩石产生于火山灰的不断沉积，它们存在于广阔的较深的地层。这种岩石相对而言比较容易开挖，它不适于作建筑材料，使用它也不需要大量的人力。在结构上，石灰华可以提供宽敞的室内空间和层高，适于居住及非居住用途。这些不同的用途贯穿于意大利南部城市马泰拉(Matera)，以及土耳其中部的卡帕多基亚的穴居历史(图2.4)。在卡帕多基亚，一幢8层的建筑，以及大量的拜占庭时代的教堂竖立在一个石灰华岩石的峭壁上。

混杂了砂砾的土壤对地下空间结构而言，适应性最低。它比较松散，容易受腐蚀、塌方的影响，尤其在坡地，而且在地震中所受影响更大。然而，如果在设计、施工和保养方面采取了足够的预防措施，仍然适宜于在这种土壤中构筑地下空间。如果只挖凿比较小的空间，情况将更为乐观。"开挖—使用"系统在这里并不适用。通常会需要用混凝土结构，在内部进行支撑，在外部用于支撑墙体，防止塌方的影响。这两种保护性措施都会增加建设费用。

图 2.4 坡地地下住居介于高地和峭壁之间。在中国的甘肃省，住居位于两者的边缘。在地貌和效果上与两者都不相同

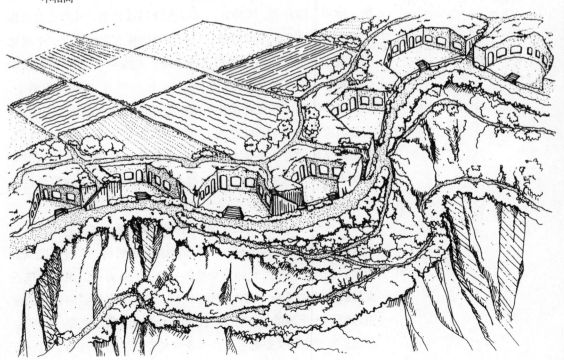

从历史上来看，黄土是最适于利用地下空间的一种土壤。多数黄土不含砂砾。它存在于世界上5个主要的地区：德国南部(它正是从那里得名的)；伊利诺伊州西南和密苏里州；西伯利亚以色列南部和中国北部，在那里它的分布最为广泛。黄土可以分为三种类型：冰河型，形成于冰河的退却(比如在德国)；河流型，被水冲刷形成(伊利诺伊州)，以及风型，由风形成(如在中国和以色列)。从全部历史来看，风型的黄土被证明是最适于建设地下空间的。风型的黄土不含砂砾，在干燥状态下非常坚硬，易于开挖和使用，并且，在中国很普遍的是，不需要其他建筑材料的辅助。当然，黄土也有它自身的局限。在黄土地下空间中，已知最大宽度是3米。在中国，通常建成平均2.5米宽和高的空间，上面覆盖至少3.5米厚的黄土以防止渗水或者倒塌。[38]

喀斯特(Karst)是另外一种与地质构造有关的现象，产生于地下侵蚀或者长期的地质移动。喀斯特包括点缀着孔洞的天然石灰岩、各种水平或是垂直的洞穴、管道、水槽、陡峭的山脊、不规则隆起的岩石、巨洞、沟壑，以及地下河流与小溪。这种地貌主要由侵蚀形成，比如南斯拉夫西北部的白云石高原，喀斯特的名字正是由此产生的。然而，对这种地貌的一个彻底的三维地质调查，将鼓励富有想像力的地下空间设计师提出一种创新的地下空间设计。这种空间通常在冬季和夏季都有一个稳定的环境温度，如果湿度不是太大的话，一般都很舒适。这种热性能对于需要控制室内温度的工业选址，以及需要安静的人类而言，都非常适宜。

地貌学

地貌学是对地球表面特征的特性、起源和发展的研究，是在描述方面运用地文学原理以及运用结构地质学中的动力学原理，研究地球高低起伏的地形特征的一门科学。然而，一块场地的地貌往往呈现出许多复杂的形式，关系着微气候(舒适或者不舒适)，侵蚀和土壤特性，而这些都是地下住宅和其他土地利用设计所最关注的。对我们最为重要的是去选择建造地下住宅的最佳基地。为了便于讨论，我们把下面的分析集中在平地与坡地的比较。在两种地貌形式的分界区域中，例如黄土地区常发现的高原和陡坡，地下住宅更有优势。(图2.4)

将平地和坡地的地貌进行比较，能显示出坡地的地下住宅具有巨大的优势。地下城市中，坡地的引入无论是对城市的地下空间还是对地上空间都带来了一种有力的新维度。这种补充形式可以应用到那些邻近有尚未开发的山坡的城市扩展中，它也可以应用到那些尚未选址的新的城镇规划中。位于平原、附近又没有山坡的城市则不能采用地下住宅。

如前所述，坡地利用的概念不是新发明的。许多古老的城镇和村庄，尤其是在中东、地中海、以及许多欧洲地区，就是在山坡上广泛地发展起来的。而只是在最近的几个世纪中，人们才主要在平地上定居。

在地貌学上，平地的优势在于交通便利，土地开发的投资相对较低，出入方便，和舒适的步行运动。英国建立了城市设计规范的基础，他们采用的理念是山坡应该保护，用作大地景观、自然资源和其他的休闲需要，因而，城市应该建在平地上，而不应该建在坡地上。美国的城市，除了很少的例外，也是在低地，河滨，山谷或者平地上进行发展，这样便于采用方格网的街道系统。虽然低地——尤其是邻水的低地，适宜于农业，但是它们也普遍具有下水道不通畅，通风不良，洪水，相对较高的辐射反射和空气逆温等问题。位于山谷的平地城市存在严重的逆温和来自于公共交通和工业的空气污染问题，它们对居民的健康造成危害。另外，低地的高水位限制了对地下空间的利用。

而在另一方面，坡地基址在地形地貌上为地下空间和地上空间相结合的发展提供了理想的基地，并且克服了通常与原始的地下空间相关联的大多数缺陷。实事求是地说，地下空间和地上空间的结合丰富了这两种发展类型。坡地对于城市住宅具有各种各样巨大的优势，而平地却提供不了这些。这些优势包括有效的下水，良好的通风，空气逆温的危险小，清新的空气，灰尘少，无遮挡的日照以及自然采光，规避繁重的城市交通带来的问题，安全，无污染，亲近自然环境以及多样化的景观，更好的私密性，较低的水位线，健康安宁的生活环境，以及大量的设计手段的可应用性。

坡地基址的地貌通常不是均匀一致的。山坡的总体角度并不能表达出地貌的坡度变化。而另一方面，地形等高线确实能够表现出地貌的不同自然形式，我们可以根据需要利用或者对其进行调整。山坡为沿着等高线的各种移动提供水平线；设计者应该依据这些自然形式进行设计，而不能制造在垂直移动上的突变。因此，可取的方法是顺应等高线的变化采用水平和垂直的台阶形式。台地可以支持双向的交通流线，广场，停车场，公园，以及其他水平的开敞空间。只要能够通达，地下住宅的位置可以选择在几乎所有的地貌场地中。圆形的，弧线形的，曲线形的形式常常可以激发设计师的想象力。但是，住宅设计应该考虑现有自然环境的形式，并且尽可能小地改变地形地貌(图2.5，2.6和2.7)。

图2.5　在土地的地貌地形内的坡地地下空间设计。横剖面显示了对坡地地下住宅和社区中心位置的调整，以使它们与山丘和山谷的地貌特征相适应

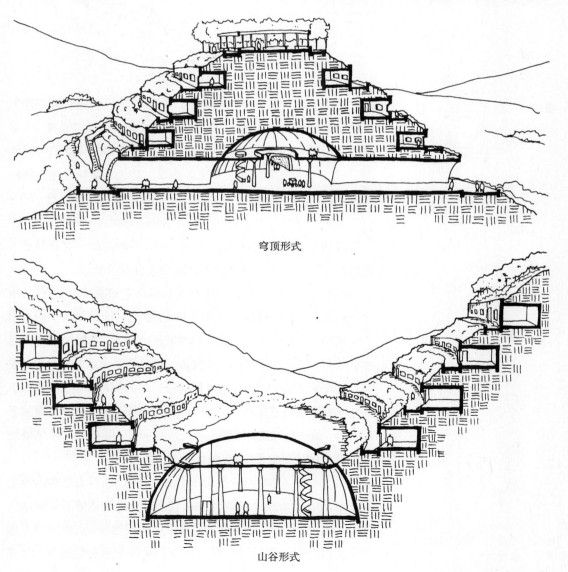

穹顶形式

山谷形式

坡度

坡度是地下住宅规划中的一个重要因素,因为这种地下住宅只能设置在坡地中。我们的探讨需要检查所有的坡度角度,从常规的7°角到我们建议的非常规的85°角,探索其发展的可行性(图2.8)。坡度问题涉及三个重要因素:居民与货物及相关物品的可达性;设计和建造;以及每天环境中日常用品的供给。每一个因素都需要地下城市的城市设计者创造性地给予解决。

直到19世纪,建于坡地的城市和村庄的发展一直非常受人瞩目,对现在的地下生活空间的设计很有参考价值。

修建梯田和悬崖状空间是坡地邻里开发的两种主要方法。修建梯田状空间可用于较小或中等坡度的地方,而悬崖状空间可用于较陡峭的地方,有时也用于中等坡度的地方。陡峭地形有优点也有缺点,设计和建设都花费较高,可以提供大量私密良好、配有广阔低地街景的空间,并提供健康舒适的周围环境。坡地邻里的基本规则是坡度越陡居住空间越少,坡度越陡,越要求增加步行路网,减少公路交通。跟小坡度坡地相比,陡峭坡度强化侵蚀的作用,设计时需要特别注意。

如上所述,耶路撒冷是建于山脊、山坡、山谷交错的山地上的城市,过去和现在的主要规划所提出的土地利用原则都跟这三种地形有关,山脊用于建造公共开敞空间或建筑,山坡地用于建造住宅,山谷用于绿化带。耶路撒冷的特殊地形使它成为一个理

图2.6 围绕于自然统一地貌中的坡地邻里

100

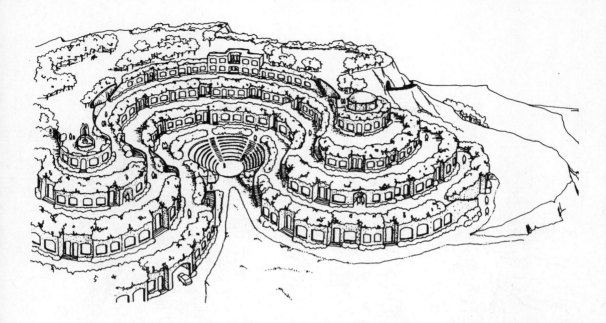

想的城市来改造成为地下城市，它的所有地上交通都可以移到地下，腾出来的地上空间可以改造成城市公园。交通的主要任务在第一章中讨论过，本章的后半部分还会提及这一点。

水文，径流，地下水位和侵蚀

　　水文、径流、地下水位和侵蚀是相互关联的因素，并跟场地选择原则紧密相连。水文状况因地而异，取决于沉积强度和地形坡度。[39] 在干燥炎热的地区基本上沉积较少，有限的沉积也是由于零星爆发的急雨的激流冲积而成。因此，径流的比率比较高，并形成较强的侵蚀和洪流。[40] 炎热潮湿的地区有强烈的暴雨，并且持续时间长，发生频率高。这些暴雨也产生侵蚀，但是渗入地下的雨水的比例却很高。在温暖凉爽的地区(例如宾夕法尼亚和美国或者英国的其他地区)沉积在整个季节持续进行，形成较高的地下水位和较小的地面径流。在寒冷潮湿的地区，例如加拿大和北欧，结霜和结冰使土壤在冬季收缩，有时水分过饱和又使得土壤膨胀。在选择场地进行地下空间设计时，所有这些环境因素都要考虑进去，尤其是坡地生活环境的选址。[41] 所有这些特征都会影响生活环境的建设和地下城市的生活方式。

　　侵蚀是跟城市区域有关的问题，城市区域就像没有毛孔的身体，因为它们被建筑、沥青马路、铺砌的小路覆盖着，只是在可能的地方留有很少的土地可以吸收水分。雨水常被输导到下水道

图2.7　整合于多样地貌中的坡地邻里，这种整合提供好的私密性和社区景色

中，在平坦区域，下水道往往难以运走大量的雨水，造成街道洪水泛滥，这一现象主要是具有极端气候的地区的难题，例如干热和湿热的地区。如果位于河边地点的城市有上述的气候之一，那么在城市建成区域也会产生严重的洪水。然而在坡地上开发的城市，如果设计上没有考虑预防措施，可能会有较严重的侵蚀。在坡地地区，洪水不是问题，如果排水管道设计得足够能把雨水排到地下。

海拔高度，热状况和相对湿度

在选择最佳坡地建造地下城市时，设计者必须知道海拔高度、热状况和相对湿度相互关联。需要记住的一个原则是海拔越高，温度越低，反之亦然，海拔每升高100米，温度会降低1℃。因此炎热潮湿的地区在较高的海拔处会有较好的热舒适性。而且，海拔越高，相对湿度越大，这一现象对于干热地区的选址非常有用，有时对于设有主动蒸发降温设施的湿热地区也很有意义。在干热地区，蒸发降温减轻了热度。这些因素与冬夏的能源消耗和居住者生活环境的改善有关。

图 2.8 具有较缓坡度和陡峭坡度的坡地地貌，不寻常的坡度可以创造不同的生活空间和朝向

在干热和湿热地区,较高的海拔除了可以提供比较舒适的温度之外,还可以提供比较健康的空气,这是因为海拔越高,空气越清洁,离沼泽地和蚊子等昆虫的栖息地越远。坡地地下空间的夏季环境温度要比邻近低地的地上建筑舒适得多。旅游胜地常位于海拔较高的地方,主要是为了逃避都市生活的压力。坡地还提供有效的通风和空气循环,因此可以有效地降低汽车排放和其他城市污染物的影响。此外,坡地还没有逆温现象,有比邻近的低地更舒适的温度,这可以使生活和工作更放松,降低制冷能耗。例如,在日本的中部和西部地区,夏天的气温非常高,住宅应该设置在较高的地区,以享受较低的温度和较好的通风。

朝向　　　　朝向是地下空间选址的一个至关紧要的因素,是解决光线、日照、通风和天气危害的关键。不管建于哪里,都应进行仔细和创新设计来解决这些问题。

在建设开始之前,就应详细研究建设地及其气候。应该收集有关高度、风的频率和特征、朝向、降水特征、湿度的数据,以选择合适的朝向。一般来说,坡地可以提供较好的通风和较大的风力,坡地和山地的天气由于地形的变化而在昼夜间变化波动很大。一般而言,湿热地区需要较好的空气流通,而干热地区应该避免空气流通,除非设有特殊的被动式蒸发降温系统。

朝向东南、南和西南的坡地会有最好的光线和日照,能够照到生活空间深处的非直射自然光也是在这三个朝向最好。在较低温度和湿度的地区,这种南向的朝向是最好不过的了,因为一天中总有些时间可以接受到日照。朝北的坡地不太令人满意,因为它没有日照,能进入室内的自然光线也很有限。在寒带和温带,朝北的坡地还要经受较长的冰霜期。在这些地区,朝南的坡地具有较大优势。此外,南向坡地还可以给地上工业地区提供较多光线和较长工作时间。相反,北向的坡地比较适合炎热地区,很多古老的城市都是如此。当然,这些不同的朝向有明显的区别,需要根据建设地的气候进行选择。

坡地设计应该自觉考虑坡地不同部位的微气候,和开发对微气候(风速、温度和湿度)产生的影响,例如建造梯田可以对微气候产生和地上建筑一样的影响。

可达性

这里所说的可达性是指在一个区域内或区域之间的旅客服务、紧急疏散、现代交通、步行移动等。在较缓坡度的地区，可达性能够得到满足，随着坡度的增加，就变得越来越困难，当坡度达到85°时，传统的交通方式就无法实现，建议同时引进两种可供选择的交通方式。一个选项是地上运输，例如缆车，另一个选择是完全的地下交通网，来连接各个地下邻里。后者在第一章的城市交通的小结中讨论过。城市规划者已经积累了很多关于在平地建设地下汽车隧道，地铁，铁道和停车场的技术经验，这些技术经验也可以用于山地的地下生活空间的建设。对于步行者，应该对整个地上步行网络进行休息和行走的综合设计。坡地的开发可以提供吸引人的低地风景，并随人们的欣赏角度和位置的不同而变化。无论如何，需要提供较短的地下步行网络以连接地下汽车、火车网络和居住区域。此外，也应设置特殊的地上交通以备紧急事故时之需。

在坡地，下水道废水比在平原更容易排泄。在重力的帮助下，垃圾处理费用可以压缩。然而，如果在高处没有水源的话，供水就必须依赖抽水泵了。

总之，选址不仅会影响城市的外形。而且会在小规模的设计和建设中影响它(比如在单个建筑的设计中)，建筑师不仅就体形作决定，而且，也许无意识中就社会、经济和环境等因素也做了决策。考虑到城市选址对几百年，甚至几千年城市生活的影响，这个决策的影响会更大(即使建筑物本身也许只能存在几十年)。

纵观历史，城市选址方法无外乎以下二者之一，或者预先决定，或者由于复杂的影响力而在无意中决策。在某个特定的时期或者特定的地区，二种方法之一会占据主导地位。尽管预先规划的城市设计和纪念建筑在历史上被彻底研究过，尤其对古代希腊和罗马，它的实践却是最初开始于文艺复兴时期的，并从此被逐步使用。进化的过程可以从本土文化中显示出来。

另外还有二种常用的选址方法。一种是根据直觉或者本能的选择，通常被建筑师采用。另外一种通常被包括政治家在内的交叉学科的团队采用，它是系统的，并综合考虑各种影响。

对上述二种方法而言，地形学都是一个重要的参考。对于坡地或者平原，有许多因素影响选址，比如防卫、接近自然、环境利益、交通，和易达性。在中东、地中海地区、亚洲和欧洲经常采用坡地城址。最近几个世纪，在北美经常选用平地，这也是当前世界范围内最普遍的选择。

作者着力推荐坡地基址。这种选择可以把平整和起伏的地形留作农业，森林，湖泊，交通干线，以及景观。虽然选择一块坡地场地表面上比一块低地场地需要的初始投资高，但是高出的费用可以由坡地较低的地价来弥补。坡地场地还能改善社区整体的生活质量。通过为所有年龄群的人们引入一个令人愉悦的环境，它会促进邻里间增加社会交往，而在我们现在的个人主义的城市社会中这种交往却很缺乏。整合坡地利用和地下空间的利用对于住居能够获得广泛而长期的益处。

重要的是要认识到不同的选址都有其优缺点。在检查和分析这两种类型的特性时要牢记这一点。除了我们前面讨论过的有形的价格——收益分析以外，选址还能造成社会价值，私密性，安宁，健康，幸福，舒适等无形的"价格"的得与失。在城市的选址中还应把环境和能源消耗作为考虑的因素。

第四节 住居设计和气候因素

地下空间非常适用于气候条件严酷的地区——例如：干热的大陆，像澳大利亚，还有加拿大中部和西伯利亚这样的干冷地区。这些地区大多都蕴含丰富的自然资源，并且常常需要大规模的住宅来供给那些来开采资源的公司雇员。事实上，气候严酷地区逐渐变成新的尚待开发的城市处女地。暖湿气候地区应采取一种特殊的坡地地下住居设计。在高湿度地区，天气条件可以通过高顶棚的宽敞房间和有效的被动通风系统明显地缓解。通风还可以有效地减少凝结水，而这类地区的地下空间是常常有凝结水产生的。除了对坡地地下住居设计的气候研究之外，需要研究高度、风、太阳辐射热、朝向和方位以及太阳照射等方面。

风

除了地区类型外，温度和地形地貌的差异也影响本地的风的状况。山谷两边的坡地由于山谷的坡形而形成一个风道。坡地还有向下或向上的风。下午，当山谷低处的热量增加，就可能生成沿着山坡向下的风。反之，当谷底温度低或者空气停滞，坡地的空气流动就可能减少。在那些气流经常紊乱的低温地方，有遮蔽的坡地是非常适宜的。在地上城市里，空气对流要通过

图 2.9　通风系统设计。被动通风依靠动态的空气流动，这在坡地上是很典型的

图 2.10　为坡地地下住居建议的被动通风循环系统的例子。入口和出口可以调整。室内空气通常被人的活动和电器设备加热，使室外空气抽进住居的地面而室内空气从窗户或顶棚的开口溢出

垂直墙面上相向的侧窗来获得。在地下，单方向的侧窗不能有效对流，虽然坡地的空气流动速度可能比低地上的还高。为了在住居中创造空气循环，就需要建造一个可控的空气竖井系统（图 2.9，2.10）。

位于坡地低处的住房，大体上是整个白天的温度高，而凌晨的温度低。通常来讲，这类住房的通风较差，容易产生空气停滞。因此，它们要耗费大量的能源来制冷和供暖，相应产生的空气污染就成为健康威胁。高坡所遭受的污染(灰尘和烟雾)远小于低地。

辐射热

位于山谷低处的城市中，低地的辐射热通常会增加。辐射热是通过太阳直射和旁边坡地的间接反射得到的。缺少通风会增加辐射热，从而使社区内温度升高。位于坡地的住居较少发生强辐射热，坡地的空气循环较好。

106

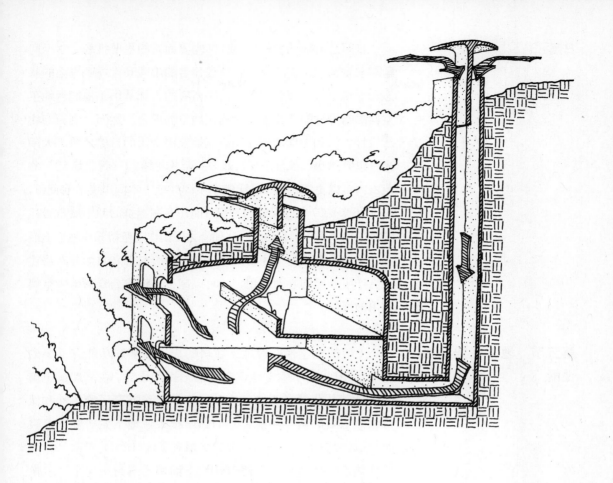

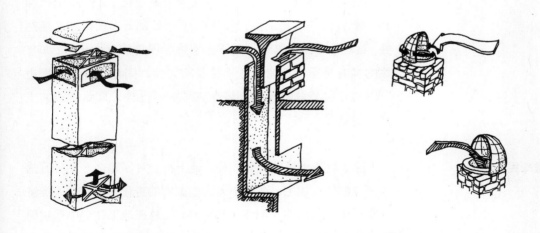

日照

日照是坡地地下住居设计师需要面对的主要挑战。这个问题有双重含意，因为它影响着居住者的心理和生理两方面的状态和健康。可以理解的是，几乎所有的人都是由于他们对地下空间黑暗潮湿的印象而反对利用地下的理念。然而，创新的住居设计方法和考虑周到的朝向能够获得全天的自然日照。太阳光可以到达房间深度7米的地方，而从北纬24°到北纬52°的范围内可以更深。图2.11比较了不同纬度上不同净高的房间(3，4，5，6米)在7米进深处的情况。(而许多在拥挤的地上城市居住的居民根本得不到自然光。)这种潜力促使作者坚持只在坡地上而不在平地上利用地下住居(图2.12)。另外，日照和自然光对居住者会产生积极的心理作用，这可以减少或消除公众对地下空间利用的抵触。

第五节 地下住居的热性能

土壤的热学性能对地下住居的周边温度和功能有重要的影响。[42]因此为了确定地下空间的形式和设计，全面理解土壤的热性能是非常必要的。[43]在第一章里已经解释了绝热性和保持性是土壤的两个功能。它的热学模式使地下住居夏季凉爽而舒适(大约20—22℃)，而冬季相对温暖(12℃)。[44]如果只需要绝热性，住居也可以建造在地上而用土层封闭起来，就像美国西南部的土坯房。事实上，现在绝热性可以通过高绝热性能的薄墙得到，它可以使热量得失最小化。1970年代和1980年代的许多美国现代住居利用地上封土形式得到高绝热性。这样，设计师忽略了地下土壤热学保持的巨大优势，即自然的拥有夏季释放凉气冬季温暖的特性。同样，地上住居也可以通过包裹非常厚的土墙来获得热学优势，耶路撒冷的土著民居就是一例。

耶路撒冷民居实例

除了地下土壤的优势以外，地上也有可能建造一种具有热量保持特性的住宅。在整个人类遮蔽所的进化历程中，人类意识到了土壤天然的季节性热量运动，并且在地上住宅中通过建造厚墙来模仿它。其中的一个优秀实例就是耶路撒冷传统住房设计。

直到20世纪30年代前后，建造在地上的耶路撒冷住房还

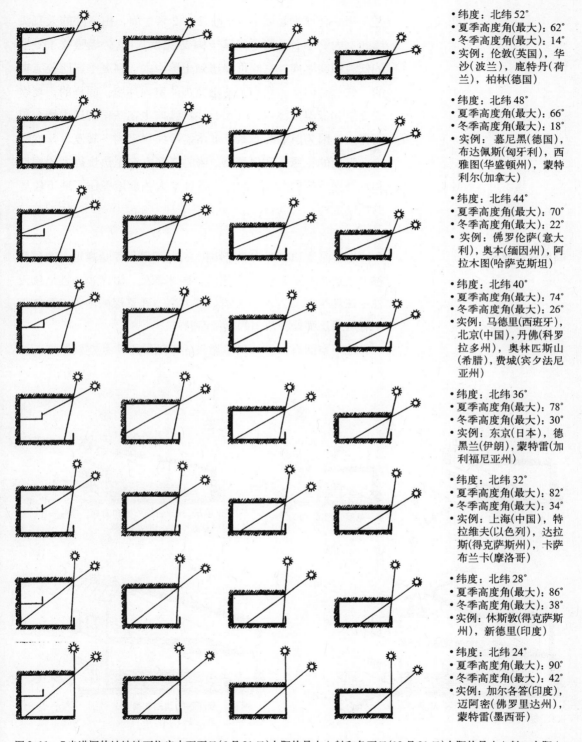

• 纬度：北纬52°
• 夏季高度角(最大)：62°
• 冬季高度角(最大)：14°
• 实例：伦敦(英国)，华沙(波兰)，鹿特丹(荷兰)，柏林(德国)

• 纬度：北纬48°
• 夏季高度角(最大)：66°
• 冬季高度角(最大)：18°
• 实例：慕尼黑(德国)，布达佩斯(匈牙利)，西雅图(华盛顿州)，蒙特利尔(加拿大)

• 纬度：北纬44°
• 夏季高度角(最大)：70°
• 冬季高度角(最大)：22°
• 实例：佛罗伦萨(意大利)，奥本(缅因州)，阿拉木图(哈萨克斯坦)

• 纬度：北纬40°
• 夏季高度角(最大)：74°
• 冬季高度角(最大)：26°
• 实例：马德里(西班牙)，北京(中国)，丹佛(科罗拉多州)，奥林匹斯山(希腊)，费城(宾夕法尼亚州)

• 纬度：北纬36°
• 夏季高度角(最大)：78°
• 冬季高度角(最大)：30°
• 实例：东京(日本)，德黑兰(伊朗)，蒙特雷(加利福尼亚州)

• 纬度：北纬32°
• 夏季高度角(最大)：82°
• 冬季高度角(最大)：34°
• 实例：上海(中国)，特拉维夫(以色列)，达拉斯(得克萨斯州)，卡萨布兰卡(摩洛哥)

• 纬度：北纬28°
• 夏季高度角(最大)：86°
• 冬季高度角(最大)：38°
• 实例：休斯敦(得克萨斯州)，新德里(印度)

• 纬度：北纬24°
• 夏季高度角(最大)：90°
• 冬季高度角(最大)：42°
• 实例：加尔各答(印度)，迈阿密(佛罗里达州)，蒙特雷(墨西哥)

图2.11 7米进深的坡地地下住房中夏至日(6月21日)太阳的最大入射和冬至日(12月21日)太阳的最小入射。太阳入射深度随着顶棚高度从3米至6米的增加而持续增长。另外，随纬度的增加夏季太阳入射减少而冬季增加。城市里大致类似

是采用一种厚夹心墙，厚度在 1 — 2 米之间，由室外的大石头墙和室内的小石头墙之间填土构成(见图1.b)。外墙吸收了冬季的低温和高湿度，它们再渗透到土壤中去，到夏季，比较凉爽的空气达到内墙，从而营造出凉爽的室内环境。同样的，夏季的高温和低湿度渗透到外墙，并持续向里在冬季到达内墙。简而言之，因为厚墙的遮蔽，耶路撒冷民居室内冬暖夏凉，就像一个温度的绝缘体和保持器。墙的厚度决定了热量得失的周期和热量保持的能力。这种住房设计最大程度地模仿了地下住居的热学性能。

温度波动影响　　　　　土壤深度和温度波动密切相关，其控制规律是离地表的深度越大，温度的波动越小。[45] 通常，10 米深处，温度季节性地每天稳定在夏季 22℃左右，冬季 15℃左右。在更深的地方，温度由于有从地层深处释放出的热量而升高。

　　　　地下空间有自己的环境微气候不随地上室外空气温度而波

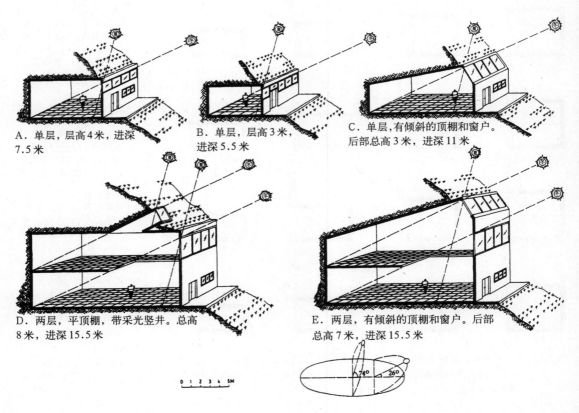

A．单层，层高4米，进深7.5米

B．单层，层高3米，进深5.5米

C．单层，有倾斜的顶棚和窗户。后部总高3米，进深11米

D．两层，平顶棚，带采光竖井。总高8米，进深15.5米

E．两层，有倾斜的顶棚和窗户。后部总高7米，进深15.5米

0 1 2 3 4 5M

110

动,这一事实在那些严酷气候地区和富涵自然资源的地区尤其显著。这些地区吸引来大规模的临时和永久定居者,需要有适应天气状况的住房。

但是,在0-10米深度之间,也可能通过扭曲正常的热学模式来使温度波动最小化。为此可在地下空间的顶棚和表面土壤之间放置绝热材料,并水平延伸超过地下空间。[46]在这种情况下,地表温度需要花费更长的时间穿透深厚的土壤地块以到达地下空间的墙体。[47]另一种方法是在地下空间的上部地表上建造房屋或密植树木,使太阳热量的影响最小化。

还可以通过晚上向地下空间上面的地表面浇水,来加速土壤的热学作用。白天,接收到的温度到达5厘米深处,然后再向土壤的更深处渗透。灌水占据晚上的时间,即从白天土壤表面最大限度的接收热量以后,到土壤温度开始向空气中扩散之前。通过若干晚上重复这种作用,地表温度将比通常的过程更快地到达地下空间。

对天然巢穴里的生物进行的观察表明,生活在严酷气候地区(酷热,如撒哈拉,或者严寒,如加拿大或中亚北部)或者那些一天中温度波动剧烈的地区的某些生物,把巢穴建造在地下以保持热量。

结露

结露是由于当温度骤降时空气收缩造成的潮气释放。在地下,凝结发生在夏季,当墙面温度低,空气的相对湿度高,和空气交换很少甚至没有的情况时发生。在夏季多雨地区的地下空间,如日本,则最容易结露。

为了减少和消除结露,增加通风至关重要。被动式空气运动可以通过建造垂直的通风竖井获得,由于室外(高处)和室内(低处)的空气压力存在热压差,就会产生空气流动。如果开向天井的窗户或者门打开,室外空气就会向下流动到地下住居中。

另一个与地下空间相关的热学环境问题是室内外的温度差。如前所述,由于土壤保持了夏季的温度和时间的延迟作用,冬季室内温度高于室外温度。我们对突尼斯马特马塔(Matmata)平原上的地下房屋的研究表明这种室内外温差经常使房屋的居住者患上感冒。[48]

图2.12 五种坡地地下住居横断面图。在北纬40°(马德里,西班牙;北京,中国;丹佛,科罗拉多州;奥林匹斯山,希腊;费城,宾夕法尼亚州)设计能达到的最大日照和太阳入射深度

不同热性能的地区是否需要不同几何形式的地下空间设计呢？或者，适应于干热气候，如北非洲的地下空间形式，是否在干冷气候，如加拿大中部也同样理想？

对地下空间的热性能的观察表明，夏季，当温度通常在20—22℃之间时，就不需要空调系统。冬季，当温度在12—15℃之间时，就需要采用某些形式的采暖系统。因此，干热气候下，夏季较长的地区，全年大多数时间都需要空调，就需要最大化的表面空间(墙、顶棚、地面)，因为整个表面的作用都如同地下住居的空调系统。相反，冬季漫长的干冷气候地区的主要问题是全年大多数时间，采暖会消耗大量的燃料。这里的住居就需要最小化表面以减少能源消耗。我们的研究表明，在同样的地板面积和顶棚高度的形式中，最适合干热气候的设计形式是梯形，而最适合干冷气候的是圆形。[49]

其他一些设计形式也可以改变住宅的热性能，例如带有地下空间的住宅，并且其周边土壤全部为建筑所覆盖。[50]这种情况出现在地下部分位于地表下10米深度内。在这类空间中，温度波动随深度减小而增加。在干热气候中，人们希望能够延长温度到达地下空间的时间。在建筑顶棚上设置一个水平的绝热层，其尺寸要远大于顶棚面积本身，就会产生时间延迟，而且，相应地，使地下住宅较之通常更能保持凉爽。另一种绝热方法是通过覆盖树木而持续地保持土地凉爽，树干高处的树叶可以促使其下面的空气流动。

在湿热气候中，总是希望有通风。引入有效的通风系统，会降低地下空间的温度。在干热气候中，引入带蒸汽的制冷系统是非常重要的。巴格达民居是成功降低室内温度的住居形式的典型。这种民居，在干热气候中历经千百年的进化，由所有三类层次组成：地上、半地下和地下。它的制冷系统的基础是高水面、被动式通风、蒸发造成空气温度降低，和地下设置。所有这些因素都被整合起来，以降低地下空间的温度，同时也冷却地上的天井。另外，这种住宅还提供了四个级别的凉爽温度，以适应不同年龄群体的需要。这四个层次的组成是：向半地下室敞开的夹层(tachtabosh)；带有空气竖井和水罐蒸发冷却系统(neem)的半地下室；浅表地下空间(serdab)；和全地下空间，达到由水的台面提供的水体(bir el-tbile)。[51]

低地和坡地的空气质量存在差异。在低地，逆温很普遍，尤其晚上的后几个小时。当城市里产生汽车废气污染，或者在干热气候中有灰尘污染时，逆温变得非常有害。相反，在坡地，空气更新鲜，灰尘颗粒更少，不会产生逆温，空气循环更好，而且，与肺相关的疾病危险性更低。

第六节　坡地地下住居设计

所有坡地地下住居单元都应该设计成能保持朝向室外环境，和对低地部分的视野。坡地的形式不同，坡度各异，这决定了坡地地下住居单元的类型和组群模式。可以概括出一些基本原则，我们将根据坡度的不同来划分住居类别(图2.13)。

1. **缓坡**：因为坡度小、岩石少，这类坡地通常比较标准化，没有太多变化。缓坡升起的阶梯变化不多，可以灵活采用多种多样的住居类型。集合住居、独立的或联排住居，或者独立分散的住居都是可行的。这类缓坡地也可以采用地下和地上联合开发的方式，以整合土地的混合利用。

2. **中坡**：中坡是最常选用的坡地类型，因为它可以容纳非常多的住宅形式，而且建造费用比在陡坡建设要低。中坡也可以采用混合的土地利用。通常做成台地式，使建筑物逐层升起(图2.14)。

3. **陡坡**：陡坡通常与各种各样的地形和地貌连为一体，这样，就更加丰富了地下住居的设计选择。典型的开发包括崖壁式和天然台地式(图2.15)。可以是崖壁式地下住居或构筑物，或者单个的独立住居。创造性的陡坡坡地设计可以与自然环境相结合，而得到非常吸引人的开发，但是建造费用高。

在地下坡地住居的设计中，设计师和开发商应遵循以下基本原则：

1. 改善坡地地下城市的整体景观。由于地形地貌和其他自然特征，坡地城市有丰富的优美景观。坡地的绿色趋向于抵销低地城市的巨大规模。

2. 构划出坡地地下城市的全面设计要对坡下的山谷有全景

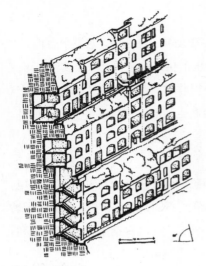

坡度80%的坡地

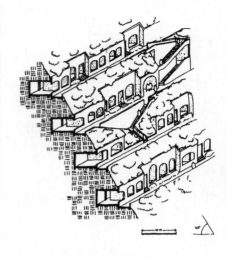

坡度60%的坡地

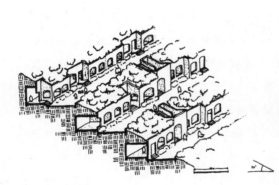

坡度30%的坡地

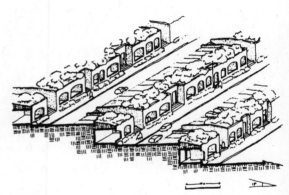

坡度15%的坡地

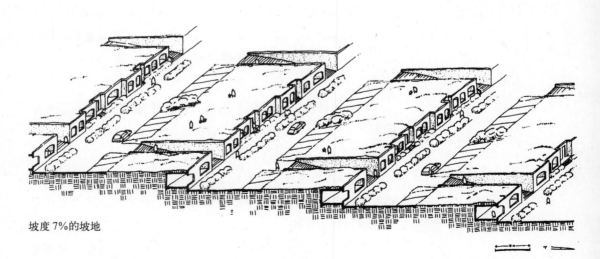

坡度7%的坡地

114

图 2.14　在地下城市中的台地式坡地上，整合地下和地上的独户住居

图 2.13　在坡度 7%—80% 的坡地里的地下住居。虽然坡地有许多优势，包括通风、日照、俯瞰周围环境、安静和私密等等，但是较陡坡地的建造和出入会有困难。注意坡度和住宅群规模之间的关系

的和谐视野。这种视野应该表现出坡地的自然环境和地下空间的外立面、地上空间的构筑物和交通路网等人工环境的融合。

3. 通过强化特殊区域的特征来改善坡地沿交通路线的风景点。

4. 保持坡地地下城市清晰的天际线，以使其形象统一而和谐。天际线应作为坡地城市和低地两者的共同背景。

5. 沿山坡设置提供夜生活的文化娱乐中心，这样夜晚可以俯瞰低处的市区。这些中心要满足不同年龄和性别群体的需要。

6. 由于坡地没有消除自然环境，它为都市环境带来愉悦的氛围。因此坡地地下城市有可能成为整个城市中的明珠(包括低地在内)。

7. 将开发地下构筑物和台地的损害减到最小，保护坡地的自然环境。[52]

图 2.15　一种坡地地下住居，两层，并有传统的外立面

8. 根据功能设计地下建筑物(住居、文化娱乐中心、餐馆、宗教中心等等)的外立面。由于岩石和土壤的本性，室内建筑形式必须采用拱形，这样就使得立面形式有可能雷同。在任何情况下，应采用多种多样的建筑立面来鼓励多元化以便形成整体的美学和谐。护坡应该与绿化相结合。

9. 在坡地地下城市建造广泛的地下交通系统，地上部分发展成为步行城市。面对山坡的城市前沿将会有两个方向上的四通八达的步行网络——水平方向是台地，垂直方向是楼梯。

10. 强化原有山坡地的自然地形特征。每个山坡都有其自身细微的差异性，有自己值得肯定的优势，这应该重点强调。例如，山坡的凹弧处可以在两个台地之间设置一个圆形露天剧场，或者在这种地形设一个凹进的小休息场所，提供一些座椅供小型聚会和眺望低地风景。简而言之，山坡的室外环境应该为所有年龄群体带来吸引力和愉悦感。强化的重点不仅要放在整个室外形象上，还要放在居住在地下环境中的居民的社会需要上。

11. 要特别注意景观的细部和照明设计，包括花园小径的灯光和夜景照明。一定不能遮挡从地下住居的室内望到低地的视野。同样重要的是，坡地地下城市的装饰照明改善了从低地看过来的景色，也改善了两种市区的统一感。

12. 坡地地下城市地面上的构筑物不应过大，也不应凌驾于风景之上。

13. 在坡地地下城市中要设计一个出口网络为紧急情况之需。这个网络的建造需要考虑滑坡、侵蚀、火灾和地震的可能性，而且应该有安全出口只用作紧急之需。

虽然地下空间对环境的伤害要小于其他类型的城市开发，但是建造地下住居时需要将敏感的生态系统纳入考虑之中，这非常重要。每个山坡都有其独特的特点，不管内在还是外在方面。山坡的细部可以生成丰富多彩的形式和设计。

最后，坡地地形与低地或平地相比，通常地下水位较低，因此就具有较之其他地区更多的开发潜力。这种状况几乎使任何水平的开挖和隧道都不会受到局限，使发展坡地地下城市较之其他场地，具有更大的灵活性和可行性。

新的设计原则

以当前的技术和设计能力，在几乎任何坡地场地建造任何类型的地下空间都是可能的，而且还能满足现代生活标准。运用创造性的设计，我们可以将自然光、日照、通风和室外环境带到地下深处的居住空间中。为达此目的，在设计坡地地下住宅时需要贯彻一些基本原则。[53] 这五大原则是选址、朝向、可达性、内外沟通和自然通风(图 2.16)。

1. **选址**：用作居住的地下住居只能建在坡地上，而不能建在平地上。坡地具有非常多样的地形，可提供多样化的设计形式。坡地场所会减轻——即使不能消除——幽闭恐怖症的感觉，而且会补偿所损失的、一些平地的其他优势。

2. **朝向**：最好的住居朝向是朝南、东南或西南向，不要朝北。当与创造性、审慎的设计相结合时，这样的朝向可以使日照和自然光透射到住居的深处。这种光照的质量即使不是更好，也至少能够与位于平地上、拥挤的都市环境中的住居的采光一样好。

3. **可达性**：应该通过向上的通道到达地下住居，这与传统

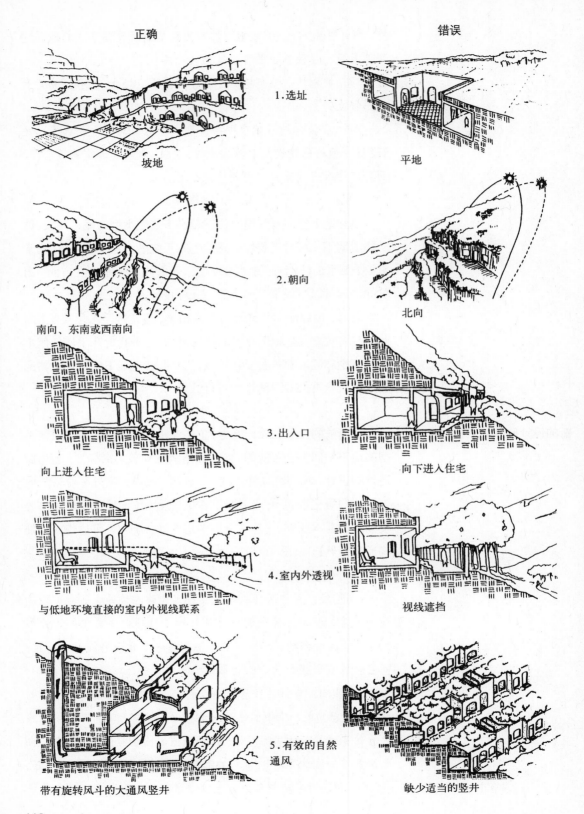

正确　　　　　　　　　　　　　　　　错误

1.选址

坡地　　　　　　　　　　　　　　　平地

2.朝向

南向、东南或西南向　　　　　　　　北向

3.出入口

向上进入住宅　　　　　　　　　　　向下进入住宅

4.室内外透视

与低地环境直接的室内外视线联系　　视线遮挡

5.有效的自然通风

带有旋转风斗的大通风竖井　　　　　缺少适当的竖井

上的向下通道正相反。通过登上台阶进入房屋，某些对地下空间的最初的偏见应该会消散。这种设计会消除通常与本土的地下空间相联系的幽闭恐怖感。

4．**内外沟通**：设计应该能提供住居室内和室外低地环境的直接的视线沟通。在这样的情况下，居住者好像成为周围环境的一部分，可以感受室外的节奏：树木、风、云、鸟儿和其他人的活动。这种设计使自然环境成为室内空间整体的一个元素。这样的设计考虑也有助于消除幽闭恐怖感。

5．**自然通风**：设计应依靠有效的被动通风方法，使自然通风能渗透到住居的深处。[54] 通常，坡地有活跃的风，可以设计良好的空气竖井和旋转的风斗，达到通风的目的。在夏季暖湿的气候里，这一原则至关重要。

我们大多数现有城市的主要缺陷是它们选择了平坦的低地。这种场地已被证明在经济上需要更高的费用，并且降低了人们的健康质量，同时，在很多时候，造成了丑陋的周围环境。对选址原则的重新评估还应该结合潜在的地下空间的整体利用。平坦的场地不适合建造地下住居。

坡地住居的交通

坡地有各种地形特征，可以有效地用于坡地地下居住区的交通，而且可以使水平交通和竖向交通都很便利。与平地不同，坡地在交通方面有一定的困难，在平地上，移动方便，因为它是沿地形的等高线进行的。坡地的主要困难在于从一个水平面到另一个水平之间的移动，但这可以通过坡度缓和的、长的楼梯形状、电梯、自动扶梯、缆车、爬升小客车或者地铁来解决，至少可以得到缓解(图2.17)。在陡坡的情况下，地下空间的交通应建在建筑物的后面，成为完全地下的网络。城市规划者应该把地形的等高线视为交通和步行的基线，并且应该在城市设计中考虑到人的移动和交通、急救通道和疏散出口。

地铁是大运输量的一种有效模式，是连接大范围城市用地的一种方便途径。通过环形或者开放的运行线，地铁可以从各种角度、方向、距离和始发站通到坡地地下空间（图2.18）。例如，在日本，有一种新型的"后子弹头(post-bullet)火车"，它是一种

图2.16　坡地地下住居设计的五大基本原则

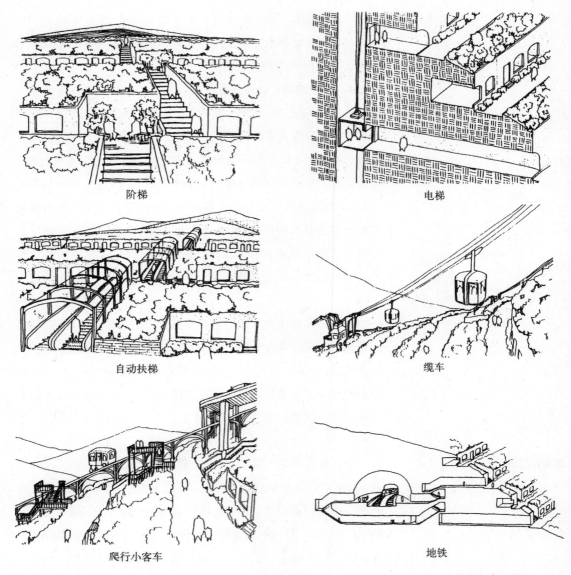

阶梯

电梯

自动扶梯

缆车

爬行小客车

地铁

图 2.17　地下城市上下山坡可采用的竖向和水平交通运输方式

600公里长的城际交通系统，现在正在考虑应用到地下空间。随着坡地地下空间的利用，现在有可能将建在居住区后部的地铁与其他地下空间用地连接起来。

　　地下空间建设面临的最大问题是路网的设计和开发。地下机动车道路和步行网络也成为各种坡地地下用地的主要运输途径(图 2.19)。[55] 除了公共汽车站、车站和路线，还需增设住区的停车场。另外地下居住区中，还应有一个有限的地上交通网络以备应急之用(图 2.20)。

　　楼梯是坡地竖向交通最常用的方法，一直在山坡民居中使用。

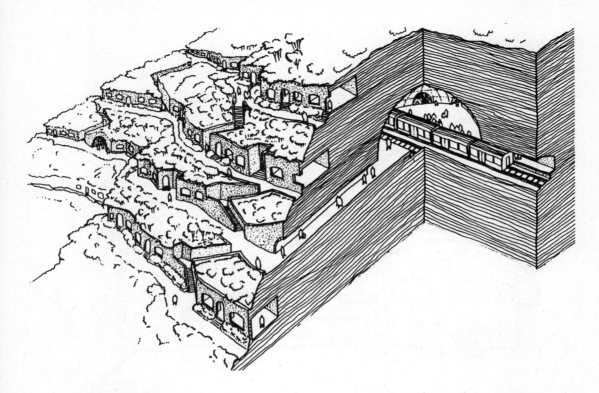

图 2.18　坡地地下城市中服务于
　　　　居住邻里的水平地铁和
　　　　地铁站

古希腊在城市设计中总坚持用方格网系统,他们在高低不平的地形上修建楼梯台阶,得以有效地整合进方格网系统中去。但是,坡地地下城市中的楼梯台阶往往非常长,人们上下会非常费力。通常设计多样化的、吸引人的形式以满足人们的不同需要(图2.21)。楼梯台阶的宽度应能容纳两人以上,要有遮荫,位置设在令人愉快的环境中,并沿途提供休息停留的场所。还有几乎无穷多的设计可能性来提供私密、亲昵、吸引人的俯瞰低地的观景场所。

　　在陡坡场地可以利用电梯。它们可以将居住区与其他城市用地连接起来,而且对残疾人、老年人和孕妇特别有帮助。电梯的最佳位置是设在山坡的外面,可以有非常开阔的视野纵览低地的景观。在某些情况下,电梯也可以设在全地下空间中,而且可以根据使用者的需要将其分成几段(图2.22和图2.23)。

　　购物中心常见的自动扶梯也可以用到地下城市中。自动扶梯适用于相对较短距离的运输,可以服务于各种年龄群体,但是不能供残疾人使用。自动扶梯可以由使用者开动和控制。

　　缆车常见于滑雪胜地的高山山坡,用于垂直运输到高海拔处。对于坡地地下城市,这可能是最具适应性和最经济的机械垂

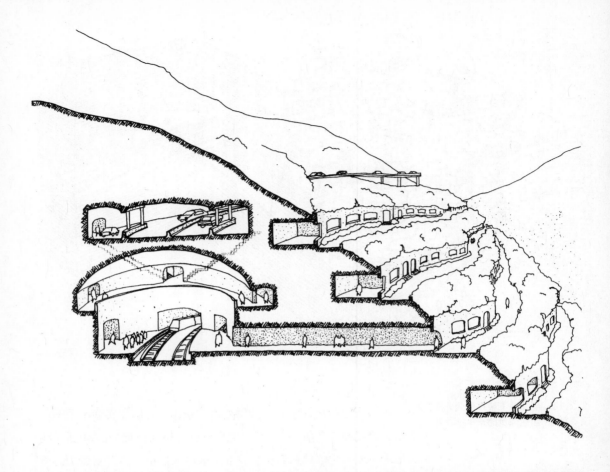

图 2.19 坡地地下城市内部采用
的水平向地下交通网络
这个网络包括汽车和
地铁交通

直运输手段。它还有个优点就是可以把使用者直接送到周围环境当中，享受愉悦的风景。但是缆车可能会引起某些群体的反对，例如环境保护论者认为缆车极大地损害了自然景观。

轨道爬升小客车是另一个垂直运输的手段。它有能力在短距离内经常停靠，但是它会频频穿越坡地上的水平移动线路，因而需要许多地下道或天桥。

上述概念表述了在地下城市中保护步行和植被的地下解决措施，因此可以确保一个免受污染和噪声的安全而愉快的环境。为了保证紧急状况下无障碍的流通，地面上的步行网络也应该能供急救车辆使用。沿山坡的楼梯台阶通常是可供选择的措施。但是，楼梯台阶网络的步行交通更能丰富社区和都市的邻里氛围，尤其是当它能提供了望四周风景的迷人景点的时候。

住居形式和设计

因其与周围环境条件的紧密结合以及其室内的设计特点，建

在地下的住居会给人们提供独特的视觉美学体验。[56]

　　住居的形式取决于物理环境，另外更重要的是取决于能使最多的日光穿透到住居中的设计。因此，设计师大多会采用这样的理念，即住居的面宽(等于立面的长度)要大于它的进深。这样，住居往往采用矩形平面(或者相似的形状，如椭圆形)，而不采用等边的形状，如正方形。

　　住居的立面成为住居单元的焦点，因为住居本身全部隐没在地下空间中，立面成了住居中惟一能被外人看到的部分。立面包括门、窗、阳台和挑檐。所有这些部分要在美学和功能方面和谐统一，来表现居住者自己独特的身份。

　　建筑材料对于地下住居的影响是一个有效的视觉元素。住居的立面有很多可能不是平齐的，因为地下住居的自然环境大多是由石头构成。立面可能由不同材料均匀切割的石块组成，如砖、石块、水泥、土坯或者它们的组合。在任何情况下，立面都

图2.20　台地式的坡地地下住区采用有限的本地地面交通作为紧急情况下使用的例子

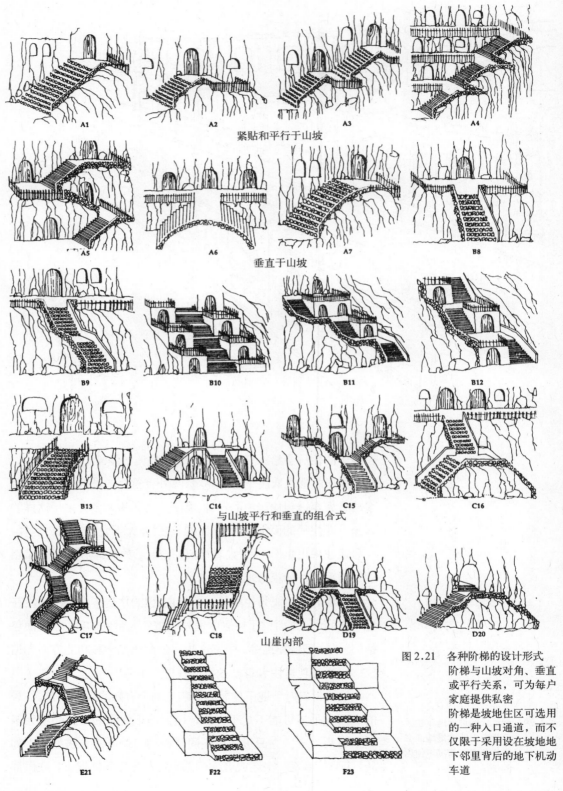

A1 A2 A3 A4

紧贴和平行于山坡

A5 A6 A7 B8

垂直于山坡

B9 B10 B11 B12

B13 C14 C15 C16

与山坡平行和垂直的组合式

C17 C18 D19 D20

山崖内部

E21 F22 F23

图 2.21　各种阶梯的设计形式
阶梯与山坡对角、垂直
或平行关系，可为每户
家庭提供私密
阶梯是坡地住区可选用
的一种入口通道，而不
仅限于采用设在坡地地
下邻里背后的地下机动
车道

124

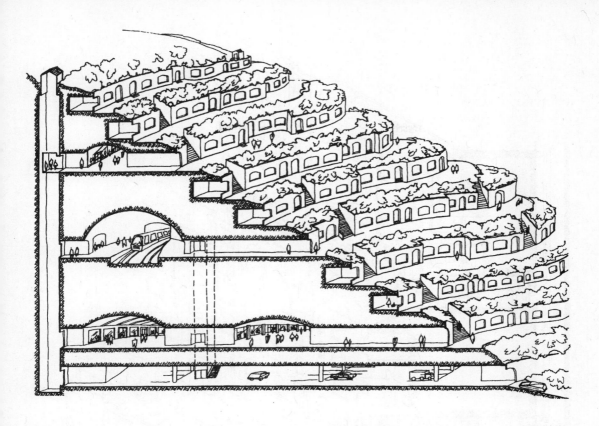

将是住居中占据统治地位的视觉部分。从美学上，它应表现住居的性格。简而言之，立面应是建筑师／设计师和居民的重要考虑对象。

正如我们前面所建议的，室内设计的净高应该高于2.75米或3米的传统标准，以获得高敞的感觉，并使幽闭恐怖症最小化。在这种情况下，房屋的高度和宽度会被建筑的立面表现出来。与传统的地上住居不同，地下住居的进深不为外人所见。

另外，天井在住居的设计中也是非常重要的。位于立面前部开敞的天井营建了一个露天的开敞空间，它使得住居的室内部分和室外环境形成鲜明的对照，相得益彰。另外，立面—天井的结合能提供所有几何形式，包括正方形、圆形、六角形、矩形，以及其他的凹凸形式(图2.24)。开敞的天井可以设计成为房屋的中心，在其周围全是地下住居单元。

地下住居的室内设计在基本的设计原则上与地上住居相似，但并不完全相同。确实地，只要顾主愿意，独户住居可以建成一层、两层、三层，甚至更多层。房间的数量越多，透射进住居内

图2.22　在某些部位使用电梯可使竖向交通轻松不费力 电梯可以安装在商业区附近 这种交通方式还能满足残疾人和老年人的使用要求

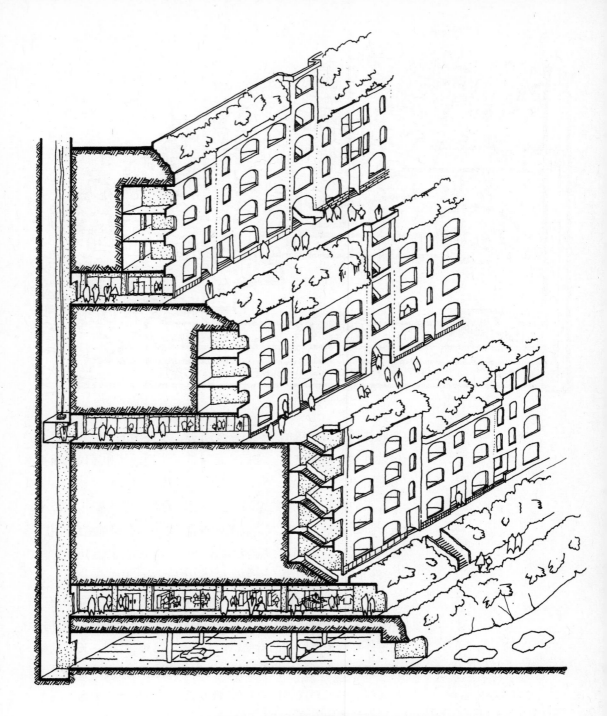

图 2.23　80%陡坡倾斜的地下城市街坊使用电梯示意
电梯应与商店和餐馆结合在一起，并让残疾人和老年人易于接近

图 2.24 坡地地下住宅几何形式的平面图和轴侧图系列开放的院子显示了山坡结合宅前步行通道的使用

的自然光和日照的量也就越多(表 2.3)。如果住居多于两层，最好将某些楼层深处的部分用玻璃砖建造，这样可以将光线反射到楼层的更深处。

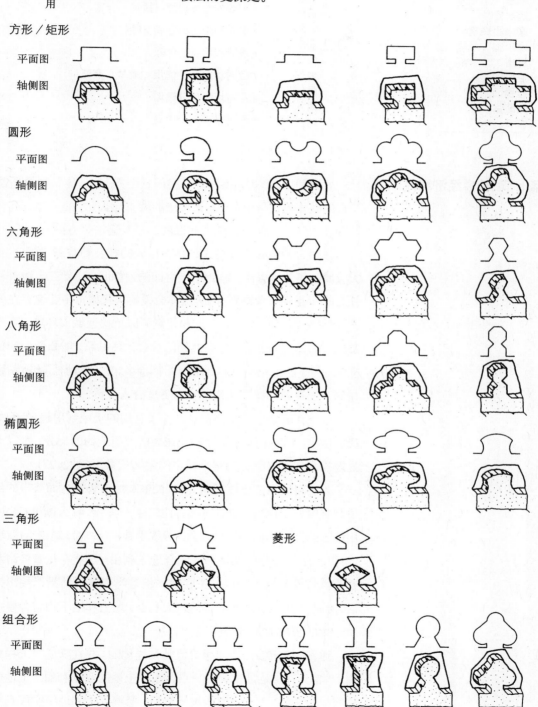

方形／矩形

    平面图
    轴侧图

圆形

    平面图
    轴侧图

六角形

    平面图
    轴侧图

八角形

    平面图
    轴侧图

椭圆形

    平面图
    轴侧图

三角形

    平面图
    轴侧图

菱形

组合形

    平面图
    轴侧图

表2.3a	
坡地地下居住单元的位置	
位置	
卧室	－内部
起居室	－前部
家庭团聚室	－前部
娱乐室	－前部
厨房	－内部
卫生间	－内部
楼梯间	－内部
储藏室	－内部
车库	－内部

表2.3b

坡地地下居住单位的倾斜特征

设计特征

• 高敞的曲线顶棚（拱顶、穹顶）

• 房间和走道的空间宽敞

• 浅淡和明亮的色彩

• 空间功能合并使用：就餐，烹饪

• 尽可能少的分隔墙

• 两层楼带一个中庭

第七节 社会经济利益

坡地利用、形式紧凑和地下空间这个"三位一体"概念所能获得的整体使用价值，要高于传统的城市形式。它的一些长远利益存在于经济、社会、健康和保健，以及运输等方面。

使用这种综合设计模式也存在巨大的社会利益。[57] 首先，会大大减少工作、居住、购物地点之间的通勤时间。第二，城市和社会的相互联系会得到加强，这样会缓解现代城市中普遍存在的孤独感(图2.25)。第三，老人和儿童可以更接近城市环境，更熟悉城市的面貌，这样能提高他们的社会生活品质，增强他们的独立自主性。地上和地下的开敞空间都很多，它们与步行场所紧密相邻，使得新的城市比传统城市更适合人步行。

这种新的城市模式会把过去不可利用的土地利用起来，例如陡坡地(图2.26)。这类设计模式在经济上所节约的部分，可以大量地投入到改善服务和整个城市的生活质量上(图2.27)。[58]

为了对城市在土地利用、基础设施和城市管网方面获得的经济利益做一个比较，作者研究并比较了一块19.42公顷(48英亩)用地上的三种不同的设计模式：传统平铺式(平地)，紧凑形式(坡地)和组合形式(坡地紧凑形式结合地下利用)。虽然存在着经济利益与城市管网减少之间的关联性，但是当在统计结果汇编出来后，才能明显地看到所获得的巨大利益。地上和地下相结合模式所产生的节省大于传统模式。[59]

通常，城市的经济回报价值是多样化的，并且降低了工程费用。[60] 首先，也是最重要的一点，由于土地的双重利用，土地价格将减少一半。第二，因为坡地场所、紧凑形式和地下空间利用

图 2.25　一个城市坡地地下住宅群的景像

图 2.26 陡坡上的地下住宅
　　　　如果不作此开发, 这种土地别无他用

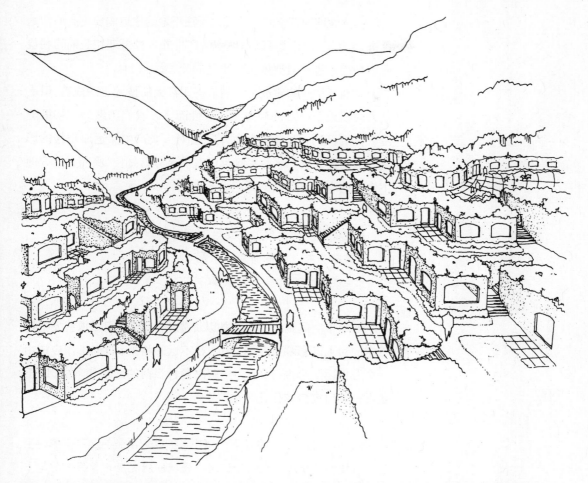

图 2.27 沿河流两岸的陡坡修建的城市邻里，坡地空间和大地结合为一体

整合为一体，创新的设计和建造也会减少整体费用。[61] 第三，运行和维护费用更低，这样会减轻纳税人的负担，同时/或者将所得投入到改善社会的生活和环境质量。最后，还会取得环境优势。[62] 因为对周围自然环境、景观、空气质量和安静氛围的改变非常小，环境得到了保护和保持。[63]

结论

　　地下空间利用的稳步增长和与之相随的地下住居的加速利用，预计在将来还会持续下去。在那些城市膨胀而土地匮乏的国家，采用坡地地下住居有其必要性。在其他一些国家，地下空间设计的实践来自于气候的原因。在另一些国家，尤其是那些技术先进的国家，赞同坡地地下住居是由于其所能提供的广泛的技术优势。作者认为，当坡地地下住居更广泛地为中间阶层所使用时，将会发生一个突破，这将改善地下空间在一般公众中的印象。

虽然坡地地下空间建造较之于在平地的建造需要更高的初始投资，但是这些花费可以由坡地所产生的各种短期和长期的利益得到补偿，包括对整体生活质量的改善。

在地下空间的建造上已经取得了巨大的技术上的成功，但是就人类对地下生活的观念和适应性而言，我们仍然处在初级阶段。作者认为，地下空间的本质会对人类产生深远而积极的影响，然而我确信，这些影响远没有被充分认知。[64] 简而言之，地下空间的本质可以归纳为三大元素：

- 昼夜温度和湿度的稳定性和同一性
- 非常安静，宁静而免于干扰
- 各类的污染的程度都较低

对地下空间利用的研究加以优先排序时，我们必须首先把地下空间对人的影响排在第一位。在不远的将来，研究工作应该由一个合作团队来进行，致力于解决各种当前的问题和争辩。以下是进一步研究应该优先考虑的课题：

1．作者假设，睡在地下环境中，会影响各个年龄群个体的生理、心理和精神的舒适安宁。这一领域的研究应指导将来的地下空间居住区域设计。在建于平地的城市里，地上住居可以有地下的部分，形式可以是地下室(半地下)和地窖(全地下)。如果证实了睡在地下空间中较之睡在地上更有利于健康，那么卧室就应该设在地下层里。应该强调利用地下空间的优势利于改善对它的印象。

2．地下空间周围的温度状况对于术后外伤的治疗和恢复速度的影响应该加以研究。

3．地下空间对于个人和群体创造性的影响应该加以研究。作者设想，从事写作、作曲、绘画、雕塑或其他需要安静凝思和沉想的人群，在地下比地上更加多产。

4．由于地下环境质量的影响，长寿和地下住居可能存在联系。中国华北地区高度集中的窑洞民居可作为理想的实验对象。

5．地下环境可能会提高工作业绩和产量。作者设想，与地上相比，地下空间给人以积极的影响，能够提高产量。如果此假设被证实是正确的，那么地下空间利用又增加了一个经济学的含意。

6．偏见和幽闭恐怖症，以及对付这些心理问题的方法需要优先研究。另外，其他的研究成果要用来改善对地下空间的负面认识。

7．要对有效的自然通风系统的设计方法进行研究，尤其在暖湿气候下，要改善室内空气质量和人的舒适度。

8．坡地为利用任意地形形式作为地下住居提供了最理想的条件。历史上有在山坡建造地上住居的重大设计创新和实践，但是没有坡地地下住居的实践，需要研究发展各种设计模式。

建造坡地地下住居有其自身价格。除了由经济学家常常使用的性价比分析方法所定义的价格以外，还有必要将它为社会生活质量、为健康状况、为精神健全，以及与平地城市地上空间同等的舒适所付出代价的价格考虑进来。坡地地下空间住居在得与失之间取得平衡。它为提升我们的生活质量带来了新的希望。城市中采用土地覆盖的空间不仅仅基于土地资源的短缺，还基于其对生活质量的改善。

人们对在地下居住存在强烈的偏见。过去出现的地下住居的拙劣设计更加深了这种偏见。我们相信与地下住居相关的问题是会解决的，以适合我们现在的生活标准。地下住居的主要制约是心理因素。我们提出以下设计原则来应对这些问题：

1．地下住居只能以台地的形式设在坡地上(见图2.12、2.13和2.14)。

2．地下空间应朝向南、东南、或西南，以获得直接和深度透射的日照及最大量的自然采光。

3．应采用向上，而不是向下的通道进入住居(见图2.15)。

4．应提供直接的室内外环境的视线联系，以使居住者可以体验周围自然的每日节奏。

5．室外环境应引入到地下住居中。

当地下住居更多地为中层和上层阶级采用的时候，可以预期它的负面印象会得到缓解。随着对现代优秀设计有潜力获得舒适居住条件的认识不断增加，即使它们是地下住居，也有助于改善地下住居的印象。

最后，利用地下空间作住居使用在极端气候条件下较之温和气候有更有利的理由。但是，每种气候类型对地下空间设计都有各自的问题，必须区别对待加以解决。例如，在温和多雨气候区的主要问题是需要采用有效通风系统来对付高湿度。

虽然三位一体的城市理念的理想发展是在新建城镇，但是最好还是将这一概念与现存城市整合起来，因为在坡地上的居住者是有些孤立的。由于偏见、误导、缺乏实践基础、缺少整体论观点，以及规划没有远见等等原因，一般公众的反应可能是消极的。针对这种消极态度，需要增加和提高公众常识，建立公共政策，并协调设计实施。

公众对于三位一体城市理念的认识需要通过学习、研究、通过各种媒体传播、通过讨论和实际模型展示等途径得到提高。公共政策的制定随公共认识的增长而行，并在适当的地方，成为法律的一部分。有必要制定新的具有激励因素的分区法令，来强制执行，并保护公共利益。在设计和执行过程中，谋求设计师、政策制订者和教育者的观点和知识上的支持也是至关重要的。这需要几乎每一个公众和社团部门的努力和贡献。

这里所说的三位一体城市概念，是以历史上地方城市设计的研究及其对我们现代需求的适应性为基础的。虽然它基于一种古老的概念，但是它对现代社会的作用源自它的实践性。这种创造性的概念需要大胆进取的设计师、社会学家、经济学家和政治家的共同努力。作者坚信，这项工程在社会学和经济学意义上能换来费用上的利益，而对于社会事业总是有经济上的代价的。

注释

1. George Rand, "Thinking Ecologically About Indoor Environments," *Underground Space*, Vol. 6, No. 2 (Sept./Oct. 1981): pp. 105-08.
2. Belinda L. Collins, "Review of the Psychological Reaction to Windows," in *Underground Utilization: A Reference Manual of Selected Works, Vol. IV: Human Response and Social Acceptance of Underground Space,* ed. Truman Stauffer (Kansas City, MO: A Geographic Publication, Departmcnt of Geosciences, University

of Missouri, 1978): pp. 532-40.

3. Tadashi Hane, Keiko Muro, and Hidekaszu Sawada, "Psychological Factors Involved in Establishing Comfortable Underground Environments," *Urban Underground Utilization '91, Proceedings* (Tokyo: Urban Underground Space Center of Japan, 1991): pp. 480-87.

4. Elizabeth Wunderlich, "Psychology and Underground Development," in *Underground Utilization: A Reference Manual of Selected Works,. Vol. IV: Human Response and Social Acceptance of Underground Space,* ed. Truman Stauffer (Kansas City, MO: A Geographic Publication, Department of Geosciences, University of Missouri, 1978): pp. 526-29.

5. Paul B. Paulus, "On the Psychology of Earth-Covered Buildings," *Underground Space*, Vol. 1, No. 2 (July/Aug. 1976): pp. 127-30.

6. J. B. Hughey and R. L. Tye, "Psychological Reactions to Working Underground: A Study of Attitudes, Beliefs, and Evaluations," *Underground Space,* Vol. 8, No. 5-6 (1984): pp. 381-91.

7. Junji Nishi, Fujio Kamo, and Kunihiko Ozawa, "Rational Use of Urban Underground Space for Surface and Subsurface Activities in Japan," *Tunneling and Underground Space Technology,* Vol. 5, No. 1/2(1990): pp. 23-32.

8. Masato Sato, Dr. Masao Inui, and Junichiro Sawaki, "Psychological and Behavioral Effects of Visually Closed Office Spaces," *Urban Underground Utilization '91, Proceedings* (Tokyo: Urban Underground Space Center of Japan, 1991): pp. 493-99.

9. Yuji Wada and Hinako Sakugawa, "Psychological Effects of Working Underground," *Tunneling and Underground Space Technology*, Vol. 5, No. 1/2 (1990): pp. 33-37.

10. Gideon S. Golany, *Earth-Sheltered Dwellings in Tunisia, Ancient Lessons for Modern Design* (Newark, DE: University of Delaware Press, 1988):p. 144.

11. Gideon S. Golany, *Chinese Earth-Sheltered Dwellings, Indigenous Lessons for Modern Urban Design* (Honolulu, HI: University of Hawaii Press, 1992): pp. 141-43.

12. Barbara Routh, "A Study of Human Response to Attitude Statements About Use and Occupancy of Underground Space: A Preliminary Report," in *Underground Utilization: A Reference Manual of Selected Works, Vol. IV: Human Response and Social Acceptance of Underground Space,* ed. Truman Stauffer (Kansas City, MO: A Geographic Publication, Department of Geosciences,

University of Missouri, 1978):pp. 541-45.

13. Yuji Wada and Hinsko Sakugawa, "Psychological Effects of Working Underground," *Tunneling and Underground Space Technology*, Vol. 5,No. 1/2 (1990): pp. 33-37.

14. Gideon S. Golany, *Earth-Sheltered Habitat, History, Architecture, and Urban Design* (New York: Van Nostrand Reinhold, 1983): p. 20.

15. Gideon S. Golany, "Can We Live in Geo-Space?" *Urban Underground Utilization '91, Proceedings* (Tokyo: Urban Underground Space Center of Japan, 1991): pp. 18-23.

16. T. E. Wirth, "Landscape Architecture Above Buildings," *Underground Space*, Vol. 1, No. 4 (1977): pp. 333-46.

17. Sydney A. Baggs, "The Dugout of an Outback Opal Mining Town in Australia," in *Underground Utilization: A Reference Manual of Selected Works, Vol. IV: Human Response and Social Acceptance of Underground Space,* ed. Truman Stauffer (Kansas City, MO: A Geographic Publication, Department of Geosciences, University of Missouri, 1978): pp. 573-99.

18. Ray Sterling, "Earth-Sheltered, Energy Independent (ESEI) Building Design Project," in *Underground Utilization: A Reference Manual of Selected Works, Vol. IV: Human Response and Social Acceptance of Underground Space,* ed. Truman Stauffer (Kansas City, MO: A Geographic Publication, Department of Geosciences, University of Missouri, 1978): pp. 569-72.

19. Peter K. S. Pun, "Design Policies for Mixed Land Use Development: A Case of Hong Kong," *Regional Development Dialogue,* Vol. 12, No. 2 (Summer 1991): p. 44.

20. Yoshinobu Ashihara, "The Aesthetics of Cities Built on Hillside Areas," *Hillside Cities*, report and summary of the proceedings of the International Conference on Hillside Cities: Focus on the Revitalization of Local Cities (Nagoya, Japan: United Nations Center for Regional Development, 1989): pp. 69-105.

21. Hindenobu Jinnai, "A Comparison of Japan Space in Hillside Environment: Japan and Italy," *Regional Development Dialogue,* Vol. 12, No. 2 (Summer 1991): pp. 37-38.

22. Id., p. 38.

23. Mararu Mizuta, "The Conservation and Development of Hillside Environments: the Nagasaki Example," *Regional Development Dialogue,* Vol. 12, No. 2 (1991): pp. 143-44.

24. L. F. Goldberg, "A Comparative Experimental Evaluation of Five

Earth-Sheltered Houses," *Underground Space*, Vol. 8, No. 2 (1984): pp. 36-43.

25. Kazuhiko Urano and Katsumi Matsubara, "Seismic Design Method of Shield Tunnels with Axial Prestressing by Means of Rubber and PC Bar," *Urban Underground Utilization '91, Proceedings* (Tokyo: Urban Underground Space Center of Japan, 1991): pp. 412-18.

26. Arnold N. Lowing, "Earthquake Considerations for Earth-Sheltered Residential Buildings," *Underground Space,* Vol. 8, No. 3 (1984): pp. 169-73.

27. R. L. Loofbourow, "Effects of Seismic Movement on Underground Space, with Special Reference to Kansas City, Missouri," *Underground Space,* Vol. 9, No. 4 (1985): pp. 225-29.

28. Etsuro Saito, Hiroshi Ikemi, Hiroyuki Nakano, and Masahiro Nakamura, "Estimation of Anxiety in Underground Urban Space During Earthquakes," *Urban Underground Utilization '91, Proceedings* (Tokyo: Urban Underground Space Center of Japan, 1991): pp. 512-18.

29. Golany (1992): pp. 111-14.

30. John Degenkolb, "Fire Protection for Underground Buildings," *Underground Space,* Vol. 6, No. 2 (Sept./Oct. 1981): pp. 93-95.

31. Yoshihei Takeuchi, "Safety Precautions Against Fire in Urban Subsurface Space," *Urban Underground Utilization '91, Proceedings* (Tokyo: Urban Underground Space Center of Japan, 1991): pp. 564-67.

32. Kenneth B. Labs, "Planning for Underground Housing," in *Underground Utilization: A Reference Manual of Selected Works, Vol. IV: Human Response and Social Acceptance of Underground Space,* ed. Truman Stauffer (Kansas City, MO: A Geographic Publication, Department of Geosciences, University of Missouri, 1978): pp. 553-61.

33. Mitsumasa Okamura, "On the Construction Technology for Underground Structures with Large Section and Length in Metropolitan Area," *Urban Underground Utilization '91, Proceedings* (Tokyo: Urban Underground Space Center of Japan, 1991): pp. 387-90.

34. Pierre Duffaut, "Site Reservation Policies for Large Underground Openings," *Underground Space,* Vol. 3, No. 4 (Jan./Feb. 1979): pp. 187-94.

35. Gideon S. Golany, *New Town Planning: Principles and Practice*

(New York: John Wiley & Sons, 1976): pp. 60-93.

36. Truman Stauffer, ed., *Underground Utilization: A Reference Manual of Selected Works,* Vols. I-VIII (Kansas City, MO: A Geographic Publication, Department of Geosciences, University of Missouri, 1978).

37. Golany (1988): pp. 72-76.

38. Golany (1992): pp. 14-28 and pp. 115-18.

39. Brent Anderson, "Waterproofing Materials and Techniques for Cutand-Cover Structure," *Underground Space,* Vol. 8, No. 2 (1984): pp. 99-110.

40. Satoshi Imamura, Shuji Tanaka, and Kuniaki Sato, "Technology Assessment Technique on Groundwater and Land Environment Conservation Concerning Underground Space Development in Urban Area," *Urban Underground Utilization '91, Proceedings* (Tokyo: Urban Underground Space Center of Japan, 1991): pp. 429-34.

41. Kuniaki Sato, "Underground Space Use and Environment Protection Technology in Japan," *Urban Underground Utilization '91, Proceedings* (Tokyo: Urban Underground Space Center of Japan, 1991): pp. 439-47.

42. Yoshiyuki Shimoda and Minoru Mizuno, "Utilization of Thermal Characteristics of the Ground at Underground Space," *Urban Underground Utilization '91, Proceedings* (Tokyo: Urban Underground Space Center of Japan, 1991): pp. 608-15.

43. Gideon S. Golany, "Soil Thermal Performance and Geo-Space Design," *Japan Society of Civil Engineers, Geotechnical Engineering, Proceedings of JSCE*, No. 445/III-18 (1992-3): pp. 1-8 (invited paper).

44. Gideon S. Golany, *Design and Thermal Performance, Below-Ground Dwellings in China* (Newark, DE: University of Delaware Press, 1990): pp. 44-125.

45. Hiroshi Yoshino, Muneshige Nakatomo, Shinichi Matsumoto, and Tsutomu Sakanishi, "Five-Year Measurement for Thermal Performance of a Semi-Underground Test House," *Urban Underground Utilization '91, Proceedings* (Tokyo: Urban Underground Space Center of Japan, 1991): pp. 521-28.

46. Thomas Bligh, "A Comparison of Energy Consumption in Earth Covered vs. Non-Earth Covered Buildings," *Alternatives in Energy Conservation: The Use of Earth Covered Buildings,* proceedings of a conference, Fort Worth, TX:July 9-12, 1975 (Washington,

DC: National Science Foundation, 1975): p. 92.

47. Golany (1983): pp. 63-68.

48. Golany (1988): pp. 92-108.

49. Golany (1983): pp. 105-08.

50. S.J. Raff, "Ground Temperature Control," *Underground Space,* Vol. 3, No. 1 (July/Aug. 1978): pp. 35-44.

51. Gideon S. Golany, *Baghdad Indigenous House Design,* in review by the press, Chapter IV.

52. Bruce Hamilton Green, "Your Underground House," in *Underground Utilization: A Reference Manual of Selected Works, Vol. IV: Human Response and Social Acceptance of Underground Space,* ed. Truman Stauffer (Kansas City, MO: A Geographic Publication, Department of Geosciences, University of Missouri, 1978): pp. 600-07.

53. Bruce Hamilton Green, "Basic Principles of Underground House Construction," in *Underground Utilization: A Reference Manual of Selected Works, Vol. IV: Human Response and Social Acceptance of Underground Space,* ed. Truman Stauffer (Kansas City, MO: A Geographic Publication, Department of Geosciences, University of Missouri, 1978): pp. 608-13.

54. R. Thompson, "Air Quality Maintenance in Underground Buildings," *Underground Space*, Vol. 1, No. 4 (1977): pp. 355-64.

55. Donald Reis, "Public-Private Cooperation in Developing an Underground Pedestrian System," *Underground Space*, Vol. 6, No. 6 (May/June 1982): pp. 337-42.

56. T. E. Wirth, "Landscape Architecture Above Buildings," *Underground Space*, Vol. 1, No. 4 (Aug. 1977): pp. 333-46.

57. Eugene L. Foster, "Social Assessment — A Means of Evaluating the Social and Economic Interaction Between Society and Underground Technology," in *Underground Utilization: A Reference Manual of Selected Works, Vol. IV: Human Response and Social Acceptance of Underground Space,* ed. Truman Stauffer (Kansas City, MO: A Geographic Publication, Department of Geosciences, University of Missouri, 1978): pp. 523-25.

58. Pere Riera and Joan Pasqual, "The Importance of Urban Underground Land Value in Project Evaluation: A Case Study of Barcelona's Utility Tunnel," *Tunneling and Underground Space Technology*, Vol. 7, No. 3 (1992): pp. 243-50.

59. Golany (1992): pp. 152-53.

60. Richard M. Michaels, "Social and Economic Feasibility Analysis

for Uses of Underground Space," in *Underground Utilization: A Reference Manual of Selected Works, Vol. IV: Human Response and Social Acceptance of Underground Space,* ed. Truman Stauffer (Kansas City, MO: A Geographic Publication, Department of Geosciences, University of Missouri, 1978): pp. 627-33.

61. John D. Rockaway and N. B. Aughenbaugh, "Go Underground for Low Cost Housing," in *Underground Utilization: A Reference Manual of Selected Works, Vol. IV: Human Response and Social Acceptance of Underground Space,* ed. Truman Stauffer (Kansas City, MO: A Geographic Publication, Department of Geosciences, University of Missouri, 1978): pp. 614-18.

62. Dr. Eugene L. Foster, "An Engineer's View of Underground Construction/Mining and the Environment," in *Underground Utilization: A Reference Manual of Selected Works, Vol. IV: Human Response and Social Acceptance of Underground Space,* ed. Truman Stauffer (Kansas City, MO: A Geographic Publication, Department of Geosciences, University of Missouri, 1978): pp. 621-26.

63. Richard F. Dempewolff, "Your Next House Could Have a Grass Roof," in *Underground Utilization: A Reference Manual of Selected Works, Vol. IV: Human Response and Social Acceptance of Underground Space,* ed. Truman Stauffer (Kansas City, MO: A Geographic Publication, Department of Geosciences, University of Missouri, 1978): pp. 564-68. And see Malcolm B. Wells, "To Build Without Destroying the Earth," in *Underground Utilization: A Reference Manual of Selected Works, Vol. IV: Human Response and Social Acceptance of Underground Space,* ed. Truman Stauffer (Kansas City, MO: A Geographic Publication, Department of Geosciences, University of Missouri, 1978): pp. 546-52.

64. Richard D. Harza, "National Commitment to Better Urban Life Assures a Rapid Growth in Underground Construction," in *Underground Utilization: A Reference Manual of Selected Works, Vol. IV: Human Response and Social Acceptance of Underground Space,* ed. Truman Stauffer (Kansas City, MO: A Geographic Publication, Department of Geosciences, University of Missouri, 1978): pp. 619-20.

第三章　日本的地下购物中心

尾岛俊雄

日本是一个小国家,能提供给人们生活和工作的土地面积并不大。这种空间上的劣势使得充分利用空间变得非常必要,因此日本人都积极从事地下建筑这项事业。他们发展地下建筑空间的主要目的是补充现有的地上场地(图3.1)。

地下购物中心是日本特有的,它拥有世界上数量最多的地下购物中心。在这个拥挤的国家,地下购物中心服务于以下目的:

- 分别修建人行通道和车道来把人群和汽车分开。
- 发展地铁
- 释放地上的街道空间用于扩展道路和开发铁路站前广场
- 充分利用建筑物的底部
- 与地上设施和停车场统一开发

地下购物中心的概念源于为横穿街道的行人所修建的地下通道。在早期,地下通道没有任何商店或者站点设施。然后没有多久,地下通道两侧的墙壁上就贴了很多吸引人的广告。这是将商业功能引入地下通道的第一步,此前,这些地下通道纯粹用于人行交通。在计划的筹备阶段,设计的广告橱窗需要向墙内挖1米深的空间。起初,放置的广告是间接的商业应用,没有商品交换。后来,在两侧的墙壁上增加了展台,商人就站在旁边出售他们的产品。增加了交易这个功能之后,原本单调、黑暗的地下通道被升级了,变得繁荣,而且像地上过道一样地生机勃勃了。这种变化是一种逐渐形成的过程,到最后演变成我们现在所知道的,复杂的地下购物中心。

日本的地下购物中心比欧洲和美国的发展要快,其中一个原

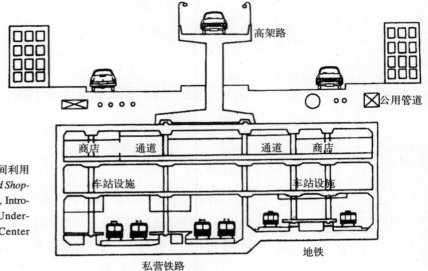

图3.1　地下购物中心的空间利用 (*Osaka Underground Shopping Center Co.,Ltd.*, Introduction of Osaka Underground Shopping Center *Co.,Ltd., Osaka*).

高架路

公用管道

商店　通道　通道　商店

车站设施　车站设施

私营铁路　地铁

因是，这个国家高度依赖铁路进行运输。20世纪30年代以后的许多日本大城市里，铁路运输以地铁的形式转入地下，在地铁平面和地面之间建了月台，设立了入口和检票口。当铁路站前因为许多上下车的人们而变得拥挤的时候，开拓大的空间让人们逗留就显得很有必要。同时，在这种站台摆设商品可以吸引人们的眼球和腰包，所以这些场所就变成了商业地带。

因此，车站建筑物成为车站和商业设施的联合体。这些建筑物的地下室被扩展为车站地下广场，为旅客提供方便。联合体入口通到地面，作为增建的地面层进行规划。因此，铁路车站联合体，像地下通道一样，导致地下购物中心的发展。

街道商贩是另外一个对形成地下购物中心做出贡献的因素。第二次世界大战之后，很多街道商贩非法占用场所，难以逐出。对车站的地上广场进行规划管理后，街道商贩不得不转移到地下。

最后一点要提到的是，20世纪60年代以后汽车交通的迅猛发展使得停车场变得十分短缺。地皮涨价，能在地面建立停车场的空间也越来越少。为了解决这个问题，地下购物中心和地下停车场一起规划，一起建设。这样就补偿了地上停车场的高额土地费。

第一节　历史

尽管关于到底哪个地下购物中心是第一个的问题有很多争议，最能得到大家认同的还是上野购物中心，这个购物中心于

1930年建设在上野－银座的地铁站(见表3.1)。它不仅有商店和饭馆，还有理发店和旅馆。地下购物中心的概念当时还不是很流行，直到第二次世界大战之后，很多购物中心才被建设起来。建设这些地下购物中心的机会和愿望是随着道路的扩充，行人和汽车的分离，车站广场的规划，地下停车场的建设而增加的。地下购物中心成了不用地上占地费而获得空间的一种手段。建设地下建筑的高额费用则因规划一些与购物中心相连的设施而减少。

从20世纪60年代起，地下购物中心广泛建设在城市周围。这也成为日本为改善交通拥挤采取的有效措施，即把行人和汽车分离开（图3.7）。这一时期也是日本经济快速增长的时期。

随着地下购物中心的数量和规模的增大，安全问题也倍受关注。1980年发生在一个购物中心的气体爆炸事故使人们对安全问题重要性的认识得到了加强，在这次事故中，有15人死亡，222人受伤。这场灾难让很多人开始认为地下购物中心是一个潜在的

表 3.1

日本地下购物中心的发展史

1927	最早的地铁——银座线(上野－银座)
1930	在上野发展了地下购物中心
1932	须田町商店(在神田车站的小型购物中心)
1952	三原桥地下购物中心被修建用来填充银座护城河(容纳街道货摊)
1955	浅草地下购物中心
1957	任命了停车场行动
	池袋地下购物中心(发展了停车场)
	涩谷地下购物中心(容纳街道货摊)
	大阪难波地下购物中心(最早的完整规模的地下购物中心)
1959	购物中心的定义
1963–1971	地下购物中心建设的繁荣
1972	千日前百货公司发生了火灾
1973	从四个部门(建设部，交通部，火灾防患部，和警察部门)发出的修订安全标准的通告
	关于地下购物中心的会议
1974	通告的执行
1980	发生在静冈金色地下购物中心的煤气爆炸事件从五个部门(以上的四个部门的基础塞上增加了能源部)发出的修订安全标准的通告
	煤气保存安全约束加强了
1986	川崎杜鹃地下购物中心的修建
1992	神户港地下购物中心的修建
目前	京都御池地下购物中心及大阪钻石地下购物中心正在被修建

Underground Space Center of Japan, *Designing Underground City*, Daiichi Houki, Tokyo,1991, pp. 25-29.

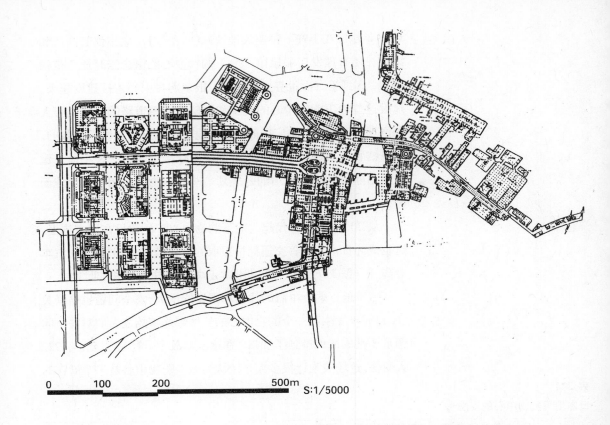

`0    100    200          500m  S:1/5000`

图 3.2　地下购物中心的扩建
[日本环境系统有限公司
(*Japan Environmental Systems Co., Ltd.*).]

危险地段，应该重新评估它们的规划设计。政府制定了一些规范和标准要求建立灾害防护系统。这就减慢了地下购物中心的建设速度，从那时候起修建的地下购物中心很少。然而，目前已经有76个地下购物中心，拥有建筑面积达900000平方米(图3.3)。

很明显，为了解决拥挤的土地利用问题，日本应该发展对地下和地上城市空间的综合利用。对地下空间的利用是发挥城区功能的重要手段之一。但仍然存在大量的问题，例如安全、健康和高的资金投入。事实上，尽管已经修建了许多地下购物中心，仍然没有设计出适当的利用地区地下空间的总规划。从这一点可以看出，即使每个地下购物中心可能不会有严重的问题，但整个人行系统可能会有问题。利用有价值的尚未为人类所利用的地下空间的决策，必须从长远利用的角度来做仔细的规划。

第二节　法规

地下购物中心起源于为行人行走的简单的地下通道，因有商业要求而成长起来。很清楚，这种新型的商业设施有许多安全和健康问题，而现在的规划方法变得关键了。1948年颁布日本建筑

144

累积面积(m²)

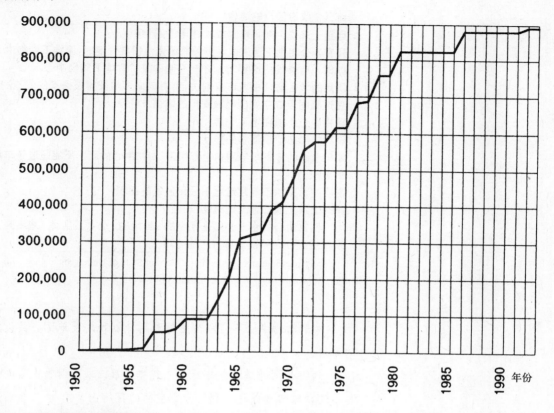

图3.3 地下购物中心的扩建情况
　　　年表
　　　（土地利用技术研究中心，
　　　地下空间利用现有技术调
　　　查，东京，1989年，p.36)

标准法以前,建设地下购物中心没有什么规则，但在1959年，地下购物中心被明确地定义为地下设施,把公众使用的地下通道与商店,办公室及其他设施合并起来。日本建筑标准法,城市规划法,道路法，消防法等都是为了解决健康和安全问题。

　　尽管从来没有在地下购物中心发生过火灾，但在地上综合商业大楼内已经发生过事故。其结果是，火灾保护和对地下购物中心使用的限制在国家议会上提出来进行了严肃的讨论。1973年，四个国家部门——建设部，交通部,消防局和警示厅——共同提出了官方的安全声明进行讨论。然而1980年的一次发生在地下购物中心的爆炸事件，迫使这起初的四个部门联合自然资源部和能源局来应对气体的保管储存，接着提出了另一个声明(表3.2)。这些规则后来对未来地下购物中心的发展产生了重要的影响。

　　从规范得到的信息是在原则上禁止发展地下购物中心，并且，发展新的或扩建原来的地下购物中心必须基于以下几点：

表 3.2

来自五个政府部门的通告

1. 原则上来说，禁止修建或扩建地下购物中心；
2. 只有当公用地下通道或地下停车场紧急需要修建时，而地下购物中心此时也有修建的必要时，才允许修建或扩建地下购物中心；
3. 所用的地区必须由城市规划决定，并认定多层安排是必要的，它必须在道路附近或空间已经被安排的站前广场下；
4. 购物中心必须在地下一层；
5. 设计外形必须是简单的形状；
6. 如果修建的停车场与购物中心相连，购物中心的面积不能超过停车场的面积；
7. 商店的总面积不能超过地下公用通道的面积；
8. 原则上禁止通往地上建筑物；
9. 地下购物中心的企业必须是国有的，当地的，公共的实体，或者是必须投资三分之一以上总资产的公司。

Japan Project Industry Conference, "Current State of Underground City," *Japan Project Industry Conference*, Tokyo,1986, pp. 144-53.

• 地下购物中心不应成为土地利用计划和发展地区公共设施的障碍；

• 地下公用通道和停车场必须优先发展，地下购物中心必须与上述设施相连以达到利用最小空间的目的；

• 为防止灾难蔓延，原则上禁止地下购物中心与周围建筑物相连；

• 不但装备要与日本建筑标准法和消防法一致，而且必须提供为防止灾难，急救，公共卫生以及交通所需的设备；

• 企业必须从长远的角度来管理和运行地下购物中心。

因此，只有在发展地下公用停车设施，在停车场开发区，在汽车交通增长的车站广场，或在商业区发展连接主要铁路车站及巴士终点站的公用通道时，才有可能修建地下购物中心。除此之外，公共通道还应符合以下标准：

• 公用通道必须指定为城市规划项目沿着已经开发的公路或广场，且有发展多层通道的需要；

• 公用通道必须是为了使地上交通更安全和顺畅的目的而修建

• 考虑到当地的交通状况，可以修建从一条路到另一条路上的地下公用通道；

•只有发展地下停车场到地下购物中心的连接变得必要时或设施管理和使用可能被通道改善时，才能修建公用通道。

地下购物中心的新工程必须从城市规划的角度满足分区应用；特别是，工程必须与现存公路，铁路，城区重建工程等设施结合起来。他们必须作进一步的规划，从而避免成为长期发展的障碍，使每项设施都能发挥其完全的作用。

并且，工程的设计必须满足政府制定的严格的标准。为了贯彻这个标准，地方政府建立了一个讨论会，配合中央的连接讨论会，使地下购物中心达到统一标准。在这个讨论会上，颁布了一个规范，约定要做到：少于1/4的总面积可以规划为商店和停车场。这里地下购物中心被认为是沿公用通道发展公用停车场的一种方式。所以，小的购物区只能忍受从大的公用地段上获取少量的收入，而且灾难保护系统的费用很高。然而东京聚集的人口和地价的升高，已经使发展更多的地下购物中心的需要加强了。所以最近这些规则、法律已经被放松了。

第三节　形式，设计和功能

场地规划

在日本，19个城市拥有地下购物中心，其中大多数是大城市，因为很难在小城市建设地下购物中心。多数地下购物中心是在主要站点地区建设的，地上的土地为公路、车站广场或公园。在多数情况下，地上的公路为市级或县级公路。大多数地下购物中心与铁路或地铁有紧密的联系，被建设在这些车站广场之下，而公路也将这些广场连接起来，还有一些地下购物中心建在公园下，例如在名古屋中心公园和札幌极光城镇公园下。这些公园被安置在两条公路中间的狭长地带上，地下购物中心修建在这些公园下面(图3.4)。

露天挖掘建筑法用于修建大多数的地下购物中心，其结构由抗震的混凝土框架支撑。在中心里用作商店、饭馆及类似场所的楼层数目被限制到一层，就像在规范里规定的那样。一层以下的其他层都被用作停车场。最底下一层用作管理设施和控制。第一层即B1的平均深度是6米，最深的一层是8米(图3.5)。这些深度由埋在地下的管道及其组件所要求的空间决定。从楼层地面至顶棚的高度至少为3米。

オーロラタウン断面図

平面规划

图 3.4　公园下地下购物中心（选自札幌城市公共公司，札幌地物中心的小册）

楼层的平面设计可以被归类为线形和矩形或者是两种形式的结合。最普通的形式是线形，因为大多数是在公路下（图3.6）。在公路比较宽阔的情况下上有两个通道。矩形的楼层一般被修建在广场或公园下（图3.7）。线形和矩形的组合形的楼层被修建在既有车站广场又有公路的地面之下（图3.8）。

线形楼层的规划在形式上必须简单，而矩形多数是规模较大的，有更多的通道。十字路口下的线形有两条直角交叉的通道，必须在十字路口指出明确的方向。有很多通道的矩形，需要为每个通道做不同的设计，使每个通道都有特别的标志，为人们指明方向。在规范中，对公共通道的设计有如下描述：

• 地下购物中心及其通道的整体规划必须提供清晰明了的方向指引，以便顾客在发生事故时可以紧急疏散。

• 公用通道宽度的最小值是 6 米，依照以下的公式调整：

148

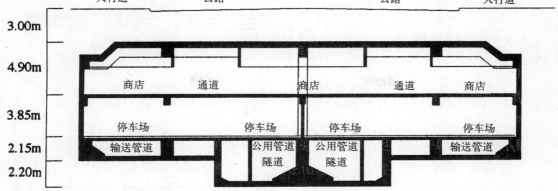

	人行道	公路	公路	人行道	

3.00m

4.90m
商店　　通道　　商店　　通道　　商店

3.85m
停车场　　停车场　　停车场　　停车场

2.15m
输送管道　公用管道隧道　公用管道隧道　输送管道

2.20m

图3.5　一个地下购物中心的横剖面
(*Shinjuku Underground Parking Lot Corporation*, Introduction of Corporation,Tokyo).

$$W=\frac{P}{1600}+F$$

其中P＝过去20年来每小时的最大客流量，作为规划未来发展的一个参考，F＝超出人行道的宽度(例如：婴孩车、轮椅、停下来的行人等)，F＝2米(有商店的通道)，F＝1米(无商店的通道)。

• 通往地面的楼梯的有效宽度必须大于1.5米。

• 在楼梯出口必须有3米的通往人行道的空间作为净空。

• 作为设计方案，应该确保购物中心内任何一点，至最近的广场距离在50米以内，这是一种有效的防范事故的手段。

• 在广场，通向地面的楼梯不应该超过两层，必须有一个开放的顶棚用来排烟及采光。

• 喷泉、池塘及类似建筑都会成为紧急疏散的障碍物，所以一定不能修建在广场和公共通道内。

地下购物中心主要由人行通道和商店组成(图3.9)。尽管在一些旧的地下购物中心，商店是一个挨着一个的，但在新的地下购物中心，商店是明显分离的，以防止火势的蔓延（图3.10）。

由于地下购物中心和地上所熟悉的路标是分离的，而且人到了地下，方向感都会变弱，所以必须用清晰的标志为顾客指明方向。广场可以作为一个合适的地方用作独特而熟悉的路标。除此之外，为公共广场设计露天的顶棚也会在事故中指引人们快速逃离，露天顶棚还有利于排烟。

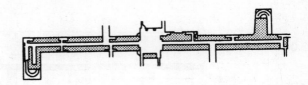

西堀 ROSA 地下街（新潟）

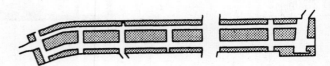

天神 地下街（福冈）

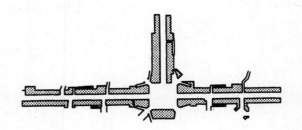

荣地下街（名古屋）

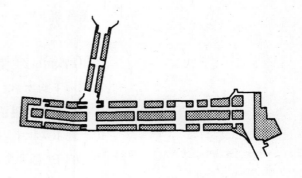

新宿 SUBNADE 地下街

图3.6 线性地下购物中心

150

京都 POLTA 购物中心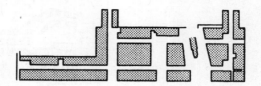

横滨 POLTA 购物中心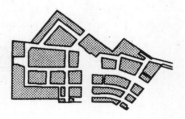

中央公园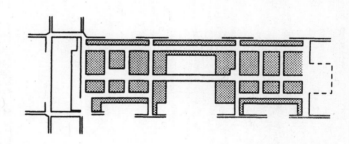

川崎 踯躅花购物中心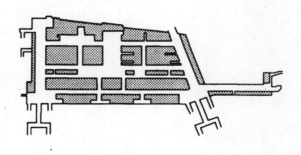

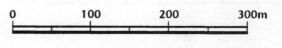

图 3.7　矩形的地下购物中心

购物中心　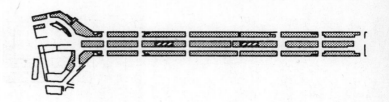

横滨钻石购物中心　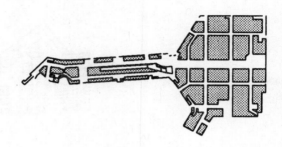

八重洲　地下街购物中心　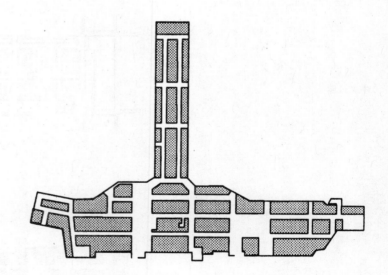

图3.8　矩形和线形组合的地下购
物中心

152

规模

高层建筑在竖直方向上是规模宏大的,而地下购物中心则在水平方向上是大规模的。加上地下购物中心一般都有地下公共通道和停车场,平面规模便更为巨大。

在日本的76个地下购物中心中,有一半面积是低于10000平方米的,其中30%甚至比1000平方米还要小,少数一些特大地下购物中心有50000平方米,例如八重洲(74413平方米),川崎杜鹃(59916平方米),名古屋中心公园(52222平方米),这些地下购物中心与城市规划的停车场连接起来,也有一些小型的地下购物中心,但它们的数目在减少,现在建设的都是大型购物中心。自1960年之后,大型购物中心变得越来越普遍了。

根据城市规划,76个地下购物中心中的22个有停车场。在东京、名古屋和横滨的许多购物中心都和停车场建在一起。但在大阪、神户和京都,购物中心是独立建造的。

商店和饭馆

因为大部分交通位于车站的站前区,起初以为把商品引入这个区域是重要的。但在路过车站的乘客中真正想买东西的不到20%。

图3.9　一个早期地下购物中心内的通道（摄影：Shuichi Miura）

商店就建在地下购物中心，不包括地下停车场区域，占了大约50%的商店面积。总面积的75%是可以出租出去的，使得地下购物中心的财政管理变得困难。然而一些地下购物中心有很多商店：彩虹街地下购物中心有313个商店，梅田有218个，八重洲有210个。

地下购物中心可以规划得像座城市，比如，它必须包括各种各样的商店和饭馆，但是在一个有限的空间，必须考虑到发生火灾的可能性，特别是在饭馆里。在早期，将近30%的商铺都是饭馆。现在数目在减少，有些地下购物中心采取将商店和饭馆分离到截然不同地段的安全措施。

从通告(规范)的角度来考虑这一点是可行的,在规范中指出,为了防止火势蔓延,商店和饭馆的管道系统需要分别建设。

饭馆的平均占地面积是400平方米，而商店的平均占地面积是140平方米。除少数一部分商店的租金很贵之外，多数商店的租金大约是每月每平方米80美金，大约是地上购物中心租金的1.5倍，每平方米的定金是6000美金，这也是地上的1.7倍。这些高额租金和定金使当地的小商店丧失租用地下购物中心地皮的信心；这样将租赁的机会留给了大的独立的公司，高租金是地下

图3.10　一个新的地下购物中心内的通道(由 *Shuichi Miura* 提供照片)

购物中心的一个令人不快的方面。

一般来说，地下商店，早10点开门晚8、9点关门，而地下通道几乎是全天开放的，但不超过20小时。所以，在销售额上与地面上的购物中心比起来，有人发现地下购物中心是地上的2.2倍，是车站商店的1.7倍。

与周围设施的连接

为了建设便利的地下人行道网络,把地下购物中心与周围建筑的地下室连接是非常重要的。但是，这种连接增大了火势通过整个地下中心蔓延的可能性。并且如果周围建筑物的层面与人行通道没有坡度上的调整，则楼层高度可能不同，修建一些楼梯变得非常必要，这样就使建筑物与地下通道的连接变得复杂起来。然而，通过规范来设法避开这样一些问题是可能的。规范规定了与周围建筑物的连接问题，以下条件必须被满足：

• 连接建筑物的地下室，必须被有防火性能的设施隔离起来；
• 必须提供直接从建筑物的地下室通向地面的楼梯以及通风设备；
• 必须建造露天顶棚，要有抽烟设备并且要有直接通向地面的楼梯；
• 连接形式必须简单。

最后,走在地面上的行人无法使用被界定为地下通道的行人空间。通过仔细地规划地上建筑，地面上和地面下的行人交通可以被安排得井井有条。

企业家

商店是重要的收入来源，弥补了地下购物中心的建设费用，同等重要的是它们为单调的地下通道提供了乐趣,使管理变得繁荣昌盛。由于地下购物中心利用的是公共土地的公路和公园下的空间，所以其设施具有和其地上公共设施相同的特征，并且地下和地上设施之间有足够的通道。因为地下建筑有其特殊的安全和环境问题，仅仅基于商业价值而做决定是危险的，所以，多数企业都由公共和私人合作的，自从发布规范后，就没有私人企业来冒财政危险(如表3.3)。

表 3.3

某些地下购物中心开发的投资来源

地下购物中心	投资来源： 公共或私人	起动年份	开业年份	投资额 （百万日圆）
大阪 梅田	50：50	1956	1963	80
名古屋 太阳路	私人	1953	1957	80
横滨 钻石	私人	1963	1964	400
八重洲	私人	1958	1965	1,000
新宿 Subnade	私人	1968	1673	3,600
名古屋 Unimall	私人	1967	1970	600
札幌极光极地城	49.8：50.2	1969	1971	520
福冈 天神	12：88	1972	1976	3,000
新渴 西堀 Rosa	47：53	1972	1976	580
名古屋 中央公园	私人	1973	1978	1,000
京都 Polta	60：40	1977	1980	1,000
横滨 Polta	68：32	1971	1980	150
川崎 踯躅花	61.9：38.1	1958	1986	5,000

《地下城现状》*Japan Project Industry Conference, Tokyo 1986 P.9*

很少有来自政府方面的财政投资,主要的财政来源是自筹占10%，银行贷款大约占50%，大于30%来自于地下购物中心的定金。与其他类型不同的是银行贷款没有利息。

第四节 健康问题

环境特征

地下空间的特点在文献中已经有所描述。有效利用地表和保护自然景观被认为是优点，而建设费用和人们对使用地下的消极态度是它的一些基本缺点。说到环境问题，在很多文献中指出恒定的温度和湿度是一个正面的特征。意思就是说地下空间形成的封闭空间几乎不受到室外天气条件的影响。并且，室内温度是由其内在环境决定的，再者，由于和外界是隔离的，地下空间保持着相对稳定的热环境。反过来说，内部环境也不会直接影响外界空间的环境。

在空间内进行的一系列活动都会产生热。在低温地区，冬季积蓄在地下空间的热量会使供暖所需的能量消耗减少,在高温和高湿度地区，例如日本，夏季空调的使用会增加能量的消耗，由于这个原因，必须根据在其中活动的非固定人群所产生的热量来考虑城市地下设施形成的热环境问题(表 3.4)。

热性能

公众的道路通常修建在室外空间，而购物中心都是修建在大楼内，是在室内。地下购物中心把这两种不同的空间(室内和室

表 3.4

地下购物中心的环境特点，与地面环境的比较

	地下购物中心	地上一般办公大楼	公路
使用时间	每天确定的时间	工作时间	无时间限制
与外界连接	半封闭	封闭	开放
热源和污染源	• 大量非固定数量的人群	• 固定数量的人群	• 大量非固定数量的人群
	• 饭店	• 固定设备	• 固定设备
	• 固定设备		• 交通车辆
管理	私用，公用	私用	公用

Toshio Ojima and Shuichi Miura, "Study on Thermal Environment and Energy Consumption in Underground Shopping Centers,"*Journal of Architecture,Planning and Environmental Engineering* 430,Tokyo,1991,pp.13-22.

外)汇集到一个地下空间内(图3.11)，因为地下购物中心的特殊设置，澄清其温度特征是很重要的。

地下购物中心的热环境与钟点时刻，中心与室外的连接状况，热源和污染源以及其被利用的类型都有关系(表3.4)。大面积区域形成开阔的街区，在规模上要比地上建筑大。通道就被设置在这些街区之间(图3.12)。在通道里行走和在商店购物的人们会产生热量，形成污染，这种污染要由通风设施解决，这个问题不像地面空间上那么大。因为是封闭空间，污染不可能被自然的空气循环清除掉，必须安装相应的设备来对环境进行控制。

像前面提到的，这些地下封闭空间的许多方面和地上公路及购物中心是不同的。以下部分对地下空间环境模式和能量利用做一个科学的研究。

环境参数测量

在东京大都会地区的四个地下购物中心进行了一次环境参数的测量。这四个中心中包括了日本最大的地下购物中心。在这次研究中，每个地下购物中心都选择了5-7个测试点，在地上选了一个测试点。这些地下购物中心在地下只有一层，距离地面有5-8米深。其中建于1970年左右的两座在表3.5中用A、B表示，另外两座遵守严格的消防法规，建于20世纪80年代，在图中用C、D表示。这两座与前两座不同的是有许多宽阔的出口和宽阔的通道，使人们能在发生紧急情况时方便地逃离现场。所有中心在一年各月和一日各时段的温度和湿度变化都被记录下来。

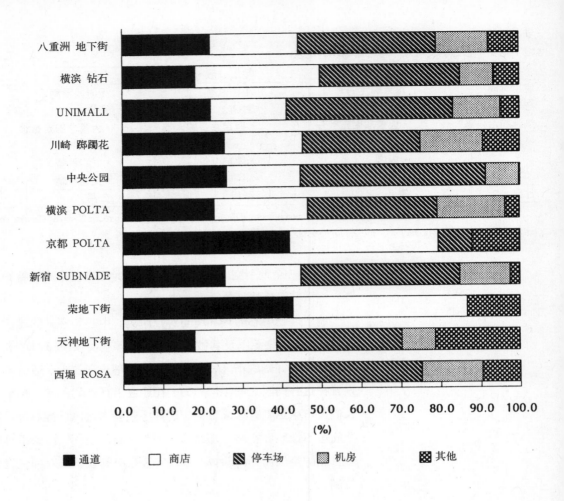

图 3.11　各地下购物中心的土地
利用状况

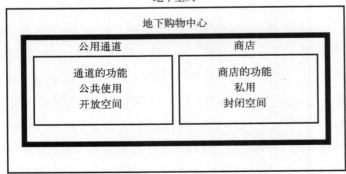

图 3.12　地下购物中心的功能
(*Toshio Ojima and
Shuichi Miura*, "*Study on
Thermal Environment
and Energy Consumpion
in Underground Shop-
ping Centers,* "Journal of
Architecture, Planning
and Environmental Engi-
neering *430, Tokyo,1991,
pp.13-22*)

如前面所描述的，中心的商业地带除了商店之外通常还有饭馆。饭馆占了地下购物中心A的34%的商业地带，占了B的43%，占了C的29%，D的21%。然而，众所周知，饭馆是发生火灾的潜在场地。例如，冷藏机的电功率在0.8USRT/m²(2.8kW/m²)和1.0USRT/m²(3.5kW/m²)之间，大概是地面办公室的三倍，是东京百货大楼的两倍，锅炉的电功率在每个地下购物中心是不同的，大约是130kcal/m²·h(0.15kW/m²)和230kcal/m²·h(0.27kW/m²)之间。

热环境　　　热环境是根据四个购物中心在开空调时(从上午10点至晚8点)的温度和湿度测量而得的。

　　　8月份，四个购物中心的平均温度是25−27℃之间。尽管这些值并不高，但这几个中心的温度差别还是很显著的，最低温度在22−24℃之间，最高温度达到27−31℃。这个范围超过

表3.5

四个地下购物中心内的温度

			地下购物中心			
			A	B	C	D
8月	室外	平均值	29.8	29.7	28.8	27.2
		最大值	33.3	32.6	31.6	33.5
		最小值	26.1	26.0	26.7	23.0
	室内	平均值	25.2	26.3	26.7	25.5
		最大值	27.6	30.8	29.0	28.8
		最小值	22.0	23.9	24.0	22.1
10月	室外	平均值	16.3	17.4	17.2	22.4
		最大值	21.1	21.2	20.2	27.4
		最小值	11.4	14.0	14.8	17.6
	室内	平均值	21.4	21.2	20.1	23.4
		最大值	24.6	24.6	23.6	27.0
		最小值	16.7	16.0	14.0	17.6
1月	室外	平均值	9.9	10.4	9.3	10.0
		最大值	13.1	16.8	15.4	13.2
		最小值	7.2	6.4	5.6	7.5
	室内	平均值	17.8	17.9	18.7	13.8
		最大值	22.7	24.8	26.0	22.6
		最小值	10.6	11.2	9.6	6.6

Toshio Ojima and Shuichi Miura, "Study on Thermal Environment and Energy Consumption in Underground Shopping Centers,"*Journal of Architecture,Planning and Environmental Engineering* 430,Tokyo,1991,pp.13-22.

了标准温度27℃。相对湿度在50%-70%之间，各个点之间也有大的差别，最低湿度从46%-55%，最高湿度从70%-85%（表3.6）。

10月份，四个购物中心的平均温度是20-23℃之间。同样，各个点上的温度差别也很大，最低温度从14-18℃，最高温度从23-27℃。虽然使用了冷却系统却比室外热。地下购物中心比室外热是因为其内部的热源。平均相对湿度在30%-70%之间。

1月份，A、B、C三个中心的平均温度在18℃左右，而D的平均温度是14℃。这个月份各个站点的温度差别比8月份还大。最低达到了6-12℃之间，这是非常冷的；最高温度是22-26℃。各个站点的平均湿度也有差别，A、B、C的平均湿度在20%-30%之间，而D的平均湿度为43%，最低湿度从10%-30%，最高湿度从40%-70%。

表 3.6
四个地下购物中心内的相对湿度(%)

| | | | 地下购物中心 | | | |
			A	B	C	D
8月	室外	平均值	63.7	59.5	74.6	71.2
		最大值	80.0	73.0	84.0	82.3
		最小值	49.0	45.0	62.0	54.2
	室内	平均值	55.9	55.5	68.2	65.1
		最大值	73.0	70.0	81.7	85.9
		最小值	46.0	44.0	53.0	40.7
10月	室外	平均值	38.6	57.9	69.7	73.4
		最大值	79.0	76.0	86.0	96.2
		最小值	26.0	48.0	44.0	38.2
	室内	平均值	30.0	46.4	58.8	66.0
		最大值	45.0	63.0	96.0	98.1
		最小值	19.0	32.0	42.0	36.6
1月	室外	平均值	40.8	32.6	31.9	47.5
		最大值	60.7	46.7	43.2	70.9
		最小值	26.7	22.9	22.5	31.0
	室内	平均值	26.4	22.4	22.9	43.4
		最大值	51.4	42.3	43.1	66.4
		最小值	13.4	10.7	13.9	28.3

Toshio Ojima and Shuichi Miura, "Study on Thermal Environment and Energy Consumption in Underground Shopping Centers," *Journal of Architecture, Planning and Environmental Engineering* 430, Tokyo, 1991, pp.13-22.

在 A、D 两个站点，温度随时间波动如图 3.13 所示。8月份，早8点的温度非常高(某些测试点比室外温度还高)，这是因为没有空调，而且许多人是上班路过购物中心。在中心D，其中一个点的温度在早8点高于30℃，开着空调时所有的温度都降低了，在不同点的最大温差约5℃。当然，空调关闭后温度又回升了。

另外还记录了1月份早8点开空调之前和晚10点关闭空调时的温度。在中心A的温度比室外要高，而D中心几乎未变。热存储的差别可能要归因于中心D有更多的出口。与8月份相比，在相同时刻的温度最高点和最低点的差别是很大的——大约10℃。

8月份和1月份购物中心D的湿度波动也被记录了(如图3.14)。在8月份，室外条件也引起几个测试点湿度的显著差别。在1月份，不同测试点每小时的波动和差别没有8月份那么大，且所有测试点的湿度和室外是接近的。

这些结果说明，一个中心和几个中心之间的温度分布是有大的差别的。这种差别在冬天要比夏天大。这种现象是不可避免的，因为空气会从出口处进入地下购物中心，用两个有不同数目出口的地下购物中心做比较就可以发现出口对室内环境的温度影响是非常显著的。总的来说，在不改变条件的情况下，想为如此大的一个空间提供完善的热环境是不容易的。

风速

在夏季和冬季分别测试了购物中心D的风速。对地下购物中心每个测试点1月份的平均风速和平均温度的测试表明风速越大，从出口处刮进的风会让温度更低。然而，出口处的门是因安全原因而存在的，所以从外面刮入的风的影响是显著的，特别是在冬季，因为在购物中心里要比外边暖和。既然购物中心内的空气比外边的冷空气轻，等冷空气从出口处进入时，低于地面的地下购物中心的热空气就会上升。为了对付这种现象，一些在寒冷地区的地下购物中心允许用门来关闭通往外界的入口。相反在夏季，在地下购物中心里温度要比外界低且比外界的重一些，所以外界空气不能通过入口进入。因此在夏季，地下购物中心处于封闭的状况，在冬季，相对于外界环境来说它是开放的。

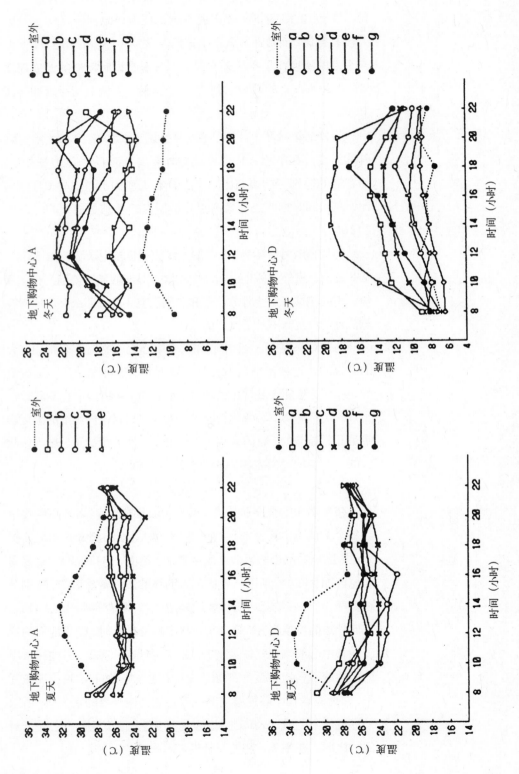

图 3.13　购物中心 A，D 其中 7 个测试点的温度波动图 (Toshio Ojima and Shuichi Miura, "Study on Thermal Environment and Energy Consumption in Underground Shopping Centers," Journal of Architecture, Planning and Environmental Engineering 430, Tokyo, 1991,pp.13–22).

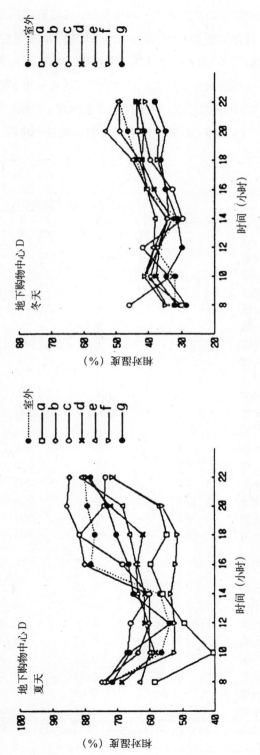

图 3.14　购物中心 D 内的 7 个测试点的相对湿度的波动图(Toshio Ojima and Shuichi Miura, "Study on Thermal Environment and Energy Consumption in Underground Shopping Centers," Journal of Architecture, Planning and Environmental Engineering 430, Tokyo, 1991, p.18).

空气污染

空气质量对人们的身体健康有直接的影响。日本人认识到这个事实，并通过了一项建筑法，该建筑法指出：室内空间的通风设备必须有大于 $30m^3/m^2 \cdot h$ 的能力；并且空气净化单元必须提供大于 $10m^3/m^2 \cdot h$ 的新鲜空气。许多因素导致空气污染。但在这项研究中，根据建筑法的环境管理标准，测量了在四个地下购物中心 CO，CO_2 和悬浮粒子的浓度，（表3.7）。

由于 CO 的主要来源是燃烧设备和车辆，CO 的浓度水平受

表3.7
四个地下购物中心污染状况的对比

			地下购物中心			
			A	B	C	D
CO(ppm)	8月	平均值	2	3	3	2
		最大值	7	9	12	7
		最小值	0	0	0	0
	10月	平均值	3	3	3	1
		最大值	5	6	10	4
		最小值	0	0	0	0
	1月	平均值	2	2	1	1
		最大值	5	8	7	4
		最小值	0	0	0	0
CO^2(ppm)	8月	平均值	737	564	458	600
		最大值	1250	1200	800	1150
		最小值	500	200	150	400
	10月	平均值	593	638	394	345
		最大值	900	1000	800	600
		最小值	350	450	250	250
	1月	平均值	454	480	599	546
		最大值	800	700	950	1000
		最小值	350	350	350	300
悬浮颗粒 (mg/UG)	8月	平均值	0.02	0.07	0.05	0.02
		最大值	0.09	0.22	0.21	0.08
		最小值	0.00	0.01	0.00	0.00
	10月	平均值	0.08	0.08	0.04	0.02
		最大值	0.07	0.21	0.14	0.13
		最小值	0.00	0.02	0.00	0.00
	1月	平均值	0.02	0.02	0.02	0.03
		最大值	0.09	0.08	0.08	0.11
		最小值	0.00	0.00	0.00	0.00

Toshio Ojima and Shuichi Miura, "Environmental Study on Underground Shopping Center,"*Urban Underground Utilization* '91, 4th International Conference on Underground Space and Earth Sheltered Buildings, 1991,pp.471-77

室外空气的影响,取决于车辆在何处运行以及购物中心出口和通风设备的位置。大多数地方的 CO 的浓度水平不超过 10ppm,10ppm 是日本室内的标准水平。

CO_2 由人群产生,高 CO_2 浓度会在有很多乘客的车站地区检测到。夏天,在中心 A、B、C、D 的 CO_2 的浓度水平的最大值超过了 1000ppm,然而这仍然还在日本室外标准水平之内。

香烟是悬浮粒子的主要来源。只有吸烟区的悬浮粒子浓度超过了 $0.15mg/m^3$,仍然在室内标准水平之内。然而作为规则,除了在指定的吸烟区,在地下购物中心是禁止吸烟的。

第五节 效率

建设费用

如前面所提到的,地下建筑的费用普遍很高,尤其这些地下购物中心启用的安全标准更为严格(表 3.8)。通过对典型的地下购物中心的建设费用的评估及其满足安全标准的真实建设费用的

表 3.8
各地下购物中心的总地面面积及建设费用的比较

地下购物中心名字	总地面面积(m^2)	建设费用(百万日元)	改建后的建设费用*(百万日元)	每平方米的建设费用(千日元 /m^2)	土地价格(千日元 /m^2)	建设费用/土地价格
札幌极光极地城	45157	6900	21770	482		
八重洲	68468	11600	50000	730		
新宿 Subnade	38564	16400	57750	1497		
横滨 Polta	29133	36300	46720	1194	1730	0.54
横滨钻石	38816	3800	16590	428		
川崎 踯躅花	56916	44500	58630	1030	2790	0.28
新潟 西堀 Rosa	17359	6800	11850	682	1020	0.38
名古屋 中央花园	55702	20000	31900	573		
Eska	29154	3200	10090	346		
名古屋 Unimall	24198	4200	13380	553		
京都 Polta	26712	11000	14160	530	900	0.46
大阪 梅田	27715	5000	22040	795		
大阪 安都野桥	9245	1800	6370	689		
小香榭里树	3737	1600	2730	731		
神户 Santika Town	17985	5800	25000	139		
神户地铁	10198	500	1800	176		
福冈天神	35250	16000	27870	791	1790	0.25
平均	32018	11599	24630	742	1650	0.38

*After stricter safety regulation notification was enacted.

图 3.15　地下购物中心地下停车
　　　　场及地上办公大楼的建
　　　　设费用的比较

比较，也就得到了制订规范前后的建设费用的比较。作为比较，地下购物中心每平方米的建设费用是地上的费用的3倍，例如地上的办公间(图3.15)。虽然地下建筑的初始建设费用更高，但它也可以由传统的地上建筑的高地皮价格来得到补偿。

　　高的建设费用从管理上来说是一种挑战。许多地下购物中心负债长达10年之久。地下购物中心的建设费用非常高。但它的价值不仅应该从它自身创造的商业价值来衡量，也应该从它对周围地区的发展及对行人安全作用上来体现。

能量消耗

　　为了平均地下建筑的环境负载，对其能量消耗做了测量，测量数据来自于32个地下购物中心，其平均占地面积达21782平方米。这些地下购物中心，分布于整个日本，从北部的札幌到南部的福冈。这里，能量消耗用基本的能量单位来表达，每千瓦时的电能等于10258kJ。

　　一个地下购物中心的能量消耗表明最大的能量消耗是在有尖峰冷却负载的8月份(图3.16)。下一个最大值是在有尖峰取暖负载的2月份。年耗能的最大份额是照明，占43.9%，第二位是动力，占到39.7%(图3.17)。制冷消耗11.4%，采暖消耗占5%。

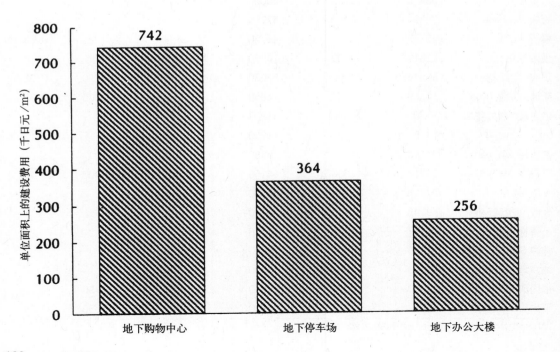

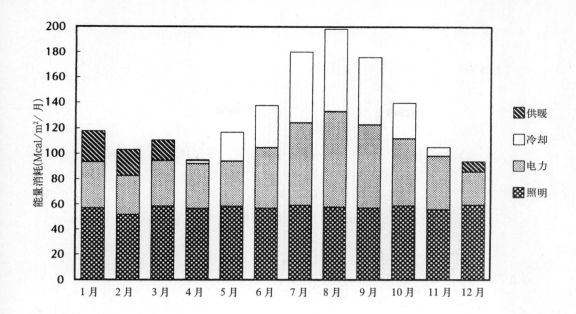

図の縦軸: 能量消耗(Mcal/m²/月)

横軸: 1月 2月 3月 4月 5月 6月 7月 8月 9月 10月 11月 12月

凡例:
- 供暖
- 冷却
- 电力
- 照明

图3.16 一个地下购物中心的月能量消耗柱状图(*Toshio Ojima and Shuichi Miura, "Environmental Study on Underground Shopping Center,"* Urban Underground Utilization '91, *4th International Conference on Underground Space and Earth-Sheltered Buildings, Tokyo,* 1991,pp.471-77).

对东京地区的地下购物中心和地上办公大楼及百货大楼的每单位面积的能量消耗也做了比较（图3.18）。地下购物中心的用在冷却上的能量消耗是地上办公大楼的6倍，是百货大楼的2.5倍，用在采暖上的能量消耗是地上办公大楼的4.5倍，是百货大楼的2倍。这些加起来，总的能量消耗上来说地下购物中心是办公大楼的4倍，是百货大楼的2倍。

地下购物中心的能量主要消耗在：供热和冷却系统上，长时间运作的净化通道和商店的污染上。能量消耗大的另一个原因是地下购物中心的行人和商店所生成的热和污染的总量很大。这些地区的环境必须完全由取暖、通风和空调设备(统称HVAC，英文缩写)所控制。因为这种空间通常是与自然环境分离开的，而且，地下购物中心作为公共设施，几乎时时刻刻被人们使用且需要不断的环境控制。

第六节 安全问题

由于地下购物中心被许多人长时间使用,安全问题必须予以严格考虑。像以前所提到的,目前建立起来的安全规则来自于以前的地下和地上的灾难经历。

由于饭馆用火烹饪且许多日用品商店有许多易燃商品,所以火灾是最可能发生的灾难。火势可能在商店之间蔓延,可能会燃烧很长时间。而且可燃材料会生成大量的烟。由于地下购物中心

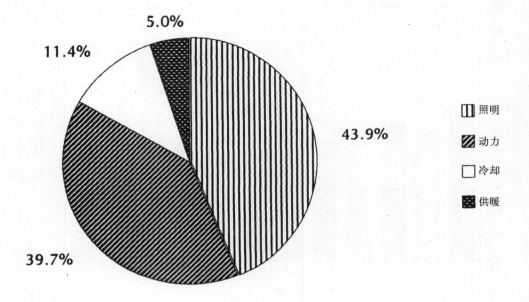

5.0%

11.4%

43.9%

39.7%

照明

动力

冷却

供暖

图 3.17 能量消耗的组成(*Toshio Ojima and Shuichi Miura, "Environmental Study on Underground Shopping Center,"* Urban Underground Utilization ' 91, *4th International Conference on Underground Space and Earth-Sheltered Buildings, Tokyo, 1991,pp.471-77*).

的周围都是被隔开的,所以烟会被封堵住而且会迅速充满这个地区,供氧会不足,不充分的燃烧会形成更大的浓烟。

　　浓烟变成一个特别问题的原因是它们会聚集在地下购物中心的出口,而出口是人们试图从其逃离的地方,烟雾的水平移动速度是 1 米／秒,而竖直方向的速度是水平方向的 3 - 5 倍。实验显示,人群逃离的速度是 1 米／秒,在楼梯,人们逃离的速度则减小到 1/4,总的来说,烟雾和人的速度几乎一样,一旦被烟雾包围,人的视野范围减小到 15 - 20 米,进一步使他们的逃离速度减慢。在逃离中被困或者不能使用楼梯的人会窒息。使问题更为严重的是,人很容易在地下购物中心失去方向感,因为所有的东西看起来都一样。另外,如果电源出现故障,整个空间都会变黑,因为没有窗户能让外界的光透射进来。

　　在地上建筑物发生的火灾中,人们可以逃到楼顶等待直升飞机解救,在上边还可以呼吸到新鲜空气。这种保命方式的可能性比地下空间要大得多;在地下,人们可能完全失去新鲜空气和获得解救的机会。地下购物中心也给灭火带来了很多困难。入口处的烟雾和火势会阻碍消防队进入其内部,一旦消防队进入了,烟雾又使得消防队员很难发现火源。

　　在地上办公楼,人们每天用日常的通道,易于进行疏散训

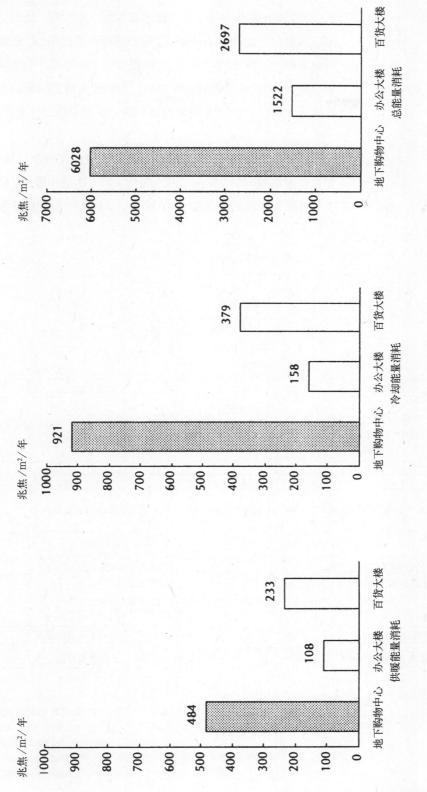

图 3.18 地下购物中心和地上大楼的年能量消耗的对比图(Toshio Ojima and Shuichi Miura, "Environmental Study on Underground Shopping Center," Urban Underground Utilization 91,4th International Conference on Underground Space and Earth-Sheltered Buildings, Tokyo, 1991,pp.471-77).

练。但在地下购物中心，想训练零星的用户很困难，他们会进入地下购物中心的许多不同地区，没有清晰的逃跑路线，恐慌的情形就更增加了灾难的严重性。地震是另外一种可能产生恐慌的情形（图3.19）。无论遇到何种事故，人们首先想到的就是如何逃到地面。所以，入口处变得拥挤不堪，撤退变得杂乱无序。

灾害举例　　　　1980年在静冈的一个小地下购物中心发生了一次气体爆炸，变成了大灾难，因为发生了两次爆炸。第一次是小爆炸，但第二次爆炸发生在第一次爆炸30分钟之后，比第一次规模更大。其

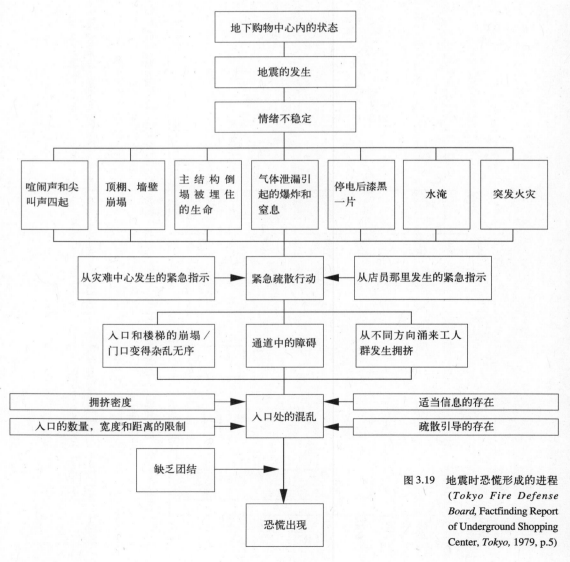

图3.19　地震时恐慌形成的进程 (*Tokyo Fire Defense Board*, Factfinding Report of Underground Shopping Center, *Tokyo*, 1979, p.5)

中有15人死亡，222人受伤。这次事件的一个显著特点是：第一次爆炸发生后，在第二次爆炸发生之前不能立即采取应对措施。因为从外面看不见，难以确定内部的状况。

灾害应对措施　　　可以为地下购物中心设计特别的应对措施来防止事故，尤其是火灾(表3.9)，这些措施如下：

- 在饭馆之外禁止烟火
- 在指定的地方之外禁止吸烟
- 应该使用阻燃的内部装潢材料
- 灭火装置要保持良好的状态
- 采用严格完满的措施来防止可燃气体泄漏
- 开发减慢火势蔓延的应对措施
- 尽早发现火情并尽快在火灾初期灭火
- 把灭火装置放在易于得到的地方
- 要为逃离路线进行彻底的日常检查
- 确保消防系统正常工作
- 强化防灾组织，在逃离时进行指导
- 建立一套完整的紧急事故逃离教程

表 3.9
灾难控制的设施

	通道	商店	楼梯	维护	停车
室内防火消防栓	×	×	×	×	×
持续水供应管道	×	×	×	×	×
洒水装置	×	×		×	
排烟气系统	×	×			×
泡沫灭火器					×
卤素灭火系统				×	
自动火灾警报器	×	×	×	×	×
指示灯	×	×	×	×	×
紧急插座	×	×	×	×	×
紧急广播系统	×	×	×	×	×
紧急电话系统	×	×	×	×	×
无线通信系统	×	×	×	×	×
应急照明	×	×	×	×	×
煤气泄漏警报		×		×	

Kawasaki Underground Shopping Center Co. Ltd., *Countermeasure System for Disaster in Underground Shopping Center Azelea*, Kawasaki.

地下购物中心几乎全部都是人造灯光。这就意味着一旦停电就会完全黑暗。为了避免这种情形就必须提供蓄电池系统和马达驱动的发电机来作为应急电源,并且需要尝试各种方法来引入自然光作为背景光源。

图3.20罗列了针对火灾的安全应对措施,要使这些措施有效,必须大范围地安装能在安全中心控制的消防设备(图3.21)。

第七节 愉悦性

形象

由于夏天热湿的气候特点,作为一个传统规则,日本的房屋都建筑在开阔空间,空气可以顺畅循环。大多数西方国家用石头和混凝土建房子,而日本用木质框架结构,因为这个国家有大量的木材。由于它们的房子很开阔以及它们对空气流通的感觉,日本人对地下空间持一种负面的印象,认为地下空间又黑又潮,没有多少新鲜空气可供流通。

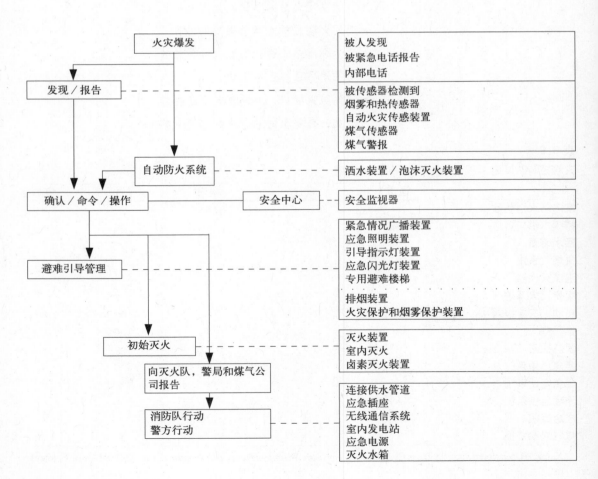

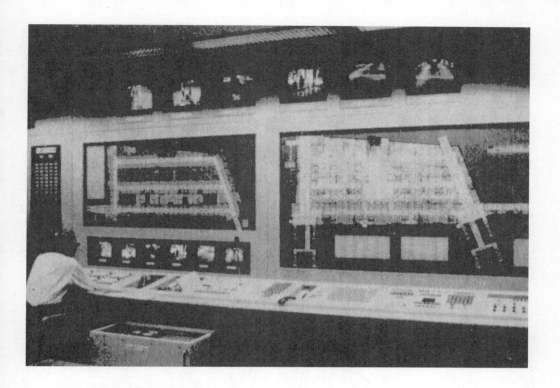

图 3.21 保安控制中心(*Shuichi Miura* 拍摄)

通过一次问卷调查可以发现人们对地下购物中心的优点和缺点的态度。地下购物中心最主要的特征——它的封闭性——既被认为是优点又被认为是缺点，被指出的优点之一是可以防雨以及坏天气，而缺少日照被认为是最大的缺点。因此，在设计地下购物中心时，必须利用封闭空间的优点去克服其内在的缺点(图 3.22)。

舒适性设计

如果仅看地下购物中心的商业功能，则其价值与地上的商店没有任何区别。直到最近以前，只重视地下购物中心的商业功用而非其舒适性。但是地下空间的黑暗及封闭空间的整体形象没有给地下购物中心带来任何利益。既然地下购物中心作为公共空间提供给行人，在代替地上人行道的同时又起到了购物中心的重要作用，其价值应该拿与人行道同样的标准来衡量。

地上的街道有各种各样的设计，它们周围的空间由不同宽度和材料的道路组成。在路边有颜色不同、式样各异的建筑物。因此，在每条街上都有与众不同的城镇风格，人们在其上行走也会觉得兴味盎然。另一方面，地下购物中心按照最小化的管理标

图 3.20 火灾的应对措施(*Kawasaki Underground Shopping Center Co. Ltd.*, Countermeasure System for Disaster in Underground Shopping Center Azelea, *Kawasaki*).

图 3.22 a-d
地下购物中心内提高环境
气氛的设计(由 *Shuichi
Miura* 拍摄)

准,尽量缩减高额建设费用并提供一定的安全设施,所以就不甚
强调其舒适性。通常其形式是统一的和单调的。例如,不会从美
学的角度来修建喷泉水池等装饰物,因为它们被认为是紧急疏散
时的障碍物。地上具有明显城镇风格的街道使人们很容易确定自
己的方位。然而在地下,人们不很容易获得方向感,这会引起人
们的不适。

　　根据1980年爆炸后的严格规则,最近设计的地下购物中心
是一个转折点。地下空间越来越开阔,通常变得更宽阔更简单,
有更多的出入口,提供更多的空地。这些变化的目的都是使地下
购物中心变成一个更安全的地方。随着地下购物中心变得越来越
开放,地表面,也是地下购物中心的顶棚,也开放了,有很多顶
灯和宽阔的出入口。原来的地面似乎消失了。地下购物中心的平
面成为新的地面。然而,建筑物的安全使建筑费用大大提高。给

图 3.22　b

最初建设它们的企业以很大的负担。但从正面的角度,这种变化
让顾客感觉更舒适了。

　　能为地下购物中心的顾客进一步提高娱乐和舒适程度的更广
泛的设计理念包括以下几个方面:

　　·**高的顶棚和宽阔的空间**　　地下空间容易产生那种封闭的感
觉,高的顶棚可以使这种感觉减少。供人们休息的宽阔的场地可
以被作为路标,帮助人们知道自己所处的方位,提供这种方向感
同样可以帮助人们在需要的时候迅速离开。

　　·**引入自然光和陆地风景**　　顶部透光式的顶棚与室外开通,
可以得到可变的明亮的照明,这是人工灯光所不能提供的,还能
看见蓝天和云彩的飘动。如果能看见地上的风景,则会认为地下
空间和地上空间是浑然一体的。顶棚上的开阔地在火灾时也可以

图 3.22 c

图 3.22 d

是天然的烟雾疏散通道。然而，通常想实现能透光或开天窗的顶棚是困难的。因为地下购物中心的地上空间通常已经做了它用。只有当地下购物中心被修建在大块空地或宽阔路段的下面时，才能这样设计。

•**做一个能减少单调性、增加乐趣的规划** 为墙壁和顶棚着色可以创造一个无与伦比的环境，制订规划重建与地上城镇风格相似的地下购物中心会为顾客进一步提供乐趣并且也会增加地下购物中心的多样性。

第八节 管理

地下建筑中，不仅初建和安装费用高，设施的运行费用也比一般地上建筑物高。并且，由于地下建筑很难扩展和重修，项目必须从长远管理和使用的角度来规划。

管理地下购物中心和管理地上建筑物有很大的区别(图3.23)。前者的特征是在地下，在水平方向延伸，有公用的，商用的，和停车的用途(表3.10)。这些特征就产生了一系列不同的管理问题(图 3.24)。

设备管理

如前面所提到的，封闭空间需要特殊的安全措施和防患措施。与地上建筑不同的是，一些自然特征，例如日光和风，在地下空间是没有的，环境条件必须由人工制造，所以对重造地上环境条件的依赖程度是很高的。并且，公共设施应该每天长时间开放的期望增长了这些设备的运行时间。

由于行人和灯光会产生热，空调和通风是必需的。空调大多数时候是开着的，即使是在冬季。根据商业类型的不同，内部的通风总量也不同，人们的活动也有所不同。通常在一个空调系统中，从外界进入的新鲜空气与从室内返回的空气混合，然后重新进入循环。但地下购物中心的饭馆用的新鲜空气是不和从室内返回去的空气混合的。为了防止空气泄漏造成怪味或烟雾，需要内部气压比外部气压低。

由于地下空间是共同使用的，商业设施也长时间对外开放，所以，能量消耗是高的，同时，设备的老化也被超负荷使用而加速了。因为有大规模的水平面，通风方式也多种多样，因为每个空调系统都有其自身的负载特征。随着管道系统水平方向上增

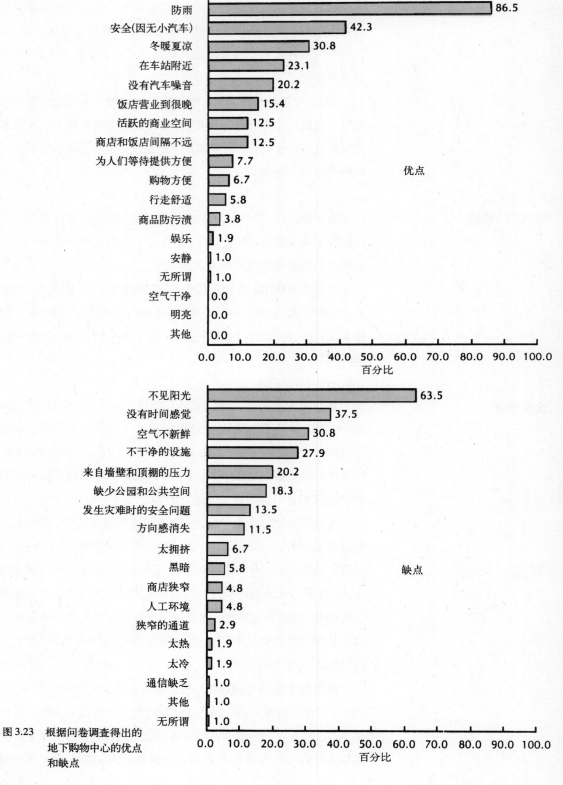

图 3.23　根据问卷调查得出的
地下购物中心的优点
和缺点

表 3.10
地下购物中心之特征

地下定位	每个地下层都必须按其条件指定用途,例如:最佳行道,电动运输流通,通风设备,以及接近地上结构
水平规划	水平空间利用由深度决定(例如:在给定地下层数建筑结构)
公共用途	必须容许 24 小时可使用
商业用途	任何商业用途(例如商业功用和(或)布置)都不能限制行人流通
停车用途	除了要考虑机动交通流量外,所有的停车区域必须提供充足的通风

长,管道尺寸也随着变大。但由于顶棚内部的空间是有限的,大的通气管道不适合安装在地下空间。

有时,单单空调并不能在所有的地方有效——例如在入口处。由于有很多入口,而根据规则,入口处是不能安装门的,要保持开放,外部空气可以进入。如果入口处附近就是公路,有害气体很容易侵入地下。地下停车场也会进一步产生污染,应该采取措施来阻止这些污染。

通风塔和冷却塔,可以用来净化空气,但是安放它们的空间有限。并且通风塔经常被安置在地面道路附近,其周围空气已经被污染了。所以要经常更换空气过滤器,在地下购物中心内使用冷却塔是很困难的,因为它们一般要安装在周围建筑物的顶层上,而且在很多情况下,保养也变得很不方便。

电气设备

电力被用来供应人工照明,由于外界自然光受到限制,许多不同类型的照明设施被使用,由于人工照明灯都是长时间被使用,所以这些电气设备会被很快用坏,因为通道内长时间交通拥挤,更换这些电气设备的时间也受到了限制。

大多数设施都会用到电——例如,饭馆的厨房里用它们来替代有潜在危险的煤气设备。所以电的需求量很大,因此电力的替换系统也应随时可用。如果停电了,紧急照明,例如通道里的指示灯,必须工作正常,提供即时的备用照明。电力恢复的要求如此严格以至于提供一个私用的发电机变成了强制性的措施。

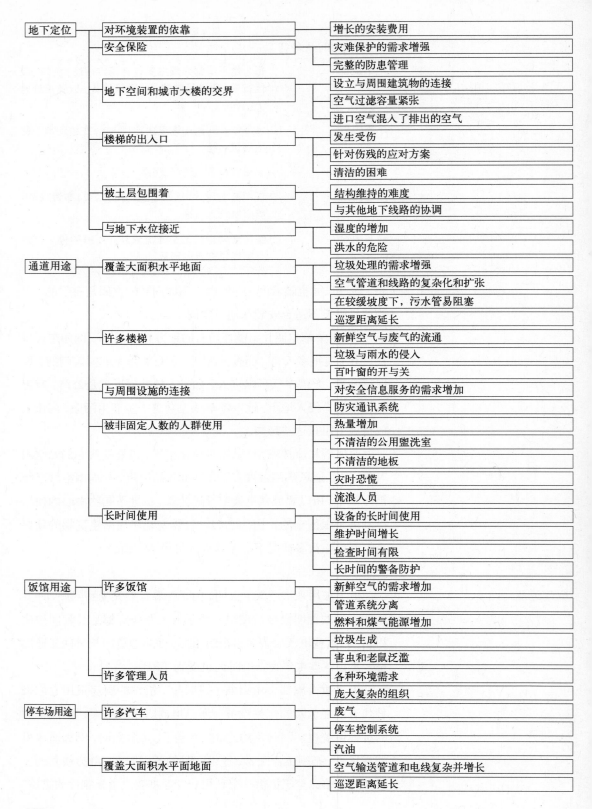

地下定位	对环境装置的依靠	增长的安装费用
安全保险	灾难保护的需求增强
	完整的防患管理
地下空间和城市大楼的交界	设立与周围建筑物的连接
	空气过滤容量紧张
	进口空气混入了排出的空气
楼梯的出入口	发生受伤
	针对伤残的应对方案
	清洁的困难
被土层包围着	结构维持的难度
	与其他地下线路的协调
与地下水位接近	湿度的增加
	洪水的危险

通道用途	覆盖大面积水平地面	垃圾处理的需求增强
	空气管道和线路的复杂化和扩张
	在较缓坡度下，污水管易阻塞
	巡逻距离延长
许多楼梯	新鲜空气与废气的流通
	垃圾与雨水的侵入
	百叶窗的开与关
与周围设施的连接	对安全信息服务的需求增加
	防灾通讯系统
被非固定人数的人群使用	热量增加
	不清洁的公用盥洗室
	不清洁的地板
	灾时恐慌
	流浪人员
长时间使用	设备的长时间使用
	维护时间增长
	检查时间有限
	长时间的警备防护

饭馆用途	许多饭馆	新鲜空气的需求增加
	管道系统分离
	燃料和煤气能源增加
	垃圾生成
	害虫和老鼠泛滥
许多管理人员	各种环境需求
	庞大复杂的组织

停车场用途	许多汽车	废气
	停车控制系统
	汽油
覆盖大面积水平面地面	空气输送管道和电线复杂并增长
	巡逻距离延长

发电机使用的是内燃机，需要经常测试保证其在任何时候都能正常工作。

排水系统

排水系统将污水从饭馆里排除，饭馆的污水会排出臭味且其污物会堵塞排水系统。厕所也可能导致堵塞的。这种情形与高层建筑物不同，高层建筑物有高水压并增加泵的功率，所以不会有地下建筑所存在的问题。水平修建的大规模地下商店必须铺设长距离的通往上层地面的污水池。在陡峭的拐角修建排水装置是困难的，并且拉长了的管道更容易被堵塞了。

防淹措施也起重要的作用，因为地下设备被泉水包围着，漏水可能每天都会发生，且在大雨天气增加了被淹的危险。

防火系统

防火系统有很多目的。像前面所提到的，在地下救火是不容易的，从地面观测点确定火源的确切位置变得非常困难。除此之外，如果地下购物中心在水平面上的规模很大，就会增加火势蔓延的危险。严格的燃气安全措施要求，在发生紧急情况时煤气环路会自动切断。煤气断路器的周期性检测时是《消防法》强制的，并且有一个授权个体，例如消防工程师来完成这项任务。断路器通常是不会使用的。但在紧急情况时它们起到了重要的作用。所以保持每天进行检测是很重要的。同样，公用通道长时间被使用及拥挤的交通状况限制了检查的时间。直接由地震引起的灾害数量很少，但是起火或停电可能会引起二次事故。

地下建筑的结构

由于被土地包围着，地下结构会产生一些问题，如结构修复和保护土层内的生物。地下结构中的缺陷不容易被发现，也很难修复。离地面越深，越应该注意防水问题，要防止漏水和发霉。在顶棚和地面之间的地下空间中要保护公用事业管道。这是另一个在建设开始之前必须与有关机构讨论的重要问题。

安全和保安防范

由于地下设施一直都是对公众开放的，发生犯罪，失物，丢小孩和个人事故等的概率也很高。对流浪者采取治安措施也是一个问题。

图3.24 （对页）地下购物中心的管
理组织及面临的问题

许多商店都是潜在的火源。例如服装店，包含着大量易燃材料，所以发生火灾的可能性很大，为了消除火灾中的混乱，每个商店都应该有一个防火管理员，可以经常教授一些防火措施，例如如何报告事故，如何引导人们避难，如何灭火。当一个消防管理员进入商店时，他必须观察商店里是否有障碍物，例如货品或告示牌可能会挡在通道上。必须建立灾难控制中心以使火情可以尽早报告，信息可以被收集起来，火可以被更快地扑灭，人们可以被领到避难场所。

五个政府部门发出的官方规范中指出，地下购物中心禁止与周围建筑物连起来。在建设地下购物中心的早期，情况不是这样的，最后一个与周围建筑物连在一起的地下购物中心是川崎杜鹃，按约定，减震器被安装在连接处。与周围建筑物形成网络是非常重要的。火灾中人们可能迷路且灾情可能扩大，为了使地下购物中心在火灾中发挥作用，要在地下购物中心及其连接建筑物中准备一个联合防火管理系统。要组织双方用户参加联合防患讨论会，建立主要的防患计划。

保洁问题

保洁和垃圾回收必须予以持续关注。由于对地下购物中心的超负荷使用，以及因为有很多入口，许多灰尘垃圾随风雨从外界飘进来，所以地面很快会变脏。必须使用强力的工业用吸尘器将地上的沙砾清理干净。一些类型的商店，例如饭馆，也增加垃圾总量。公用厕所也需要注意。垃圾收集车必须在水平方向的长距离上来回走动收集垃圾。总之，地下购物中心需要一个全职的工作队伍来保持地下购物中心的干净整洁。

特别服务

多种类型的服务必须提供给多种不同类型的顾客。在很多情况下，地下购物中心是作为一个交通节点的，它不但为穿过其中的人服务，还要为地上的巴士站，火车站和周围建筑里的人服务。必须提供特别服务，例如安装电梯以及为残疾人的轮椅准备斜坡。

第九节 案例研究：川崎杜鹃地下购物中心 (Kawasaki Azelea)

川崎杜鹃地下购物中心花费了 56 个月时间来建设，于 1981 年竣工。它修建在火车站前的广场之下，有两层，总面积为 9916 平方米，它的初投资大约是 4 亿 9 千万美元，其中 2 亿美元来自

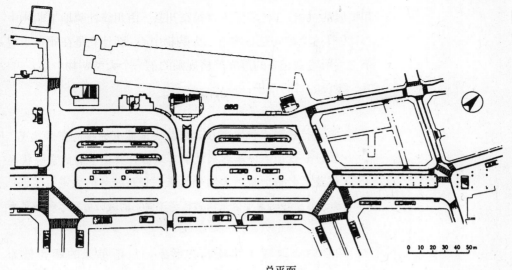

总平面

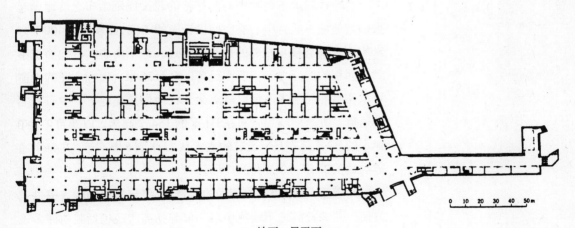

地下一层平面

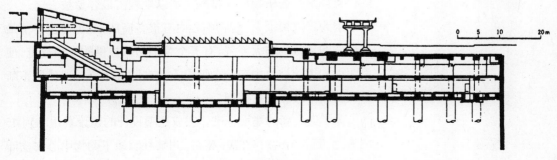

剖面图

川崎城的捐赠，1亿美元来自神奈川县，由川崎杜鹃地下购物中心运作。这个公司是日本第二大购物中心，而且它是在颁布了规范之后所建立起来的遵守严格规则的第一个大型购物中心。

建设的目的在于：

- 将人行道和小汽车道分开来解决地面上拥挤的交通状况
- 通过建设地下停车场来缓解当地的公共停车场的紧缺状况
- 修建了舒适的地下购物中心来象征川崎城的未来
- 通过建造核心商业区来诱惑已经流向别的城市的顾客和购买力

购物中心改变了川崎城的形象，目前每天的顾客量为173000。

设计　　　川崎杜鹃地下购物中心与严格的建设规范颁布之前建设起来的其他地下购物中心有空间设计上的不同,面积为11400平方米的大广场直接与相邻的火车站相连。地下商店的占地面积不到总面积的四分之一。顶棚很高，约4.35米，顶棚上开的天窗可以使自然光射入，所以顾客会忘记他们是在地下。中心有七条通道，五个广场和分布在B1区的154个商店，以及可停380辆车的B2区停车场。通道的宽度从22米到6米不等，在每个通道的端头都有一个公共的广场。

商店区,被分为七个不同的地带，环绕起来也为顾客提供了方便。川崎杜鹃地下购物中心不仅包括商店还包括其他许多设施，例如有警局，有城市信息中心，一个银行，一个旅行信息社，一个救济站，就像在地面上一样，应有俱有。由于这些设施的位置都是按逻辑顺序安排的，所以规划图很容易被看懂。

因为其规模很大,购物中心内有很多商店,它拥有世界上最高标准的建筑物防火系统,有五个为消防队提供的专用通道,使用明火的饭馆被集中在一个地段上。在防灾中心，遥感器不断检测参数并对其进行控制。

为了遵守新的建设标准，完成这项设计的建设费用高到45亿美元，远远超过了预算。然而,川崎杜鹃地下购物中心安全而且舒适，现在每年会吸引6300万顾客。

管理

通常在新规范颁布之后,地下购物中心的财政管理变得很困难,每年川崎杜鹃地下购物中心的商店和停车场的赢利是2.36亿美元,停车场有很大一部分收入,然而每年的花费高达3.16亿美元,年亏损达8千万美元。然而其对整个地区的正面影响可以在某种程度上补偿每年的亏损。

参考文献

Japan Project Industry Conference, *Current State of Underground City*, Japan Project Industry Conference, Tokyo, 1986 (written in Japanese).

Kawasaki Underground Shopping Center Co. Ltd., *Underground Shopping Center Azelea*, Kawasaki, pamphlet (written in Japanese).

Toshio Ojima, "Management System of Underground Shopping Center," *Journal of Civil Engineering Society,* Tokyo, 1987, pp. 37-39 (written in Japanese).

Toshio Ojima et al., "Environmental Research in Underground Shopping Centers," *Summaries of Technical Papers of Annual Meeting, Environmental Engineering*, Architectural Institute of Japan, Tokyo, 1987, pp. 609-610 (written in Japanese).

Toshio Ojima et al., "Research for the Energetic Consumption of Underground Shopping Centers," *Summaries of Technical Papers of Annual Meeting, Environmental Engineering,* Architectural Institute of Japan, Tokyo, 1987, pp. 611-612 (written in Japanese).

Toshio Ojima et al., "Research on Living of Workers in Underground Shopping Centers," *Summaries of Technical Papers of Annual Meeting, Environmental Engineering,* Architectural Institute of Japan, Tokyo, 1987, pp. 613-614 (written in Japanese).

Toshio Ojima et al., "Environmental Estimation Factor in Underground Shopping Centers," *Summaries of Technical Papers of Annual Meeting, Environmental Engineering*, Architectural Institute of Japan, Tokyo, 1988, pp. 1069-1070 (written in Japanese).

Toshio Ojima et al., "Research on Air Pollution in Underground Shopping Centers," *Summaries of Technical Papers of Annual Meeting, Environmental Engineering*, Architectural Institute of Japan, Tokyo, 1988, pp. 1065-1066 (written in Japanese).

Toshio Ojima et al., "Energy Consumption and Thermal Environment in Underground Shopping Centers," *Summaries of Technical Papers of Annual Meeting, Environmental Engineering*, Architectural Institute of Japan, 1989 (written in Japanese).

Toshio Ojima et al., "Research on Operators in Underground Shopping Centers," *Summaries of Technical Papers of Annual Meeting, Environmental Engineering*, Architectural Institute of Japan, Tokyo, 1990, pp. 923-924 (written in Japanese).

Toshio Ojima and Shuichi Miura, "Environmental Study on Underground Shopping Center," *Urban Underground Utilization '91, 4th International Conference on Underground Space and Earth Sheltered Buildings*, Tokyo, 1991, pp. 471-477 (written in English).

Toshio Ojima and Shuichi Miura, "Study on Thermal Environment and Energy Consumption in Underground Shopping Centers," *Journal of Architecture, Planning and Environmental Engineering*, 430, Tokyo, 1991, pp. 13-22 (written in Japanese).

Osaka Underground Shopping Center Co., Ltd., *Introduction of Osaka Underground Shopping Center Co., Ltd.*, Osaka, pamphlet (written in Japanese and English).

Public Corporation of Sapporo City Development, *Pamphlet of Sapporo Underground Shopping Center*, Sapporo, pamphlet (written in Japanese).

Research Center of Land Development Technology, *Survey of Existing Technology of Underground Space Utilization*, Tokyo, 1989, p. 36 (written in Japanese).

Shinjuku Underground Parking Lot Corporation, *Introduction of Corporation*, Tokyo, pamphlet (written in Japanese).

Tokyo Fire Defense Board, *Fact-finding Report of Underground Shopping Center*, Tokyo, 1979, p. 5.

Underground Space Center of Japan, *Designing Underground City*, Daiichi Houki, Tokyo, 1991 (written in Japanese).

第四章　日本的地下交通设施

尾岛俊雄

尾岛俊雄

第一节　地铁

发展状况

城市有很多交通方式，包括小汽车，公共汽车和出租车。但是地铁已经成为日本的一种惟一的、非常有用的交通形式。早期，电车是一种与小汽车同样存在并很广泛的一种交通方式。然而小汽车数量的增长要快于承载它们的道路的增长，因此，小汽车与电车共存变得困难了。交通拥塞的情况越来越糟糕，电车的平均速度下降了。这些现象在公共汽车和出租车上也同样发生了。借助高速铁路，大容量运输成为可能，这种形式的运输比其他运输形式都要有利，有二种形式：高架铁路系统和主要在地下的地铁系统。

每一米宽的道路，高架铁路有八倍于公共汽车的运输能力。然而，高架铁路的主要缺点是：在城市中心很难找到铺设铁道的空间。高架铁路还会产生很多环境隐患。仅仅利用铁路上空的高架铁路，拥有的运输能力也很有限。比较起来，地铁克服了许多高架铁路的弊端已经成为最合适的运输形式。

第一条地铁线于1863年建于伦敦。这个地铁有一节客车，被一节蒸汽机车拖着，机车的浓烟污染了周围的环境。为了克服污染，交通设施被修建在地下。一种新技术能挖出通到地下车站的螺旋形楼梯而不会影响地上的建筑。然而修建地下交通基础设施是一种痛苦的举措，使得地上城市发展停滞下来。1890年，电动机车使得交通发生了变革。

在欧美首先修建地铁60多年之后，1927年，日本的第一条地铁建成了。今天，大约60个日本城市都建了地铁，其中大多数建于1970年之后。图4.1表示了全球地铁的发展。1983年，纽约和伦敦的地铁平均长度是400公里，巴黎大约300公里，东京和莫斯科大约200公里。然而乘客数量几乎是与铁路长度成反比的，莫斯科有2.4亿，东京有2.2亿。特别是在二战之后，日本的地铁扩张是显著的，例如在东京，从1955年到1985年的30年间，地铁总数翻番(图4.2)。

地铁站大厅的扩大

在人口高密地区，需要为地铁站里的行人修建地下大厅。这些车站的地下大厅是不同于城市里其他地下建筑的。为了给地铁节省空间，上层轨道和月台被作为车站大厅的一部分。这种车站大厅不包括商店，而仅仅作为地下通道。在东京，大手町，银座，和新宿这些地铁站的车站大厅与周围建筑的地下室连接起来构成了强大的地下人行通道网络。由于这些地区地上人行道已经被超负荷利用，所以这些地下人行通道网络，在补充地上人行道方面起到了重要的作用；并且，地下网络保护人们不受坏天气的侵袭。因为这样很方便，很多店员和通勤人员使用地下通道。

大手町地铁站的地下网络通过二重桥和银座地铁站的地下网络连接起来。两个建筑物的总地面面积达到了240万平方米。这在规模上接近蒙特利尔，其地下网络拥有300万平方米的面积。

然而目前，这种地下空间对行人来说不见得舒适。由于地铁站台上面的空间被用作通道。通道经常被设计成适合站台大小，所以有时会因通道宽度不够而不能适应很多行人；在一些地方修

图4.1 国际地铁发展(*Teito Rapid Transit Authority,*'88 Eidan Subway Handbook, Tokyo, 1988, p.69).

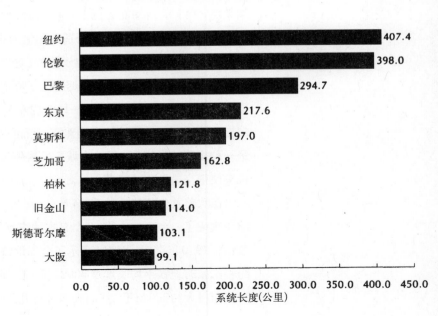

纽约 407.4
伦敦 398.0
巴黎 294.7
东京 217.6
莫斯科 197.0
芝加哥 162.8
柏林 121.8
旧金山 114.0
斯德哥尔摩 103.1
大阪 99.1

0.0 50.0 100.0 150.0 200.0 250.0 300.0 350.0 400.0 450.0

系统长度(公里)

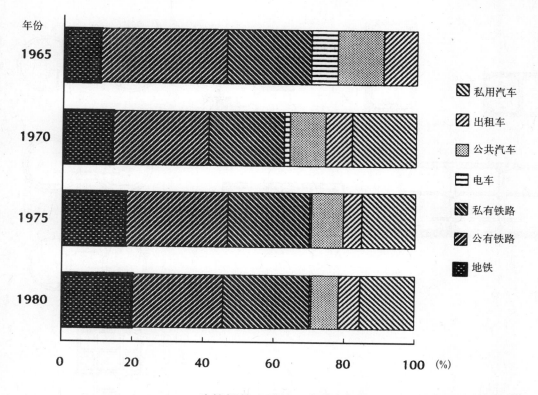

年份

私用汽车		
出租车		
公共汽车		
电车		
私有铁路		
公有铁路		
地铁		

建楼梯是必需的,需要人们往下走一段楼梯,然后向上走另外一段楼梯,这是因为要绕过现有的管道上。这些问题来源于没有系统化地利用地下空间。

建造形式

  通常地铁依建造形式可以分为两类: 箱形和圆形(图4.3)。通常来说,对采用开挖建造时,箱形是最实用的。采用盾构施工法时,圆形是较好的。由于地铁的建筑费用特别高,一般被规划成最小面积的横截面。尽管早期几乎所有的地铁都采用挖掘法建成, 现在盾构施工法却是经常被采用的。在使用盾构施工法时, 大的圆形地铁拥有更大的内部空间,因此通常采用的是圆形而不是箱形。这样就会有更大的空间提供给行人和交通设施。现有的地下建筑很难扩建或重建。所以预期将来用户量会增加的, 车站要规划出额外的空间, 供将来扩建。

  通常地铁隧道被规划在路面下,但当隧道偏离道路时可能会碰到私有土地。虽然对地铁列车来说转一个半径很大的弯很容易,但是如果要使地铁通过私有土地,则获取土地的费用会高得多, 并且与所有者谈判也是很困难的。

图4.2 东京不同交通形式的使用对比图(*Committee of Editing Handbook of Underground Structure*, Handbook of Underground Structure, *Construction Industry Research Association, Tokyo*, 1987, p.43).

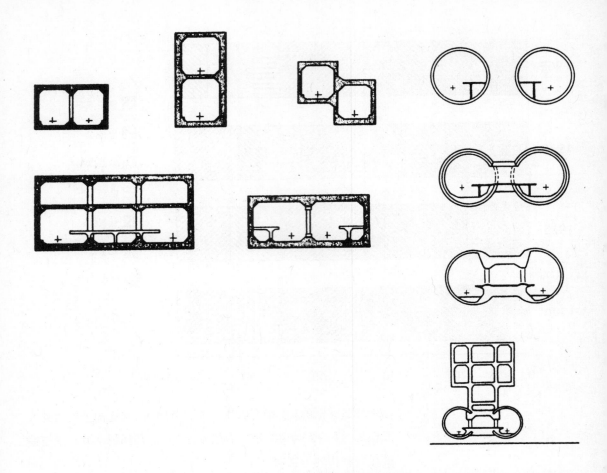

考虑到地铁沿着公路修建的好处,和与私有土地所有者进行谈判的难度,隧道一般被规划为穿过路的中间,入口和出口都建在道路的两侧。

地铁的深度

为了缩减建设费用,地铁应该建得越浅越好,这会让乘客觉得方便。从隧道顶到地面的高度至少应该有 2.5 米。然而通常,因为许多东西被安置在地下,这个高度就需要更高。许多因素都要求地铁通道高度大于 2.5 米。例如,交叉的地下通道、地下购物中心、河流,以及地铁自己的交叉。把地铁建得更深一些的需要一年比一年增强了。图 4.4 表示的是银座线,这是早期建的地铁,相比较来说是浅的,随着时间的推移,地铁建得越来越深,有些已经深达 40 米。

对地铁站来说是一样的道理,地下修建 30 米深的地铁站并不是少数。当隧道比平常更深时,采用的是盾构施工法,这种

图 4.3 地铁形状的剖面图
(*Committee of Editing Handbook of Underground Structure,* Handbook of Underground Structure, *Construction Industry Research Association, Tokyo,* 1987, pp.64-67).

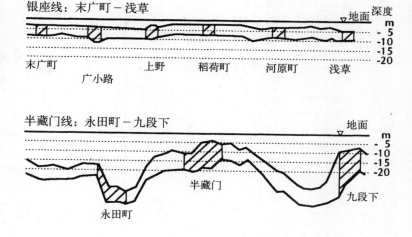

图 4.4 银座和半藏门地铁隧道的深度图(*Ryouichi Shimojima,* "*The Present and the Direction of Underground Utilization,*" Symposium of Underground Space Utilization, *Civil Engineering Society, Tokyo,* 1989).

建造方法不像开挖法那样受隧道深度的影响。开挖法是从地表挖隧道,这种方法的建设费用也按比例随着挖掘深度的增加而增长。

健康

  在日本,地铁曾被认为是冬暖夏凉的地方,因为这是一般地下室具有的普遍特征。

  在地下 10 米深处,温度是 15℃,且常年保持不变。最初建地铁的时候,它们就是冬暖夏凉的。然而最近这些年,温度已经不断提高,每年平均增长 0.3℃(图 4.5)。峰值温度已经提高了。1951 年是 27℃,1961 年是 30℃,1971 年是 34℃。据估计,到 1981 年,峰值温度将达到 37℃,或者比人体温度还要高,会热得令人感觉不舒适。这种温度发展趋势,促使东京地铁公司在 1970 年组织成立了抵抗高温和高湿度的专门协会。自 1971 年引进空气冷却系统后,温度情况得到了改善。

  协会指出,隧道内产生的部分热量可以散发到墙壁里,其他热量可以通过通风设备散发到空气中去。当产热总量与散热总量相等时,隧道内的温度才会是固定不变的。然而随着耗电量和乘客人数的增加,以及地下水位的下降,散热问题变得越来越复杂了。

  从图 4.6 可以看出,大约有 70% 的热量是由列车本身产生的。16% 由照明系统产生,14% 由人体产生。例如,在封闭空间内列车是系统内最大的热载荷,在这种大量热源存在的情况下,

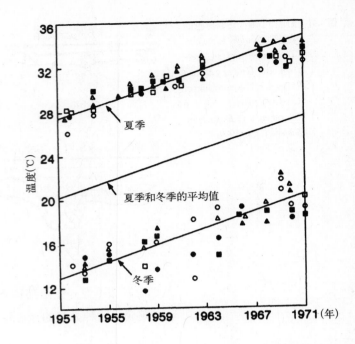

图 4.5 地铁内的年温度波动图
(*Tadaaki Zouga et al., "Analysis of Thermal Environment in the Subway,"* The Society of Heating, Air Conditioning and Sanitary Engineers of Japan, Vol.47, No.6, Tokyo, 1973).

夏季

夏季和冬季的平均值

冬季

温度(℃)

1951　1955　1959　1963　1967　1971(年)

地下空间所有的特征使其起到了绝缘的作用，保持住了热量，使得内部热量持续积累；为了阻止温度持续升高，安置一个通风和冷却系统是基本的应对措施。起初，通风系统就足够冷却地下空间区域，但最近事情已经发生了变化还必须有一套冷却系统。为了使冷却系统真正有效，事实上必须有两套冷却系统———一套是为隧道的，另外一套分离的冷却系统是专门为列车的。然而，如果列车使用冷却系统，耗电量将增加30%至40%。同时，散发的热量也增加了，需要另外一套系统来对付。到目前为止，只有车站使用了一套冷却系统，而列车尚未使用。直到1971年，空调系统开始使用，现在空调系统被应用到55个车站和33条隧道上。最近发展了一种拥有轻型车体和高效电机的列车，能量消耗量减少了30%，10%的列车也已经安装了空调系统。

　　地铁的环境规划也取决于城市的气候条件。在有些地方，只需要机械的通风系统。与东京相比，许多世界上的其他有地铁的城市处在高纬度上，所以，高温和高湿度的状况还没有像东京一样严重到成为一个问题。

车站大厅的温度状况

　　车站大厅，作为人行通道网络的中心，以及车站的月台，在人口密度比较大的地区扮演了重要的角色。因此，车站大厅必

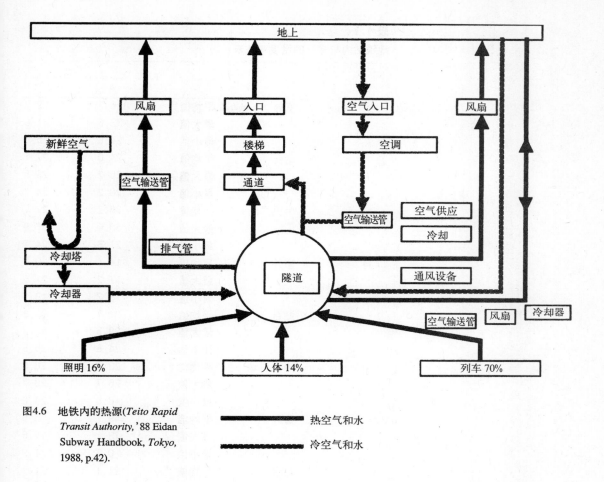

图4.6 地铁内的热源(*Teito Rapid Transit Authority,*'88 Eidan Subway Handbook, *Tokyo,* 1988, p.42).

━━━━━ 热空气和水

┅┅┅┅┅ 冷空气和水

须建成一个舒适的地方。直到最近，也没有规划出以舒适为目标的空间设计和环境设计。车站大厅的温度在夏天要比月台上的高，在冬天却比月台上冷，因为车站大厅比月台更接近地表（表4.1），并且室内和室外的温差在冬天要比夏天显著，而且因为有列车生成的热，车站内的温度通常更高，车站大厅内的温度分布如图 4.7。

车站大厅的空气质量也不高。在高峰时间，由人呼出的 CO_2 的浓度要大于2000ppm(日本的环境标准是1000ppm)。目前，根据人数运作的空调系统不足以减轻和缓和这种状况。并且，空调系统没有足够的容量来应对高峰情况。即使可以提高其容量，也很难在地下扩充空间来安置冷却系统。如果空调能力能得到提高，设备也不能有效地利用。结论就是，必须以未来长远应用的角度来设计地铁，最优先要考虑的是其使用模式。

表 4.1

地铁站内与室外的温度对比表(℃)

			车站	
			A	B
8月	室外	平均值	26.7	29.2
		最大值	33.6	31.8
		最小值	24.5	25.6
	站台	平均值	24.0	27.1
		最大值	25.2	29.5
		最小值	20.2	24.7
	中央广场	平均值	26.2	27.7
		最大值	30.0	31.9
		最小值	21.6	24.7
11月	室外	平均值	16.4	20.5
		最大值	17.2	21.5
		最小值	15.7	19.1
	站台	平均值	27.7	27.3
		最大值	29.5	29.2
		最小值	24.8	25.8
	中央广场	平均值	23.8	26.9
		最大值	26.7	28.7
		最小值	18.5	24.6
2月	室外	平均值	9.7	6.5
		最大值	13.1	11.5
		最小值	−0.7	1.9
	站台	平均值	21.1	21.2
		最大值	23.0	23.9
		最小值	14.0	17.2
	中央广场	平均值	17.3	19.0
		最大值	21.0	23.3
		最小值	4.5	9.8

Toshio Ojima et al., "Thermal Survey of Subway Concourse," *Summaries of Technical Papers of Annual Meeting, Environmental Engineering,* Architectural Institute of Japan, Tokyo, 1990, pp.925-926.

安全

　　在所有可能在地铁里发生的灾难中,最可能的就是由列车引起的火灾。目前,交通部鼓励尽可能使用非燃材料来制造地铁的全部车辆。也要求用非燃材料来替代现在正在使用的易燃材料。交通部已经制订了标准来保护主回路、电流和加热设备,并安装了广播设备和灭火器,这些新标准可以防止列车火灾。

　　地铁火灾的另一个来源,也是目前最大的来源,来自在地下

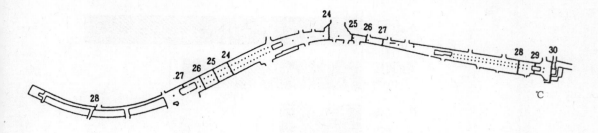

1989 年 8 月 17 日 12：00 室外温度 30.8℃

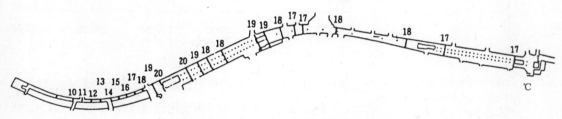

1990 年 1 月 18 日 18：00 室外温度 8.0℃

图4.7 地铁与室外的温度分布对照图(*Toshio Ojima et al., "Thermal Survey on Subway Concourse,"* Summaries of Technical Papers of Annual Meeting, Environmental Engineering, *Architectural Institute of Japan, Tokyo,* 1990, pp.925-26).

空间内对燃烧的烟头处理不当。并且，在很多情况下，地铁通风设备的出口都安装在地面人行道的附近,在那儿行人可能将燃着的烟头扔进去。所以，不仅要注意对地铁站内燃着的烟头进行处理,地面的吸烟者也必须很好地处理自己手上的烟头。

另一个安全问题是海啸、台风和大雨淹没地铁的可能性,因为地铁在地面以下,在存在这些可能性的地方,必须在其通往地上人行道的上部空间门口安装挡板,建立一个缓冲区来防止流水漫入，当洪水来临时，可以完全关闭入口处的门。通风设备的出口也可能受到流水的威胁,所以在那里也应该安装可以由洪水检测设备自动关闭的门。

效率
建设费用

地铁是缓和城市交通所必需的大型交通设施。但最大的问题就是它的高额的建设费用(图4.8)以及修建地铁需要较长的建设周期。尽管地铁的功绩与地上交通设施相比,不需要购置土地所需的初始花费。地铁的建设费也是每年在增长。随着商品和劳动

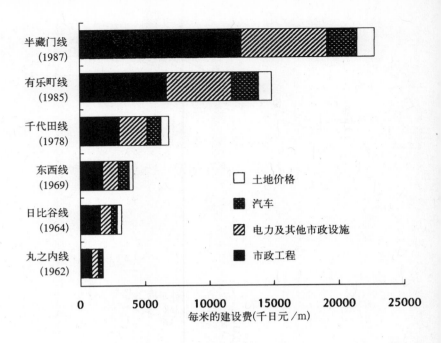

半藏门线
(1987)

有乐町线
(1985)

千代田线
(1978)

东西线
(1969)

日比谷线
(1964)

丸之内线
(1962)

☐ 土地价格
▨ 汽车
▧ 电力及其他市政设施
■ 市政工程

0   5000   10000   15000   20000   25000

每米的建设费(千日元/m)

图4.8 6条地铁线每米的建设费用对比 (*Teito Rapid Transit Authority,' 88 Eidan Subway Handbook, Tokyo,* 1988, p.58).

力价格的上涨,挖建隧道的费用也在上升,因为它们被挖得越来越深了。最近修建一条地铁线的费用超过了每米两百万日元。修建一条地铁线大约需要10年。最近这个建设周期也增长了,因为以前没有利用地下空间,现在则被广泛用于各种用途。

能量消耗

像前面所提到的,因为高温和高湿的应对措施受到了严肃的关注,所以高容量的冷却系统变得非常必要。冷却系统用来通风和冷却地铁站的隧道,要使这些冷却系统发挥作用,设备容量必须比通常的地上大楼大4倍。在冷却月台的新系统中,在月台和地铁线之间要建一个分区来防止列车生成的热量传播开。在这个分区,有自动门,只有在列车停站的时候才会打开,这个系统同时也阻止人们掉入地铁的轨道。

地铁的功能
地铁乘客的现状

现在,占总数一半的乘客在上午和晚上的高峰时段乘坐地铁。尽管白天乘客的数量只有整个座位数的60%,而在上午的高峰时段人数是座位数的两倍。高峰时段座位的紧缺给日本地铁带来了不好的感觉和不好的名声。如果承载能力因高峰时段而增加,则在非高峰时段使用率会很低;在高峰时段双倍负荷,伴随着东京人口的高度集中,会影响将来地铁的发展。

东京人口的拥挤状况不仅存在于地铁内，在铁路上也存在，为了解决这个问题，在大城市内2000年将会再建设29个铁路线，总长达530公里。为了缓和已经增加的地上铁路建设的压力，许多地铁正在被修建。这新地铁的基底标高比现存的还要低。然而，由于某些地铁和铁路的扩张必须利用私人土地，对这些私人土地的所有者的补偿却是非常昂贵和不可预测的，因此，修建地铁和铁路的土地是不充足的。

利用这些背景信息，目前正在研究修建深层地铁的必要性。已经有一个计划正式启动，允许地铁的企业开发未利用的深层空间，这加快了都市区地铁的发展。如果这项计划可以实现，则地铁不总是必须规划在公路地下。修建更深层的构筑物允许地铁线路更直，这将加快列车的速度而且会让乘客更觉舒适。尽管深层地铁的建设费用会很高，但这项计划对快速地铁是有效和经济的，因为距离长而几乎取消了停靠站，而且会穿过地皮价格高的城市中心。

与通常的地铁相比，深层地铁的防灾措施更要仔细考虑。例如，如果在深层地铁站发生火灾，从车站内将人们疏散出去将花费更多的时间。在逃离通道的中途必须有防灾区，这些防灾区必须被设计为绝对安全的地方，可以在火灾发生时，在能够疏散人群之前，供人们暂时停留。尽管目前列车本身被设计为不可燃，但必须根据其产生的气体和烟来检查列车。由于两个站的距离变长了，隧道必须被中间的一个分区分离开来。

实例：东京地铁12号线

东京的地铁网络已经被设计为从东京中心地带径向外扩的形式，外环线被认为是第二条线。东京市政府已经建设了第12号地铁线，这条线周长29公里，还有一条伸出周边以外18公里的地铁线。这项工程的总建设费是9460亿日元。

12号地铁线采用的是线性马达，它在试验的基础上运行，随着试运行的成功，线性马达变得小型化，隧道部分的规模减小到原来的一半(图4.9)，车站的体积减小到采用传统马达时所需要的60%至70%，这种体积上的减小缩减了建设费用。然而马达产生的热量比传统马达还要大。选用了这样的线性马达，以及隧道尺寸的减小，意味着空气温度会增加，因列车生成的风

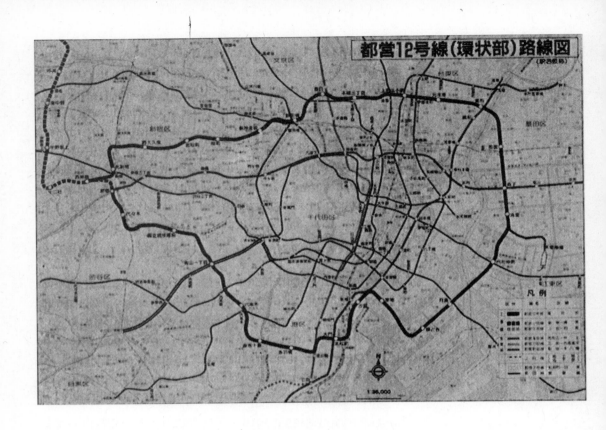

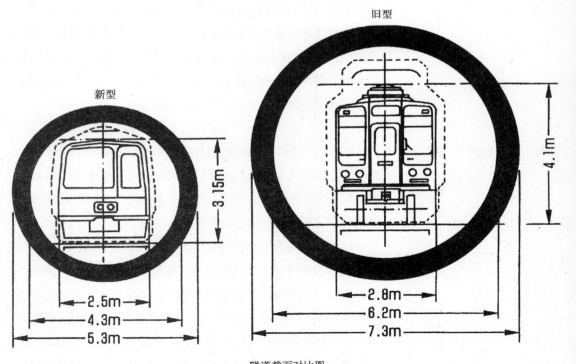

旧型

新型

3.15m

4.1m

2.5m
4.3m
5.3m

2.8m
6.2m
7.3m

隧道截面对比图

也会增大。不幸的是，地皮价格的上涨使得在隧道内安装通风口变得更加困难。现在，整个地铁都是靠安装在车站的通风设备来通风的。

在规划车站时，有两件事情必须考虑到。第一必须通过发展其他设施，和地下车站作为一个整体来获取对地下空间的最有效的利用。12号地铁线有28个车站，其中有5个车站都修建了地下停车场。有17个车站里修建了地下自行车停车场地。12号地铁线通过了许多独特的地段，例如商业区，码头地区，市区(保留着江户时代的感觉)，和一个建设于明治时代的古城，保留了这些地区的特有风格。未来的车站的设计也应该保留日本历史特征和这些地区的工业和文化特征。

第二节　地下停车场

发展停车场的需要在今天的日本非常迫切。建造额外的停车场会增加汽车交通的总量，因此，不会改善目前的交通状况。但是不能置现在的交通状况于不顾，因为许多繁华的地区没有足够数量的停车场，停车场的容量远低于其实际的最小需求量。

与城市停车场相联系的问题不仅仅是汽车数量的增加，还有人口数量的增加。停车场的短缺使街道上的停车增多，这会进一步恶化交通拥挤的状况，并且会对无人行道的街道上的行人形成障碍。图4.10显示出了街道停车的研究结果。这个研究在东京的新宿(它的街区有22公顷)进行。在高峰时段会有725辆车停在街上，占了街道总长度的一半。有很多是双重停车，因为司机企图与其目的地更接近。而许多行人也利用这个街区。所以，不但行人的危险提高了，发生交通事故的危险也提高了，情况变得很糟糕。

在这样的街区，必须规划能满足未来需要的停车场。根据现在停车场的标准，图4.11对地上8层停车场的停车面积，和街道上的停车空间作了比较。结果表明，停车场的容量仅仅是需要量的四分之一。地上停车场的场地面积仅占到总建筑面积的12%。发展大型地上停车场可能不是对市区空间的有效利用。而城市的自然景观可能被恶化。因此发展地下停车场可能是较好的解决方式。

日本目前的停车场的数量大约是6700个，总停车容量大约

图4.9　新建地铁12号线线路图以及隧道新旧类型剖面图(*Underground Space Center of Japan*, Focusing on the Organic Combination of Aboveground Space and Underground Space, *Tokyo*, 1991, p.27).

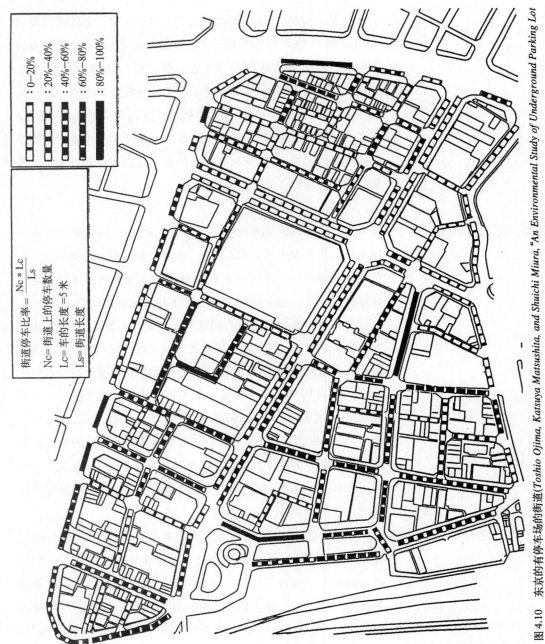

图 4.10　东京的有停车场的街道(Toshio Ojima, Katsuya Matsushita, and Shuichi Miura, "An Environmental Study of Underground Parking Lot Developments in Japan," Tunneling and Underground Technology, Vol. 8, No.1,1993, pp.65-74).

街道停车比率 = $\dfrac{Nc * Lc}{Ls}$

Nc= 街道上的停车数量

Lc= 车的长度 =5 米

Ls= 街道长度

: 0−20%

: 20%−40%

: 40%−60%

: 60%−80%

: 80%−100%

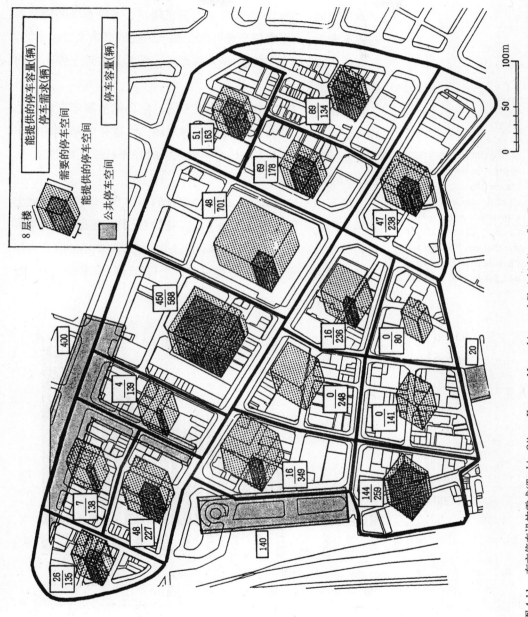

图 4.11　东京停车设施需求(Toshio Ojima, Katsuya Matsushita, and Shuichi Miura, "An Environmental Study of Underground Parking Lot Developments in Japan," Tunneling and Underground Technology, Vol. 8, No.1,1993, pp.65-74).

是 950000 辆，其中 417 个有地下层，能容纳 71894 辆汽车。城市停车场被定义为重要的市区设施。现有 311 个城市停车场，大约能容纳 68000 辆汽车(图 4.12)；有 96 个城市地下停车场有 28080 个车位。城市规划的停车场是特殊的情形，它们占用了地下公用空间，例如道路和公园下的空间，许多停车场都拥有大的停车容量，由于它们是通过细致的市区规划重新发展起来的。在大城市规划了许多城市地下停车场，因为发展地上停车场的面积极为有限。

在东京，有 36 座规划的停车场，它们的估算停车容量是 13356 辆。其中，有 28 个是地下停车场，估算有 9696 辆的停车容量，大约有 200 个停车场是根据东京的 23 个行政区规划的，有 28000 的停车容量。

地下停车场的容量占停车总容量的 36.7%，同时利用地上和地下的停车场的容量占到了总容量的 19.3%，地上停车场的容量占停车总容量的 44%。这样总的来说，地下停车场的容量占停车总容量的一半。图 4.13 提供了每个行政区的停车容量和三种

图4.12 城市规划的地下停车场的增长图(*Toshio Ojima and Shuichi Miura, "Study on Classification and Energy Consumption of Parking Lots,"* Journal of Architecture, Planning and Environmental Engineering 446, Tokyo, 1993, pp.9-16).

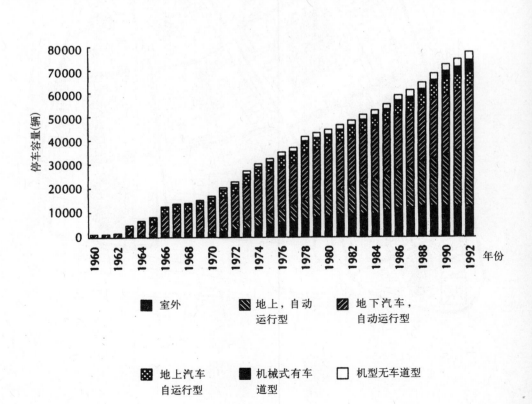

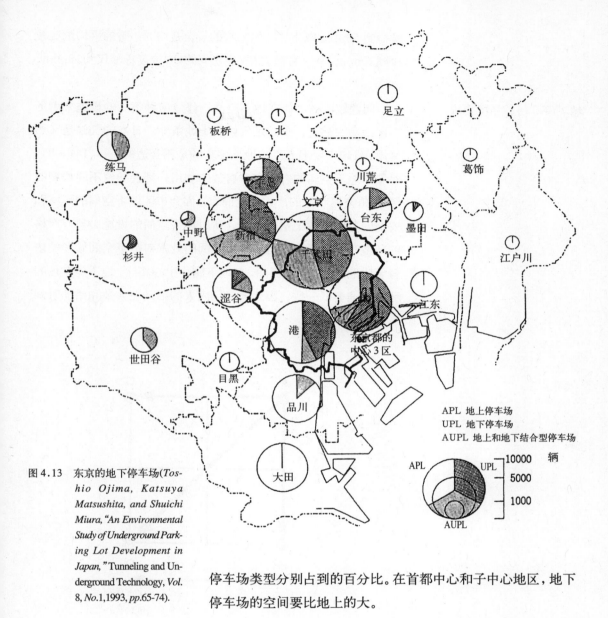

APL 地上停车场
UPL 地下停车场
AUPL 地上和地下结合型停车场

APL ___ 10000 辆
UPL ___ 5000
___ 1000
AUPL

图 4.13 东京的地下停车场(*Toshio Ojima, Katsuya Matsushita, and Shuichi Miura, "An Environmental Study of Underground Parking Lot Development in Japan,"* Tunneling and Underground Technology, *Vol. 8, No.*1,1993, *pp.*65-74).

健康

环境污染

停车场类型分别占到的百分比。在首都中心和子中心地区,地下停车场的空间要比地上的大。

由于地下停车场的窗户很少,不能够获取自然的通风。然而从汽车引擎里排除的废气是停车场的一个很大的环境污染源,必须予以控制。汽车排气中的有害成分包括CO,CO_2,氮化物(NO_x),氢化物$(HCHO)$,空气中的铅和二氧化硫(SO_2)等。众所周知,如果CO浓度很低,能通过稀释或通风达到标准的允许值,则其他有害成分的浓度也会降至标准的设定值以下。工作环境的CO的允许浓度为100ppm,但从健康角度考虑允许浓度应该被减少到 50ppm 以下。通风系统的规范是将 8 小时的平均浓度减少到20ppm。另一方面，非居住房间的CO浓度标准仅为10ppm。

地下停车场的环境要求

问题是应该如何在地下空间、修建何种类型的设施来满足市区活动的需要，来满足气候和土地条件。日本的气候是又热又湿，看起来发展人工的地下停车场是不合适的(图4.14)，并且对城市地下空间的有效和非有效的利用，都会导致不同程度的污染(依交通状况的严重程度而定)。因为市区地下空间的环境和安全问题要比地上空间严重，所以地下空间的设施必须有严格的环境和安全标准。但是地下空间的效率对地下空间管理的依赖要比地上空间大。例如，与地下购物中心相比，地下停车场的环境标准要低一些，因为停车场内人的活动在人数和活动时间方面是有限的。

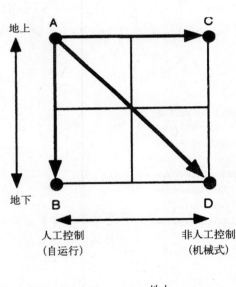

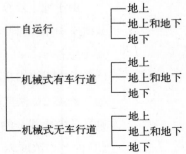

图 4.14 停车场的分类(*Toshio Ojima and Shuichi Miura, "Study on Classification and Energy Consumption of Parking Lots,"* Journal of Architecture, Planning and Environmental Engineering. 446, Tokyo, 1993, pp.9-16).

效率

建设费用

大多数大楼都有地下室作为结构基础,同时作为停车场。然而,这些停车场空间的收入与通常的商业停车设施相比很少。独立地建设地下停车场也很困难。因为其建设费用很高。大多数停车场是由政府财政资助建设起来的。各种不同类型停车场的建设费用的比较如图4.15所示,地下建筑的费用为每个车位15万日元,或者说是地上停车场的四倍。如果停车场作为地下购物中心或地铁的一部分设施来修建,则其建设费用会减少。

能量消耗

能保持一定环境质量的设备在运行时需要相当多的能量。地下建筑不但需要大量的初期财政投资及设备安装费用,而且需要比地上建筑更高额的运行费用。并且,地下建筑不容易改建,也很难翻新。需要从长期维护的角度来规划和建设。地下停车场的深度要比地下购物中心小。而且,不需要大范围的冷却系统和供暖系统,通风设备也不是能量消耗的主体。然而地下停车场与地上停车场相比,每平方米建筑面积上的年平均电耗量仍比地上停车场大(图4.16)。

下面将地下设施和地上建筑的年平均能量消耗总量做了比较(图4.17)。地下停车场的年平均能量消耗总量大约是地下购物中

图4.15　各类停车场以及它们的建设费用的比较图

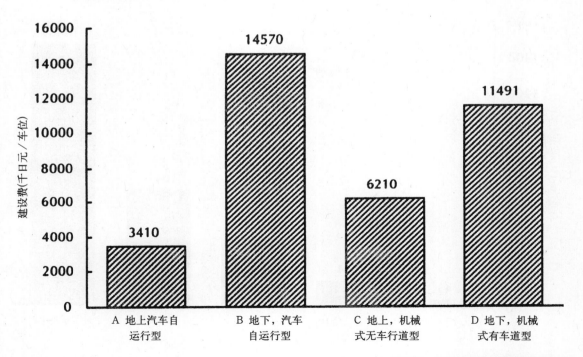

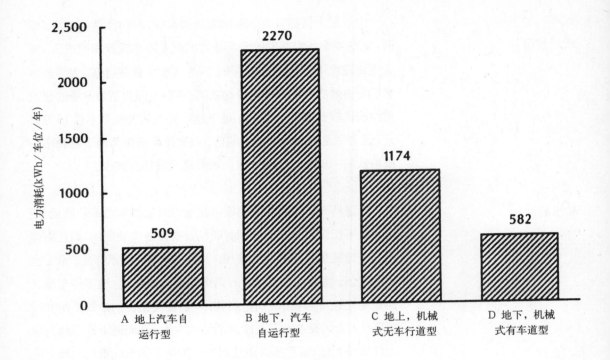

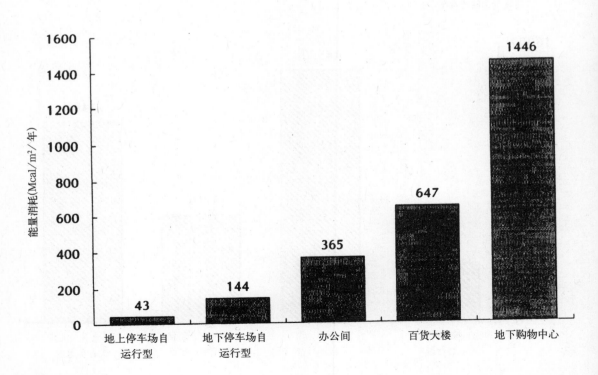

心的八分之一。与地上大楼相比，地下停车场的能量使用仅仅是地上办公室的一半，大约是地上百货公司的三分之一。地下停车场的能耗费用是地上停车场的2.8倍，这个比例与地下购物中心差不多，其能耗费用是地上百货公司的2.8倍。很明显，如果没有好的通风设备和防火控制系统就很难创造出舒适的环境。在地下停车场，通风设备必须能每小时10次换气循环来保持满意的空气质量和温度。并且，因为在地下空间控制火势的困难性，地下停车场必须引入比地上停车场更多的防火装备，这一点对地下停车场尤为重要，因为汽车的快速燃烧和汽油爆炸会产生大量的烟。因此，强制的灭火装置必须包括泡沫灭火器喷头，室内消防栓，灭火器和自动火灾警报器。

停车引导设备对停车场的影响

维持地上和地下停车场的两种停车装备类型是：有人操作的(自运行)，无人操作的(机械式的)。机械式停车场需要比自运行停车场更少的车道和斜坡，因为交通都是通过机械化的设备来完成的。从而，机械式停车场的空间利用更为有效。然而，我门可以通过对诸如通气，维护和土地价格等运作费用来更为详细地分析估计出两种停车场的短期和长期成本。

最后，在对地下停车场的费用分析中必须考虑到审美和市民的因素。例如，如果停车场在地上有很多入口的话，他们会给行人带来阻碍而且会破坏自然景观。另一方面，在私人地段设立地下停车场是困难的，因为建筑物的规划布置都是由官方组织完成的。所以，为了有效利用公共空间设计停车场，公家和私人的联合支持是必需的。政府和公众都应该为规划周围地区的停车场出谋划策(图4.18和图4.19)。

从对新宿的街道停车状况来看，70%的卡车都是在高峰时间停留在这里。目前，仅大型商业设施，例如百货公司，在他们自己的大楼内有专用的卡车装卸设施。对新宿的研究表明，为了解决街道停车问题，为装载和卸载的卡车开发专门的设施是很重要的。通常装载和卸载需要的时间都很短，但货物比较笨重。这就意味着在远离装卸区修建停车场是不现实的。为了靠近目的地停车，大多数卡车司机都会将车停在他们大楼前面的街道上。

图4.16 地上和地下停车场的电力消耗(*Toshio Ojima and Shuichi Miura, "Study on Classification and Energy Consumption of Parking Lots,"* Journal of Architecture, Planning and Environmental Engineering. 446, Tokyo, 1993, pp.9-16).

图4.17 地下和地上设施的能量消耗对比(*Toshio Ojima and Shuichi Miura, "Study on Classification and Energy Consumption of Parking Lots,"* Journal of Architecture, Planning and Environmental Engineering. 446, Tokyo, 1993, pp.9-16).

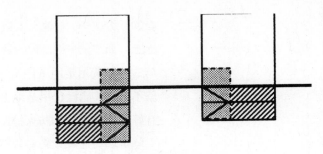

无道路网络的停车场的发展

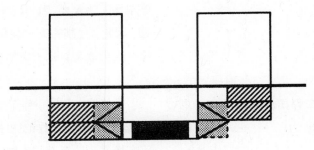

有道路网络的停车场的发展

图4.18 地下停车场的概念(*Toshio Ojima et al., "Study on Underground Utilization Plan of High-Density Area,"*Summaries of Technical Papers of Annual Meeting,Environmental Engineering, *Architectural Institute of Japan,Tokyo,* 1992, pp. 1155-66).

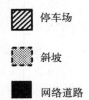 停车场

斜坡

网络道路

基本上,从大楼需要的角度来说,指定装载区域应该是每个大楼管理机构的责任。但是在现有的城市中,想在大楼附近的街道上获取地面空间如果不是不可能,也是相当困难的。即使可以获得这些空间,行人和装载卡车混流的交通问题仍然存在。除此之外,因为这些卡车装载设施不同于一般的停车场,小型建筑物单独开发这样的卡车装载空间仍然很困难。因为这些原因,需要更有效率地规划地下卡车装卸空间。

第三节 地下公路

为了保护自然景观不被破坏,已经开发了很多隧道。这些隧道主要通过山区,同样沿着海岸线还修建了海底隧道。然而,最近人们已经意识到发展地下公路的必要性。

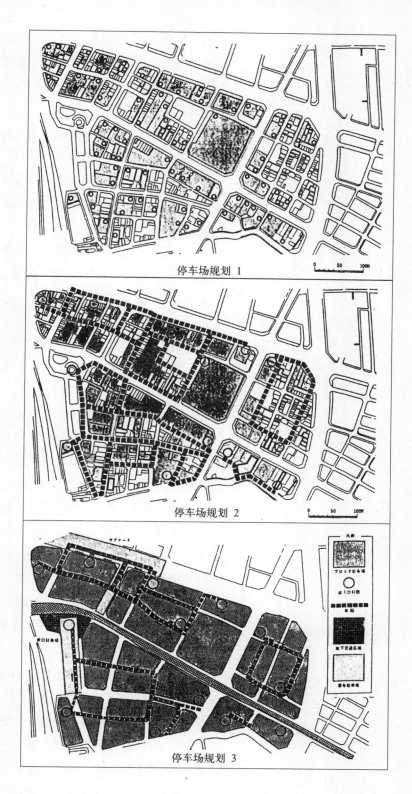

停车场规划 1

停车场规划 2

停车场规划 3

图 4.19　地下停车场的规划图
(*Toshio Ojima et al.,*
"Study on Underground
Utilization Plan of High-
*Density Area,"*Summaries
of Technical Papers of An-
nual Meeting,Environ-
mental Engineering, *Archi-*
tectural Institute of Japan,
Tokyo, 1992, pp.1155-66).

例如，为了使道路通过已经有了建筑物的地区，就需要从交通和环境保护的角度来规划地下车道。也可能规划穿过铁路的地下车道。在跨越有船舶作为航道的河流时，需要修建水下隧道作为对桥梁的补充。

一个完全地下的公路通常是不必要的。半地下的公路对解决周围的环境问题就很有效了。由于半地下的公路没有屋顶，与全地下的公路相比有个优点：可以通过自然循环风疏散有害气体，而全地下行车道就必须有电力通风设备。而且，从安全和舒适角度来讲也有很多优点。

长距离的地下公路都需要：道路空间，一个通风系统，通风竖井，照明系统和急救系统。通常道路都是双向的，内径大约10米(世界上最长的地下公路是瑞士的高特哈德(Gotthard)隧道，长达 16322 米)。

实例

波士顿

最近在波士顿，规划了许多工程来复兴这座城市。其中许多提议都涉及有效地利用地下空间。中央干线工程(The Centrl Artery Project)是最值得一提的。中央干线是修建于 1954 年的高架高速公路，它从北到南，且穿过波士顿的中心(图 4.20)。但最近，这条高速公路变成了美国最拥挤的公路。为了尝试解决这种状况，已经提出了用地下公路来替代高架高速公路的规划，另一条新的高速公路会在海底修建。高架高速公路被移走后，留下的土地面积大约有 80000 平方米，将被私立或公立机构重新开发为：办公空间，住宅区，停车场，商业设施和开放空间。这个建设开始于 1989 年，计划在 1998 年完成，将花费大约 31 亿美元。这项工程背后的观点是，波士顿海港的滨水地区是全体市民的财产，连接到海湾的通道必须使人们能自由散步。

东京

在江户时代，在东京有许多运河被用作运输通道。这些运河周围有美丽的自然景观。这些运河上有一座桥叫日本桥，是所有日本道路的起点。现在，这座历史性的大桥完全被高速公路覆盖了(图 4.21)。在经济高速增长时期，高速公路的发展在日本是紧迫的。在河流和运河上方的空间是可以最容易和最经济获得的空间。同样的，东京一半以上的河流和运河都消失了。

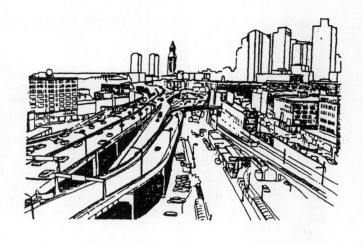

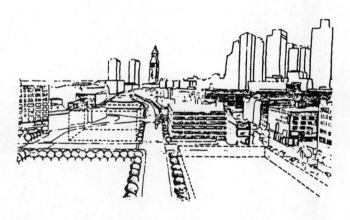

东京的高速公路都被设计成放射状风格。但是环行路还没有完全建设起来。因此，高速公路网系统还不是最有效的，而且很多地段会引起交通延迟。因此设计了高速公路环线来解决这个问题。起初，都是建设高架高速公路。但是遭到市民反对，所以仅高架高速公路的东边部分被修建起来了。新宿中心环线至今没有被修建起来(图4.22)。最近，这条环线被设计成包含地下通道。它从东京城市的中心向外延伸了7至8公里。总长大约10公里，其中8.7公里被设计成地下结构。它将是最长的穿越城市的地下公路。这条线上有3.3公里的规划是与地铁同时建设成为一个整体。将来，这条地下高速公路将扩展到20公里。在地面上，这条环线公路的宽度现在仅有22米宽。计划将宽度扩到40米，将会包括9米宽的中心隔离带和两边分别有5米宽的人行道。这样一条公路现在还没有在东京修建成。

图4.20 波士顿的中心要道工程 (*Yuzo Onishi, "Urban Underground Utilization Plan of Boston,"* Journal of Underground Space Utilization No.7, *Urban Underground Space Center of Japan,* Tokyo, 1990, pp. 28-35).

图4.21 河流上的大城市高速公路
(*Toshio Ojima*, The Reconstruction of Tokyo, *Chikuma Shobo, Tokyo*, 1986, p.11).

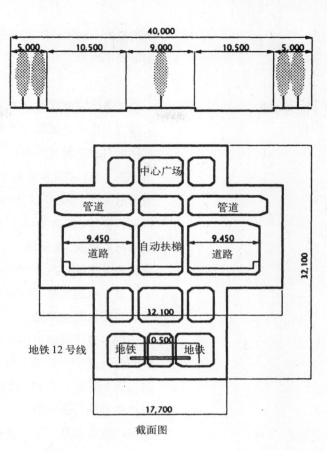

图 4.22　新宿中心高速公路环线
(*Kou Horie，"Present and Future of Underground Utilization in Tokyo,"* Journal of Underground Space Utilization No.8, *Urban Underground Space Center of Japan, Tokyo,* 1990, pp.4-17).

地下公路的附加问题
地下公路的问题

带有一整箱汽油的小汽车在事故中会非常危险。如果在地下公路里发生事故，会使情况变得比地上更为严重。不仅是其他的小汽车会遭殃，公用管道和沿路的大楼也会受害。如果排水系统遭到破坏，则地下公路就会被水淹。为了在长距离的地下公路控制这种灾难，通风系统，信息系统，逃离设施，防火系统，和其他措施都必须在计划中慎重考虑。

用通风排除小汽车产生的废气代之以新鲜空气是中心环线地下高速公路的大问题，现在还在规划阶段。已经有人提议修建一座 2 米宽，10 米深，大约 50 米高的排气塔把废气排出地面。这座塔将把污染物聚集起来并将它们排到外界空气中去。然而，如果这座排气塔太矮以至不能使那个区域上的废气释放出去，这些气体就会污染紧邻地区。尤其会对公路周围的人口高密地区有害。为了避免这种情形，就需要修建远高于公路的排气塔来使气体和烟雾散去。然而，这种塔不可能不对周围街区造成危害。许多类似的问题都只能通过不会排放污染物的交通工具来解决,例如电动小汽车。

地下配送系统　　　　交通运输可以被分离为人流运输和日用品运输。尽管日本很大程度上是一个依靠大规模公共交通运输的国家,但通过卡车来实现的日用品配送的规模变得一年比一年大了。尤其是在大都市,通过卡车来实现的日用品配送占到了90%。然而,卡车会对城市造成噪声和空气污染。它们也使已经过度拥挤的日本公路变得更加拥挤,使物流速度显著减慢。因此,需要发展一种更为有效的交通模式。由于地上公路已经受到了很多限制,地下空间为物流开发提供了另外一种可以选择的地点。

　　　　地下配送系统可以在解决交通问题上起到重要的作用。当人们长距离的使用地下交通时可能会遇到安全和健康问题,但由于许多日用品需要的环境条件并不高,所以地下运输存在的问题就会更少。如果一个地下配送系统用于减少卡车运输的商品总数,则地上卡车的数量就会减少,其生成的废气也会减少。如果汽油的升公里数提高了,生成的废气就会减少得更多。而且同样重要的是,地上的交通拥挤状况也会得到缓解。

结论　　　　交通是城市地区面对的最大问题之一。能提供给交通设施的地上空间可以说日益减少了。到目前为止,地下空间主要为地铁利用。但是需要消耗大量的冷却电能来补偿列车产生的废热。接近地面的地下空间已经被利用到它实际可以被利用的极限了;然而,如果深层地下空间被用来修建地铁,则会引发更多的安全和健康问题。

　　　　汽车运输也有同样的困难。有两种交通类型:人流交通和物流交通。地下空间目前主要被用作前者,但在将来可能被用到物流交通上,物流交通不会面对像人流交通同样的安全和健康问题。

参考文献　　The All Japan Society of Parking, *Annual Report on Parking Lot*, Tokyo, 1990 (written in Japanese).

Committee of Editing Handbook of Underground Structure, *Handbook of Underground Structure*, Construction Industry Research

Association, Tokyo, 1987 (written in Japanese).

Tadashi Kinbara, Shuichi Okumura, Eishi Yaze, and Keihiro Saito, *Planning and Design of Parking Lot,* Kajima Publication, Tokyo, 1978 (written in Japanese).

Toshio Ojima, *The Reconstruction of Tokyo,* Chikuma Shobo, Tokyo, 1986 (written in Japanese).

Toshio Ojima et al., "Research for Environment of Underground Parking Lot in Tokyo," *Summaries of Technical Papers of Annual Meeting, Environmental Engineering,* Architectural Institute of Japan, Tokyo, 1989, pp. 1351-52 (written in Japanese).

Toshio Ojima et al., "Research on Workers' Conscious to Underground Parking Lot by Questionnaire," *Summaries of Technical Papers of Annual Meeting, Environmental Engineering,* Architectural Institute of Japan, Tokyo, 1989, pp. 1349-50 (written in Japanese).

Toshio Ojima et al., "Thermal Survey on Subway Concourse," *Summaries of Technical Papers of Annual Meeting, Environmental Engineering,* Architectural Institute of Japan, Tokyo, 1990, pp. 925-26 (written in Japanese).

Toshio Ojima et al., "Research on Effect of Introducing Parking Equipment to Underground Parking Lot," *Summaries of Technical Papers of Annual Meeting, Environmental Engineering,* Architectural Institute of Japan, Tokyo, 1991, pp. 1383-84 (written in Japanese).

Toshio Ojima et al., "Research on Facility Management of Underground Parking Lot in Japan," *Summaries of Technical Papers of Annual Meeting, Environmental Engineering,* Architectural Institute of Japan, Tokyo, 1991, pp. 1381-82 (written in Japanese).

Toshio Ojima et al., "Study on Underground Utilization Plan of High Density Area," *Summaries of Technical Papers of Annual Meeting, Environmental Engineering,* Architectural Institute of Japan, Tokyo, 1992, pp. 1155-66 (written in Japanese).

Toshio Ojima, Katsuya Matsushita, and Shuichi Miura, "An Environmental Study of Underground Parking Lot Developments in Japan," *Tunneling and Underground Technology,* Vol. 8, No. 1, Tokyo, 1993, pp. 65- 74 (written in English).

Toshio Ojima and Shuichi Miura, "Study on Classification and Energy Consumption of Parking Lots," *Journal of Architecture, Planning and Environmental Engineering,* 446, Tokyo, 1993, pp. 9-16 (written in Japanese).

Yuzo Onishi, "Urban Underground Utilization Plan of Boston," *Jour-*

nal of Underground Space Utilization, No. 7, Urban Underground Space Center of Japan, Tokyo, 1990, pp. 28-35 (written in Japanese).

Ryouichi Shimojima, "The Present and the Direction of the Underground Utilization," *Symposium of Underground Space Utilization,* Civil Engineering Society, Tokyo, 1989 (written in Japanese).

Teito Rapid Transit Authority, *'88 Eidan Subway Handbook,* Tokyo, 1988 (written in Japanese).

Underground Space Center of Japan, *Focusing on the Organic Combination of Aboveground Space and Underground Space,* Tokyo, 1991 (written in Japanese).

Underground Space Center of Japan, *Designing Underground City,* Daiichi Houki, Tokyo, 1991 (written in Japanese).

Tadaaki Zouga et al., "Analysis of Thermal Environment in Subway," *The Society of Heating, Air-Conditioning and Sanitary Engineers of Japan,* Vol. 47, No. 6, Tokyo, 1973 (written in Japanese).

第五章　日本的地下基础设施系统

尾岛俊雄

第一节 基础设施的现在和未来

一般说来，基础设施就是指地下的设施和它们的配套设施。与之相对应的是上层结构，它们位于地面以上，并由它们在地下的基础设施来支持。实际上，供水管道和地铁就是基础设施，而地上的建筑物构成上层结构。但也有的时候，地上的可见部分连同地下的支持设施都称为基础设施。

另一种定义是把住宅和办公室作为上层结构。这时的基础设施就是指日常生活的支撑设施，如学校，公园，博物馆等。

那么，在这里，基础设施的意义是什么呢？在这里的讨论中，我们所说的基础设施将包括主要的服务体系，如供水排水系统，交通运输系统，能源系统和通信系统。它们将为人们的日常生活和工作提供保障，并且可以应对紧急情况的发生。它们可以看作是我们的生命线或者救生索。

日本的基础设施

日本全国的基础设施，东京的现代化程度与世界上其他的发达国家相比还很落后。城市的交通运输系统和其他设施如电力系统，供水供气，污水处理，电信系统，垃圾回收，区域供热和制冷，都很落后。与美国和欧洲的各大城市相比，日本的基础设施发展大约滞后30年或者更长的时间（图5.1）。另外，日本公园的兴建，地上光缆的埋地率，道路建设和住宅建设也都落后于发达国家。这些滞后一部分可以归因于一些城市建设缺乏均衡一致的国际化，这些城市建设包括住宅，公园，博物馆，旅馆，国际会议中心，医院和学校。不过，日本供水系统和电话基础设施的发展比西方国家好，尽管现在在日本获得基础设施建设用地已经越来越难了。这部分原因是由于土地的高昂价格以及与土地所有者谈判使用土地的困难。另外，日本用于城市活动的人均公共空间也低于西方国家的标准(表5.1)。

要理解日本基础设施发展为什么会滞后,首先读者必须考虑日本基础设施出现的历史环境。其次,读者还需要分析支持日本基础设施发展的经济基础。

明治维新以后,地下基础设施的重要性被过低地估计了。这可能是因为当时修建上层结构以追赶其他国家的任务更为紧迫些。日本富国强兵政策使得国家日益富强。引人注目的上层结构被修建起来以继续这一政策。而基础设施,由于位于地下,从最开始的时候起就被忽视,被认为是不重要的而排除在规划和建造城市的整个过程之外。这种态度甚至在建设现代化的日本城市的今天仍然存在。因此,基础设施没有得到有力的财政支持,尽管它是用于公众用途。如今,一个由公众通过公共事业和公共福利来支持的税收基础,已经被提议用来建立并维持这样的一个网络。

在城市建设计划方面应该支持一定的道德观念来保持平衡。东京已经变成一个巨大的人口密集的城市。在这里依靠上层结构工作和生活的人口数量空前之大,而用来支持这些地上结构的地下设施却极端不足。这个在战争的废墟上建立起来的城市,被建设成一个接近工厂的劳动密集型城市。它像个工棚,没有在功能

表5.1

世界各大城市人口和公共空间使用的情况

		东京	大阪	纽约	伦敦	巴黎	合计
面积	(公顷)	59973	21308	78658	157900	10540	328379
人口	(10000 人)	835	264	707	675	230	2711
公共面积	合计(公顷)	11226	4475	33893	35412	5084	90090
	道路(公顷)	8751	3742	23600	18201	2252	56546
	绿地(公顷)	2475	733	10293	17211	2832	33544
人均公共面积	合计	13.4	17	47.9	52.5	22.1	33.2
(m^2/人)	道路	10.5	14.2	33.4	27	9.8	20.9
	绿地	2.9	2.8	14.5	25.5	12.3	12.3
人口	(人／公顷)	139	124	90	43	218	83
密度比	(%)	19	21	43	22	48	27
(公共面积占总 面积的比例)							

日本发展银行, *Direction of Deep Underground Utilization*, Tokyo, 1989, p.86

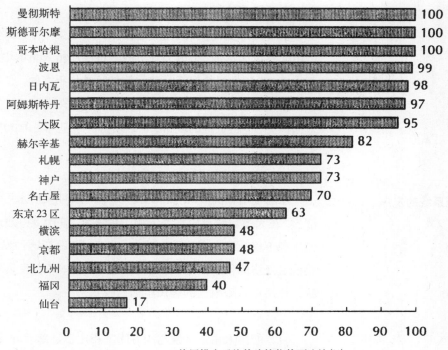

使用排水系统的建筑物的百分比(%)

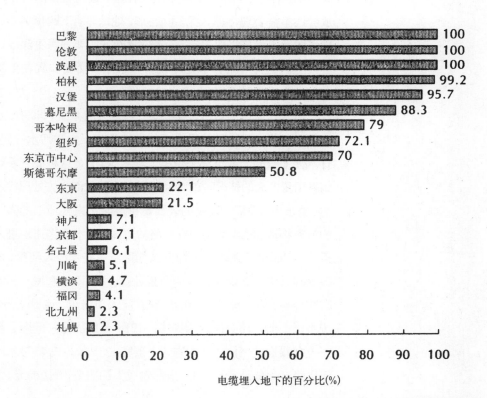

电缆埋入地下的百分比(%)

上平衡的城市结构。

　　打个比方说，一棵大树能够在烈日下忍受干旱，在雨季的台风中迎狂风而不倒，是因为地下的茎根深深植入土壤中，直达地下水系。生长良好的根系是与它的枝叶结构平衡的。这个比喻可以用于一个理想的城市结构。一个全面平衡的城市不仅仅是一个公园漂亮，道路宽阔的城市，它必须有一个坚固可靠的基础设施来支持它。

基础设施系统的发展

供水系统

　　水的使用和供水系统的发展被看作是文明发展水平的一个标准。现在大多数城市用水都依赖于紧靠城区的水源。建造这样的供水源不仅耗资大，而且破坏自然水系。要改变这种局面，必须寻找更经济的供水系统。作为对策之一，日本正在发展水处理系统，使用在水域附近的居民生活回收水。

排污系统

　　日本的污水排放系统与西方国家相比也是落后的。但日本污水处理的质量很高。污水自然是靠重力流动的，流经的路程越大，所需的污水排放管也越深。从前地下设施较少的时候污水排放管还不需要埋得那么深。但近来，地铁，地下购物中心等越来越多的地下设施兴建起来，污水排放管就需要埋得更深以适应这些设施。这样一来，水处理设备和泵站就需要安置在更深的地方，大约达到地面以下60米的深度。

　　污水处理体系有两种类型。一种是分流系统，即将雨水和污水分开回收。另一种是混合系统，就是将雨水和污水一起回收。日本大多数的大城市都采用第二种系统。但是这种混合系统当遇到降雨量过大的情况时就会因处理能力过载而失去处理污水的能力。城市中，大部分建筑的表面是由混凝土或其他不能吸收水分的材料构成。尤其是在铺有马路的市区，降水会迅速地进入排污系统。因而尽管在晴朗干燥的天气里没有降水流入河里，雨天的降水却会使污水处理设备的负担过重。这时雨水和城市污水就混杂在一起，没有经过适当的处理就流入了河流，造成了污染。河流水位上涨，还会导致水灾(图5.2)。为解决这一问题，现在正在考虑建设地下河。在东京，一条宽12.5米，长4500米的地下河已经开始修建(图5.3)。全部建成大约需要10亿美元。

■ flooded area

图 5.2 洪灾地区(Tokyo Metrop-
olitan Government, Master
Plan of Second Generation
Sewerage, Tokyo, 1991, p.
53)

日本的大型污水排放场星罗棋布。在很多城市，公园，公共
娱乐广场，网球中心，市政大厅和体育馆都修建在污水排放场
上。它离我们的生活很近，因而我们有机会去发展我们对污水系
统的认识。

水处理系统

水处理系统可以将循环废水再次利用以减少水和污水。现
在，东京总用水量的四分之一是非饮用水，包括用于冲厕所，洗
车，灌溉，日常洗涤和冷却塔的水。这些用水不要求水的质量像
饮用水那么高。但是，很多非饮用水却同样使用经过高标准净化

图5.3　地下河流(东京首都府，地下河流，东京)

的水，这是很浪费的。经过处理循环利用的水质量也是很高的，可以用作非饮用水。在办公大楼里这样的水可以用来清洁厕所或用于空调，在个人住宅则主要用于清洁厕所。

有三种类型的供水系统——一种供应大楼，一种供应大的发展地区，一种供应更宽广的地区。处理水是一种节水的有效方法，它能使新鲜水的需求量下降25%，但处理水需要双管道的花费：一个管道供应普通水，另一个管道供应处理水。与一般的供水系统相比，设备的运作费用和空间变成用户的一个负担，因为这个原因，供应水的总量中只有0.4%是处理水。为了提高处理水的使用率，需要更广的地区网络。

电力供应

电力是一种可简便使用的能源，安全而且干净。电力需求会随着空调、计算机及其他电器的普遍使用而增加。但供应这种增加的电力需求存在很多问题。一个困难是，修建新电站会遭到环保运动的阻止。第二，高峰需求量问题变得很尖锐。随着空调的扩张使用，夏天的高峰需求很高而且电站的生产力达到了它的极限。第三，还存在传输设备需要空间的问题。

最近，随着电力需求的增长，电力传输能力也已经被充分利用了。如果电力传输线建在地上，则需要更多的传输塔和电缆线。这将会造成获取土地、进行工作和人们头顶上的自然景观遭到破坏的问题。因此，在城区选择了地下传输电缆，但终端电力配送仍然是在地上，因为这样更容易被最终用户获取。

为了把电力从城市传送给用户，必须有降低电压的变电站。为了节省地上空间和更好的利用土地，许多变电站建在地下。东京30%的变电站都是地下的。甚至有一个变电站建在一个传统寺庙下(图5.4)。这个特殊的变电站在地下有7层，总深度达到了36.4米。

城市煤气供应

在城市，使用煤气很方便，而且要比燃油干净。以前，城市用煤气主要产于煤炭，但最近，液化天然气(LNG)已经投入使用了。LNG有两倍于一般城市煤气的热输出。因此，不用修改煤气管道就可以使供应能力倍增。并且，LNG排放出的空气污染物更少，是一种有效的能源，可以替代燃油。

煤气管道都是埋在道路地下，也有特殊情况，例如跨越河流。管道的最大直径约1米。由于这并不包括维护空间，因此，修理时就必须掘起路面。

图5.4 地下变电站（东京电力公司，Takanawa电力传输公司，东京）

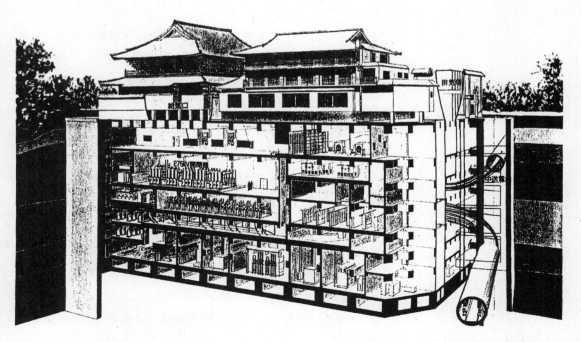

信息传输

我们正处在信息时代，信息传输是极端重要的。信息系统可以认为是一座城市的大脑和神经系统。尽管广播和电话传输这些基础媒体已经全国化了，但要满足城市的高级信息需求仍然是困难的。

由于目前的信息系统已经全国化，在系统突然损坏时缺乏应对措施成为更严重的问题。将来，随着信息系统的增大，这种对灾难缺乏准备会变成社会的一个弱点，因为系统发生问题可能会导致城市功能发生瘫痪。为了阻止发生这种情形，对信息系统的保护是未来城市最应受到关注的问题之一。

热供应

一个热供应系统会为许多大楼提供蒸汽、热水和凉水。这些设备有防止空气污染、节省能源、节省空间的效果。在西方的寒冷城市，采用了区域供热系统，因为它们方便、舒适而且安全。在日本，为了应付城市地区的空气污染引入了区域供热系统。然而，由于日本很热而且潮湿，这种系统进一步发展为区域供热和冷却系统(DHC)。一个全面的DHC系统应该有以下的重要组成部分：

• 能量的有效利用可以从发电厂、垃圾焚烧厂及工厂的废热中获得

• 可以通过使用各种能源系统及高级操作控制来提高DHC系统的稳定性，使其不会轻易因能源短缺而受牵制

• 可以通过操作方法升级及对未使用的废热的有效利用来阻止空气污染

• 因为不必要给每个建筑物修建单独的烟囱和冷却塔，所以景观大大改善了

• 因为排除了在每个建筑物内使用和储存危险物品的需要，所以大大阻止了灾难事件的发生

• 大规模的共享可以达到有效的设备利用

• 通过在能量需求高峰时段共享设备及平衡不同建筑物的差别可以使设备的容量扩展(能量需求高峰时的设备总容量可以通过分享不同类型建筑物的设备而减少)

• 每个建筑物机器房的尺寸可以通过分享设备而减小，这将

会为其他用途节省出空间。

废物处理

在对废物进行处理时需要关注三点。第一是垃圾总量的增长以及如何对其进行正确的处理。一个解决方法是在回收的土地上为新型垃圾处理设施修建一个场地。第二个问题是由垃圾回收车引起的交通拥挤的问题，以及对垃圾的非法排放，后者会吸引害虫、老鼠和鸟，产生卫生问题。第三个关注的问题是研究和发展不同类型的垃圾回收系统的需要，例如一种管道配送系统，城区焚化设施，或者回收利用系统。

地下土地可能被用来铺设传输垃圾管道及建设处理垃圾的站点。安装在地下的管道设施通过"真空吸尘器"原理可以接收从管道边缘和中间丢弃的垃圾并将垃圾传送到回收中心。在许多地区，如在重新发展地区，在新型社区，在商业大楼内使用了管道设施。这些设施可以为回收垃圾节省劳动力，提高环境水平，美化城市，并且可以减少因垃圾收集车辆引起的交通问题。

针对修建处理工厂的土地紧缺问题的另一个解决方法是将处理厂房修建在地下。一个130米宽，30米深，60米高的垃圾处理厂已经在一个地下设施中修建起来了。只有其烟囱露出了地面。建设这样一个厂的优势是，在东京的中心只有这样的空间可以利用，很难使用地上的土地，因为它们都被用作其他更好的用途上。如果这个处理厂建在离城区很远的地方，在那里需要供热的建筑物很少，生成的废热可能不会被利用；然而，在需要大量热量的地方地下垃圾处理厂生成的废热很容易被利用，而且噪声、震动都会比地上小。

公用隧道

公用隧道经常是城市中基础设施的形式。这些隧道都是在城市交通变得拥挤和复杂之前被修建在地下的。今天，在东京每年有2000至3000例被修建或修理的公路，或者每年150公里。这种建设不但造成了交通拥挤，而且削弱了公路基础，对当地居民造成了噪声污染。为了减少交通堵塞，在1963年强制要求公共设施在公路下修建。因此，公用隧道变得非常有意义，不但阻止了掘起公路修补的需要，而且使地下的有价值的空间得到了有效的利用。多用途公用隧道的截面图如图 5.5 所示。

　　城市中基础设施系统的形式和数量易随文明发展的进程而扩展。现在，除了传统的供水、排水、电缆、煤气基础设施之外，新型的基础设施——例如社区供暖和冷却系统以及垃圾传输系统——也被引进了。并且，考虑到安全应对措施和对景观的保护，地下建设还要照顾河流、公路和人行道。但接近地表的地下空间已经被利用了，所以很难增加那里的基础设施的数量。然而，公用隧道是绝对必要的。为了解决公路下的空间紧缺问题，它们可以在更深的地下修建。

储油罐和基岩储油库

　　地下储油罐是从地面垂直往下挖出来的。其结构使用了加固混凝土的墙壁和地面，以及穹形屋顶(图 5.6)。储油罐用来容纳液体。地下储油罐造价比地上的贵，但是储油罐之间的距离比地上的小。所以，可以更充分地利用场地。由于液面比地面要低，所以对地震有很强的抗震性，没有液体流入相邻设施造成损坏的危险，并且，它不会破坏周围的景观。现在日本正在使用的最大的储油罐的容量是3.5亿升，其内径是97米，高48米。

图 5.5　多用途隧道的截面图 (*Toshio Ojima,* Infrastructure of Japan, *Nikkan Industry Newspaper, Tokyo,* 1983, pp.112-13).

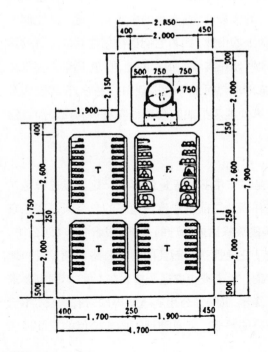

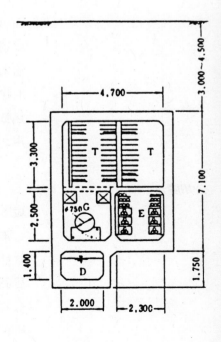

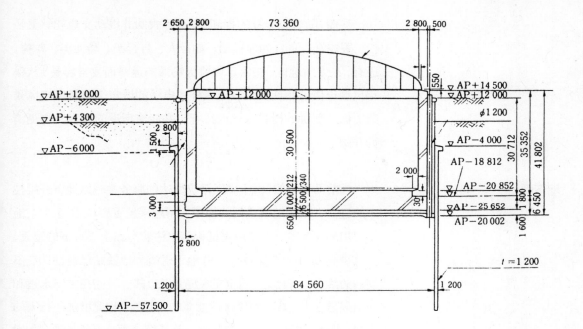

2 650 2 800　　　　73 360　　　　　　2 800 500

▽AP＋12 000　　　　　　▽AP＋12 000　　　　　　▽AP＋14 500
▽AP＋12 000
φ1 200
▽AP＋4 300
2 800
▽AP−6 000　　　　　　　30 500　　　　　　　AP−4 000　　30 712 35 352 41 802
1 500
　　　　　　　　　　　　　　　2 000　　　AP−18 812
　　　　　　　　　　　　　　　　　　　　AP−20 852
3 000　　　　　1 000 212
　　　　　　　　　650　340　30　　AP−25 652　1 800
　　　　　　　　　26 500
2 800　　　　　　　　　　　　　　　AP−20 002　　6 450
　　　　　　　　　　　　　　　　　t＝1 200
1 200　　　　　84 560　　　　　　1 200
▽AP−57 500

图5.6　液化天然气的地下罐(*Civil Engineering Society,* Geo-Front New Frontier, *Gihodo, Tokyo,* 1990, p.136).

　　基岩储油库是靠在地下水位以下地方在基岩中钻水平的洞而建设起来的，靠自然或人工的水压防止液体泄漏。由这种系统建设的一个石油储存站由10个储油罐组成。每个储油罐宽18米，高22米，长555米，有17.5亿升的容量。

把电线埋放地下

　　把电线埋放地下的技术在日本接受得比在西方国家慢。在德国和英国，已有50%至60%的电线埋在地下；比利时还有马来西亚也有30%；法国有10%；但日本只有2%。在对比的城市中，巴黎、伦敦、波恩已100%埋放他们的电线。其他大城市也已埋了超过70%的电线，但东京和大阪仅埋了20%。在英国，电业公司的准则是从一开始就把电线埋到地下，以保存风景、提高安全性、降低维修成本。最近，在日本，对城市的舒适度和风景价值的追求激发了人们埋放电线的兴趣，并加快了速度。

　　埋放电线的正面效果有舒适度、安全性和交通条件的改善。地震时，与架在柱子上的高架电线所具有的巨大潜在损害相比，埋在地下的电线存在比较小的损坏危险。高架电线的损坏会导致阻碍城区功能的其他方面。从柱子上落下的电线和变压器会阻碍人们疏散。假使引起火灾，电线杆和电线会阻碍营救用的装有长梯的消防车。

然而,随着电线杆的拆卸,各种形式的非机动交通能够更轻松、更安全、更自如地移动,如行人、自行车、婴儿车、轮椅。还有,在多雪地区,扫雪工作将因畅通的道路而变得容易。从保存风景价值的角度,没有电线杆和电线的城市街道将保持风景的美丽。新种的树将取代电线杆,并能使街道的景观变得更清彻开阔。

地下利用

如前面提到的,由于城区系统发达的服务并辅以地下开发技术的进步,城区地下空间的使用变得越来越重要(如图 5.7)。地下使用的现状是,许多城区机构集中注意力在主干道下的建设,但缺少长期的计划。因此,一些地下通道和地铁站已经设计在不规则的线上,以避免与现有的管道冲突。其中一些在主下水道和公用隧道之下,是不需要接近地面的。这样的状况增加了行人的负担。将来,将开发出新的基础设施系统来解决环境问题,如地区供暖和空调系统、垃圾运输系统、和地下配送系统。这些系统大多数基于地下使用的前提。而且,随着信息技术和环境技术在进步,还可能有新的城区系统使用地下空间。那么,城区的地下使用将变得比目前复杂。

图 5.7 地下空间利用

深度	私人土地		道路面积	公共土地	
	地下室	地下购物中心	地下购物中心 地铁车站 地下街道 地下通道 地下停车场 市政管道干线 市政管道支线 多项服务管道	地下购物中心	
−5m	地下停车场 泵站 交换站		地铁隧道 地下街道（支路） 地下配送系统 市政管道干线 地下河	地下停车场 泵站 交换站	
−10m	区域供热站和冷冻站				
−30m	高层建筑基础		市政管道基础主干线 地铁隧道	公用设施的主要工厂	

引起如上所述的当前基础设施随意状态的原因,是缺少长期的计划。不但必须有地面上建筑的城市规划,也需要一个地下使用的总体规划。这个地下规划不只应包括公共区域,也应包括私有区域。另外,这个地下区域规划还需和地面上土地使用的规划相协调。而且,在这里,要区分深层地下的使用和表层地下的使用。表层地下应用作地上空间的一部分,作为人们在地面上活动的补充。这个空间应该是安全而健康的。深层地下空间应主要用于设施,为了安全起见,只有专门训练过的人才能进入这个基础设施系统。

地下利用的技术　　　　为了安全而舒适地利用深层地下空间,应该先致力于一些技术问题。首先是勘测和设计技术,其次是运用新技术,第三是管理和运行技术问题。

地下建筑物的承重地基是增压的沙子,会微微地振动,是灾难的潜在来源。尤其在深层地下,钢筋和地基都起着承受建筑物的作用。理解到地基应保持建筑物的强度、稳定度、耐久度以及它对周边地区的影响是很重要的。在建造前就要通过勘测土壤层的组成,地质结构,地下水,氧气和沼气量,防止对周边地区及其自然成分的破坏。

过去,人们主要用钻垂直方向的孔来勘测地基,但垂直钻孔只能提供一维的信息。最近,人们搜集二维和三维的信息以便更充分地掌握地基的内部地形条件。

勘测的最大问题之一就是地下利用的现状常常不清楚。没有地图显示地基的详细资料,它们的地质特征以及各种现有的设备。尤其在地下利用复杂的城区,必须开发涉及各种各样信息的地下地图。在日本,许多机构已给他们自己的地下信息系统绘图。但因为这些地图是为了自用而开发的,所以不涉及其他的信息。另一个存在的问题就是不同机构的数据格式和绘图系统不通用。

在日本,隧道技术的应用已达到很高的水平。隧道正在铺设成穿透山脉和海底的地下建筑,比如青馆隧道。开挖法通常用于浅层地下建筑物,但当地面上的土地使用有限制时,盾构法也用于深层地下作业(如图5.8)。新奥地利掘隧道法(NATM)

也用于深层而坚固的地下挖掘。虽然东京在50米深以下的建设已有一定的成就，如地铁，但尚未尝试在地基条件下构建大型而复杂的建筑。

盾构法是把一个钢盾推进地下建筑区以防塌方。然后在它的空间里像挖地道一样掘出隧道。另一种盾构法是，钢盾本身支撑土地的压力。用推进器挖掘出隧道。建造过程如下：

• 打一个竖井，钢盾挖掘机和推进器在它里面开始移动。

• 随着环形的刀片圆柱状向前旋转凿出洞，钢盾成为挖掘机，推进器沿水平方向向前移动。

• 每一个结构单元都是在钢盾挖掘器和推进器前进后形成的空间中组装的，称为分段。

随着这个过程的重复，隧道扩展开，直径增大且变深变长。目前，用这种方式建造的隧道最大直径有14米。正在计划把这种建造隧道的盾构法用于东京湾十字路口的建造。用这种方法，可望提高生产率、节约劳力、加快建造的速度、开发出自动系统。

NATM法的过程是凿一个洞，通过把螺栓打入岩石来提高陆地和山体的强度。通过往整个区域喷注混凝土防止塌方。NATM法被当作挖隧道进山脉的标准方法。基本上，如果地

图 5.8　多面隧道机器(*Kumazai Gumi*, Shield Tunneling Technology).

面坚固不会塌陷就使用这个方法。因此，NATM 法不像盾构法那么适于软地面。而且，NATM 法不适用于地下水压比较高的地方。建造的速度很慢。不过，因为它的建造成本是盾构法的 1/3~1/3.5，所以 NATM 法长期使用是经济的。并且在建筑现场的规模和对形状的适应能力方面，NATM 法比盾构法更灵活些。

垂直打桩法已用于建造深的隧道。然而，这种方法的问题之一就是垂直桩的建造技术，垂直桩用作把盾构机从地上放入隧道的起始点，以及运输建筑材料。现在地下连续筑墙法和气压沉箱法已用来建造深隧道。

为了用地下连续筑墙法建造出圆形，要挖一个垂直的洞，用压缩圆环在侧墙上产生压力来保持周围的地下墙。墙壁很薄。这项技术用于深层地下是经济的。在某案例中，河流流经地下，隧道深度 59.9 米、壁厚 1.2 米、内径 28.2 米。使用这个方法时，因为深层地下的水压很高，水可能从墙的底部渗进隧道，所以防止地下水渗入的对策很重要。为了免受此类渗漏，连续地下墙的底部必须用天然或人造防水层造成不漏水的。

用气压沉箱法时，先在地上构建一个坚固的混凝土管子。然后，把管子沉入地下。在沉箱底部的工作空间使用气压防止地下水流入。然而，从操作工人的安全角度出发，能使用的气压很有限。最近，开发了一种无人沉箱法，它是自动控制的。但即使用这样的系统，工人必须进去进行维修和日常检查，所以只能有有限的自动化。

支撑法用于城区，在那里许多其他的建筑物已经开凿进地基，新建筑物必须建得不打乱那些已有的建筑物。虽然像管道那样小的设施可以吊起来，但像桥梁、地铁、高楼之类的大建筑物，用支撑法能够有效地建起来。

通常用支撑法在狭窄的空间里建造是很实用的。这时建筑过程是专门设计的。用这种建筑方法时基本上涉及两个过程。一个过程是建造一个临时的地基，在新的建筑物加到旧的建筑物上时，它会支撑住现有的建筑物。第二个过程是在建造新的建筑物前完全重新构建现有建筑物的地基。

深层地下利用
法律问题

人们对深层地下的使用持有很高的期望。在日本民法里，土地所有权理论上包含了从天空到深层地下的空间。所有权权利需要受到保护。虽然已经有很多法庭案例涉及飞机飞过居民区低空的噪声，但尚未有一个关于飞机和人造卫星在高空里飞行的案例，因为这样的高度被认为太高了而不侵犯私人所有权权利。类似地，人们可以认为在地下足够深层的空间也不侵犯私人所有权权利。更进一步地可以说深层地下空间应该用来供公众使用而不是为私人使用。

为了合法利用私人拥有的土地地下空间，通常必须建立租赁权和地役权的条件。因此，首先必需认定业主的权利并为他们地面上的建筑向他们作出补偿。然而，这个过程很复杂，以致于在很多案例中拖延了工程项目，尤其当涉及到有多个私人业主的线性设施。

日本政府已经开始考察深层地下利用在法律上的可行性。正在考虑的另一个方案是限制深层地下的私人所有权，使深层地下空间的利用成为可能，并且不用向地面私人业主作出补偿。但深层地下所有权的法律问题在于还未明确规定所有权的准确深度。目前，深于30米的地下空间不常使用。因而，地下30米之下的空间优先考虑作为公用是合理的。但如考虑建在软土地基上的已有楼房就存在一个问题，那些楼房的桩基必须沉下70米深度。

东京的地基图

东京的地基图显示东京行政区从西部的高原延伸到东部的低地(如图5.9)。虽然它们的地表很浅，但直接在地表下的地基是很坚固的，就像大多数的西方城市。表层地基是由软冲积层组成。因为这样的表面条件，大型楼房的支撑建筑必须沉入冲积层表面下的坚固地基，以防基桩的下沉和倾斜。这种冲积层下的坚固地基从西部到东部大致30至60米深，是东京的地基基础。基本上，这些空间尚未被使用，可以认为是深层地下。

政府和私人企业的地下工程项目

自古以来地下空间一直用于抵御外敌和恶劣的气候。然而，最近，因为土地短缺、土地价格飚升、活动区域集中在城市，人们对于日本地下空间的使用价值投以极大的注意力。对地下空间投以极大的注意力产生了新词"地下沿边"(geo-front)，这个词

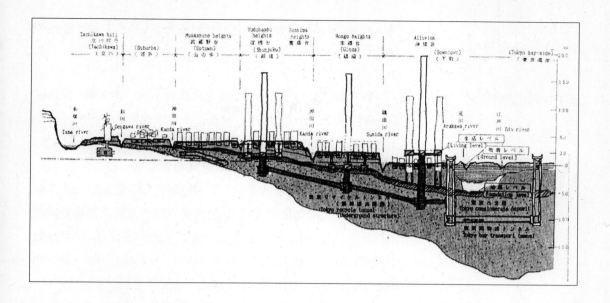

图 5.9　东京各分区的地基图
(*Toshio Ojima*, Imaginable Tokyo, *Process Architecture, Tokyo,* 1991, p.62).

来自术语"滨水"(waterfront)。毗邻一片水域的在地面上水平方向的空间叫做滨水，新的垂直方向的空间就被称为地下沿边。比迄今为止已被使用的空间更深的叫做深层地下。这个术语已经成为公众的注意焦点。

在1987年至1988年间，许多代表私人公司或政府机关的研究协会开始从事地下空间的事业。政府部门之间的协商也随之增加。在这些部门中，交通部从一开始就表现出兴趣，他们研究了深层地下地铁项目。很快地，建设部也开始对地下高速路项目感兴趣，这个项目将连接东京的两个中心——新宿和丸之内，在深50米处持续8公里，中间没有站。除了研究深层地下线性使用的这两个部门，国际贸易实业部开始考虑使用直径大于50米的巨型空间的可能性。另外，邮政部从安全角度出发研究深层地下通信项目，福利部研究深层地下给水管道项目。但因为部门间争权斗利，有关使用深层地下的立法停滞不前。另一方面，私人企业比如总承包商正在做特别的团体努力来研究并利用深层地下的发展。

因此，地下利用看来是必不可少的，可以补救地上城区功能的瘫痪状态、过于拥挤的环境、以及人们舒适的城区空间的破坏。然而，地下是个特殊的空间，如果只用来纠正随意的城市规划导致的疏忽，是不能产生一个健康的城区空间的。整个城市必须用积极的方式专门地重新构建，打造地下空间的大部分特征。

地下空间使用契约

在日本已有若干重大建筑工程，比如本州—四国桥、青馆隧道、东京湾交叉道，最后还有现在正在建设的位于关西地区的海上飞机场。直到最近，大多数建设发生在引人注目的区域以外，但最近，这些发展开始也出现在城区可视空间。

不久以前，《日本证券报》的大标题特写了依靠深层地下的发展使国家土地翻倍的说法，用它做为土地严重缺乏和地价猛涨的解决方法。一度，滨水区域发展吸引了很多注意力，但现在地下沿边的发展正在变得越发地引人注目。在希腊，"Geo"是土地的意思。现在，这个名词用于指地下或地下空间。

地下沿边从盔町开始繁荣，那里是证券市场的中心。证券市场的成功是激发地下空间发展的因素。1988年6月的土地方案遵循了内阁会议的基本建议。有关协调与使用的法规和计划的讨论目的是要有意识地促进地下空间的公用，并准备把指导公用深层地下的法律呈交给国会。这将推动铁路延伸到市中心和布置铁路下和水路下的基础设施。

与建筑业和证券业对发展地下空间的梦想相反，地下空间的真正使用并不是那么简单的。缺少有利条件时去从事建设是不值得的。虽然地下空间的利用可能有出众的表现，如墓地、避难所、贮藏库，但它对于日常使用者的便利和健康也有许多不利条件。因此，需要制订开发地下空间的通用道德准则。

使用深层地下需要考虑的准则有：

1. 只在必须促进地上再开发的地方，如大城市的中心，开发地下空间。

2. 目的在于复苏地下空间上的土地的自然状态。

3. 深层地下空间只用于公用管道，并在东京的中心和周边地区把它们安全地连通，作为紧急事故的生命线。

4. 利用深层地下作为高层楼房的稳固地基。

深层地下的利用对日本来说是个很重要的提议。在使用深层地下前必须首先考虑公众的安宁，接着要考虑私有的工程项目。在开始试验项目前，必须先做一个从技术和社会学角度出发的小型试验计划。这样，兼顾大城市的各种需求的基础才能保证，尤其是紧急情况。

第二节 东京都的地下空间网络工程

城市环境问题

东京的城市区域一直在持续不断地增长(图5.10)，上班通勤区域已扩张至50公里，东京的城市区域超过世界上任何城市，即使在拥有大量摩天大楼的曼哈顿区内也有很多自然空间夹杂在建筑群中，伦敦有漂亮的绿化带环绕城市。

日本的城市空间和道路比西方国家的狭小，西方国家的道路原来就是按照通行大型客车的标准建造的。东京、伦敦、巴黎、纽约的人均公园面积分别是2.1平方米、30.4平方米、12.2平方米和19.2平方米，道路的面积比例分别是13.2%、16.6%、20.0%、23.2%。在过去的20年里，东京的建筑和汽车数量翻了一番，但是公园和道路面积却增加很少，高架道路下面的公用管道也很复杂，用于停车和行人的空间规划滞后。

日本的地价是世界上最高的。既然地价如此昂贵异常，为什么建筑不多建一层？这是因为地面已经铺满建筑物，几乎没剩下拥有自然地貌的土地。开敞空间的缺乏限制了公园和道路空间的

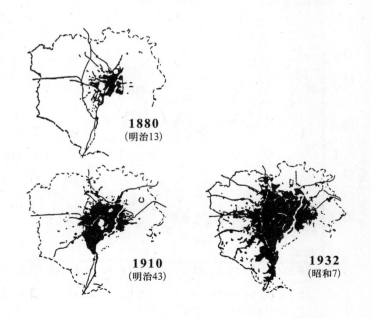

1880
(明治13)

1910
(明治43)

1932
(昭和7)

图5.10 东京的扩张（东京都政府，'91城市白皮书，东京，1991年，p. 27)

扩大，同时滨水地区也很缺乏。于是，建筑物根据采光要求、收进距离要求、建造要求进行规划，高层建筑的建造几乎不可能，因为高层建筑遮挡阳光和阻碍空气流通。

如上所述，资金、地表面积和支撑新建筑的基础设施的缺乏使得空间难以扩张。如果增加资源和资金，私有的空间也可以被利用起来。

热岛现象

图5.11显示了从19世纪80年代中期到1975年冬季气温的波动情况。在这段时期，东京的气温平均增长2℃，而湿度却降低了15%。热岛和灰尘穹罩现象在逐渐增长(图5.12)。在城市中心被加热了的空气上升到高空后又被冷却，然后下落到市郊地区，同时市郊的冷空气流入城市中心。这种空气环流的模式与篝火中的空气流动是一样的。空气环流本身并不是有害现象，但是在东京，工业区靠近海岸，居住区在工业区的相对方向，这使得当冷空气降落在海岸时，工业区的烟气被抽吸进城市中心，然后污染了的空气降落在房屋和绿地上。因此，热岛不仅仅是一种气温升高的现象，而且还引起其他问题。

东京消耗的能源是投射到这一区域的太阳能的12%，可以说东京的气候是被它自己的能源消耗影响的。从东京都区域的东西剖面图来看，东京的夏季排热量比冬季大三倍，并

图5.11 东京气温的年度波动(尾岛俊雄，"可想像的东京"，《进步建筑》，东京，1991年，p.94)

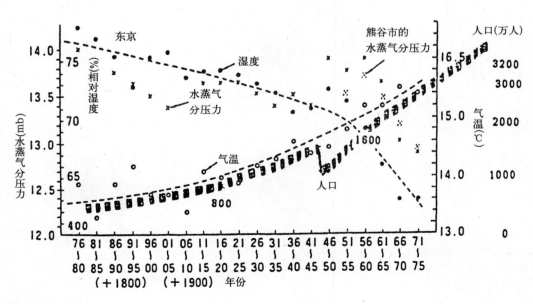

236

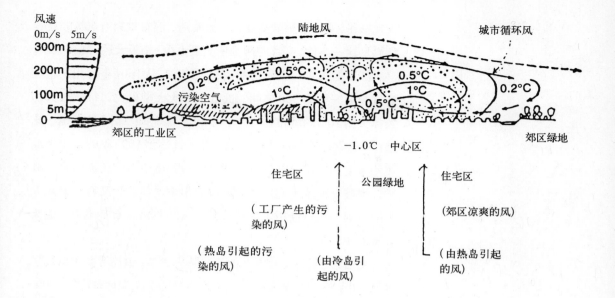

风速
0m/s 5m/s
300m
200m
100m
5m
0

陆地风　　　　城市循环风

0.2℃　　0.5℃　　0.5℃

污染空气　　1℃　　0.5℃　　1℃　　0.2℃

郊区的工业区　　　　　　　　　　　　郊区绿地

−1.0℃　中心区

住宅区　　　公园绿地　　住宅区

（工厂产生的污　　　　　　　　（郊区凉爽的风）
染的风）

（热岛引起的污　　　　　　　　（由热岛引起
染的风）　　（由冷岛引　　　　的风）
　　　　　起的风）

图5.12　热岛（尾岛俊雄研究室，东京地下工程，《建筑文化》，彰国社，东京，1982年，p.63）

且排热量主要集中在东京的城市中心，必须采取措施来改善这种状况。

随着东京的发展，绿地面积逐渐减少，因为地面逐渐被混凝土铺地所覆盖。混凝土地面不吸收雨水，雨水未经土壤过滤直接流入河流，并且混凝土具有较大的蓄热能力，即使在夜间，也难以冷却下来。于是，气温从未低于露点温度。相反，绿地的热容量很小，即使是盆栽花木也通过冷凝作用促进自然循环：露珠滴落到花盆的土壤中，然后又蒸发掉。但是城市却在远离自然循环，因为露水凝结的条件不再存在。整个城市变得更加干燥，形成沙漠一样的现象。在东京，这种现象只能通过引进绿色空间，隔离城市的混凝土区域来减轻。

东京的潜在灾难

东京是世界上自然灾害最多的城市之一，例如地震、台风、滑坡和火山。日本人自身并没有完全意识到这一危险有多大程度，但是在美国人或中国人看来，东京就像一座建立于一碗柔弱的凝胶之上的城市。

东京的社会环境也处于危险之中，东京的134所避难所就是这一危险的很好例证。一个避难所应该有至少300平方米以防护火灾时的热辐射，至于人们聚集的安全性方面，每人至少需要2平方米。东京的避难所只能容下18%的东京人口。此外，对于老人和孩子，每2公里就需要一个避难所，而东京只有60%的避难所满足这一条件。东京的避难所数量太少，相距太远，规模太小。

江户的火灾频繁程度是家喻户晓的。从1601年德川家康进驻江户城开始的300年间，共有100次大型火灾，每次火灾都毁掉大约10%的城市，相当于每30年就烧掉一整个江户城。此外，在这期间有四次强烈地震，每次都达到1923年的关东大地震的强度。当人们用瓦屋顶保护他们的房子不受火灾伤害的时候，地震却摧毁了它们，如果人们用木质屋顶，又容易造成火灾的蔓延。虽然经历了这样的破坏，江户仍然幸存下来，成为日本的中心。

明治维新之后，日本开始建造防火建筑。钢筋混凝土取代了木材，用于建造新建筑物。因此，在强烈的关东大地震中，140000人死亡或失踪，380000间房屋被烧毁，影响了东京60%的人。1945年120次大规模的空袭中，330000人死亡或失踪，760000间房屋或者说50%的房屋被燃烧弹烧毁。

战争之后，为重建毁于战火的区域制订了城市规划，一个基本的概念是建立一个紧凑的东京中心，周围是小的城镇。公共设施法的通过使得完整的基础设施建设有望建立，但是受到美国道奇方针(Dodge Line)的经济控制，公共设施建设被削减了。政府雇用许多外国建筑师，他们并不熟悉日本的地形，结果，日本再次犯了设计上的致命错误，例如，造成了现在避难所低效不足的状况。仍然有70%的建筑物用木材建造，大量的可燃材料集中在东京中心，这跟江户的危险状况没有多大区别。

据预报将于21世纪发生的巨大地震的破坏量将是二战时的3倍。部分生命线的切断，例如电力、煤气、信息、交通等，将不仅影响家庭和企业，也会影响整个国家。

基础设施网络系统的问题　　　　以前划定的东京市的区域是方圆60公里，但现在已经扩张到100公里，如果包含新干线的通勤区间，那就达到了200公里。这样的扩张使得所有基础设施，例如电力网、通信网、自来水、排水、煤气管线等，跟随城区范围的扩展无序地或未经预先规划地延伸。有些基础设施建于地下，其他的却伸展于日本最大的平

原关东平原之上。然而，这种杂乱的基础设施网很难长久维护，即使基础设施初建时有较高效率。

二战后于市中心建造的基础设施已经超过50年，非常需要更新。新开发的住宅群持续在郊区蔓延。第三次工业浪潮中在东京湾开垦的土地上建造的大块基础设施比第二次工业浪潮中在东京湾另一边上建造的规模大。然而，以未经规划的方式去满足第三次工业浪潮对基础设施的需求将需要更多的资金投入和更安全的管理系统去维护这些设施。而且，安装备用设备来保证基础设施的安全运行也无法实现，因为保障市中心安全的基础设施在郊区和水滨地区同样需要。

基础设施的这种状态就像"富国强兵"政策下的国家状态。那时，日本试图扩展到大东亚而派兵到前线去占领土地，夺取财富，就像罗马帝国曾干过的一样。然而最终罗马帝国毁灭了自己，因为它没有能力来维护他那巨大的领土。

许多能源消耗在维护、支撑不断延伸的基础设施网络上，例如每年大约需要100亿日元用于供应水泵电力，使水泵能提供足够的压力将水输送到东京地区绵延数十公里的自来水系统，这给政府的财政预算增添了很大压力，此外还需要很多资金去建造雨水排水系统。雨水流入区域污水处理系统，由水泵输送到污水处理厂，处理后排入东京湾。集中供水系统的大量使用使得维持给排水系统的良好运行开销很大。另一个巨大的动作是使日本国有铁路退役，除冲绳之外，从东北部的北海道到西南部的九州贯穿全国的铁路被全部拆除，这一措施导致了巨大的财政赤字。

此外，由于基础设施网络由大量拥挤复杂的线路组成，在紧急时候，很难恢复基础设施网络，而且不幸的是基础设施能连续正常运转的可能性很小。一旦某部分网络出现故障，其他部分就会超负荷工作，很快也会出故障。如果出故障的部分不能修复，整个系统就会瘫痪，因为重建一个有问题的区域是极端困难的。如果某地区电力网长时间不能修复，供水、煤气、排水网络就无法恢复，那个地区就得不到任何必要的生活设施的供应。如果市中心区的高层建筑或商务中心的通讯线路停止工作。商务中心区就无法使用。在这种形势下，日本能依赖这种大型基础设施网络多久，现有的基础设施网络无法回答。

在美国，有一个类似的多功能网络是由灰狼(Greyhound)巴士公司和铁路客运公司(Amtrack)建造的，但是后来因为其规模过大而被废弃了。这个网络系统是在贯穿全美的公路、铁路、能源线路、管路的基础上添加而成。城市之间的联系公路修建得很好，但是每个城市必须花费大量资金维护公交汽车和铁路。现在这些基础设施被分成几个团组，以区域为中心运营。

现在的克林顿政府正在建造最后的大规模网络系统——有线电视光纤网(CATV)，向全国范围提供电视信号，否则偏远的农村看不到电视节目。这个大规模的基础设施以城市为单位单独建立，这样各个城市就比较独立，并能根据区域要求发送适量的电视广播。目前在美国，这种有益于地球环境的基础设施建造概念占主导地位。日本应该做得更好，改变政策建立有限东京区的一个整体基础设施单元，而不应通过多年实践加强一个巨大规模的网络系统。在日本，只需要建立小的系统，以满足基础设施不健全的局部地区的需求。

根据地区的人口密度，土地情况，地点，和规划用途来独立地建设基础设施会更可行。网络密度高和低的地区应该根据其各自的特点，分别建设。

东京的垃圾问题

东京的垃圾问题目前是无法解决的。垃圾的运输和收集方法以明显的、令人为难的方式降低了东京的舒适性。找合适的地方放置垃圾也是个难题。从1966年到1986年， 东京23个区的垃圾生成量增加到原来的2.18倍。1973年石油危机之后，垃圾产生量增加了1.18倍，并且在持续增长。目前，东京每年产出600万吨垃圾，这意味着日本每天必须处理18万吨垃圾。很多因素可以解释废弃物的增加，但是主要原因之一是生活方式朝大量生产、大量消费的方向转变。

理想地讲，解决垃圾问题的最好方法是减少废物生成量，但是不可能回到远古时代那种适合自然循环的生活方式。在现代工业生产中，废弃物的增长有很多来源，并将随着日本工业生产活动的进行而持续下去。一旦日本认识到垃圾是怎样产生的，人们就会理解寻找垃圾再利用的方法就是不产生更多垃圾的方法。

为了有效地再利用垃圾，日本必须在垃圾的产生地区找到合适的方法去收集垃圾、调查垃圾量和垃圾组成，然后建立有效的垃圾处理系统。回收利用是很重要的事情，尤其是在产生大量垃圾的地区。

东京都的"垃圾大战"开始于1972年，那时杉并区试图把垃圾运到江东区抛弃，这场争执最后得以解决，达成了各自在区内建立垃圾焚烧厂的协议。但是，在每平方米价值1500万到3000万日元的高价地区建立垃圾焚烧厂并不合理，这使得仅服务于一个区的垃圾焚烧厂至少需要花费500亿日元。因此，这项巨额费用使得11个区至今都没能建成垃圾焚烧厂。11个区的垃圾处理厂的建设总费用大约是6000亿日元，因此有建议说不要建两独立的垃圾处理厂，而应投资约1万亿日元建立一个大型的区域网络。

如果以合适的方法进行收集和处理的话，垃圾可以作为资源和燃料而有效利用，例如，纸张可以回收再利用，厨房做菜的废弃物可以用来作肥料，可燃垃圾可以产生1900千卡／公斤或者更多的热量，可用作燃料。最近，某垃圾处理厂的废热被作为区域供热、供冷以及其他邻近公用设施的热源。

垃圾运输、收集、分类、处理、分解的复杂性成为维持未来城市的一个重要问题。废弃物应该彻底地返还给大地。目前，在地面上生产资源，然后将废弃物埋于地下或抛弃到大海，但在将来，废弃物将完全地返回到它原来的地方。垃圾的消减计划必须考虑垃圾的分布、流入、流出、处理以及在这样大规模的水平上进行消减。

原来东京垃圾的自然循环做得很好。在江户时代，有一百万人居住在这一地区的自然环境中。事实上，日本人信奉一种轮回的哲学，认为所有的事物都是轮回的，并最终回归到土壤中－包括人本身。日本人本能地生存在自然循环中，并把这个系统引入生命的所有方面。就算农场生产的蔬菜，最终也作为肥料重新返回到土地中去。如今，许多材料是从国外进口的，比如石油和铁，它们就没有被再循环利用。它们被堆积成山，因为没有足够的空间来堆存。

　　能源也面临同样的情形。在东京中心区，大量的能源，如太阳能，被风，河流，土壤消耗掉了，但是能驱散那些热量的资源却在减少。过去水是自然地渗透到土壤中的，但是现在想安全地利用这些水资源，却不得不进行水处理。

　　因此，对于材料的使用应该根据输入和输出来进行考虑。利用科技，只有生产的方法被认真研究了。今天，更进一步的理解是，产品只有在有处理它的方法的时候，是可用的。同样，根据上述的轮回哲学，工业也同样是与生态环境紧密相连的。从这种观念出发，再循环系统的概念又出现了。由于仅仅依靠表面吸收是无法解决再循环问题的，因此，必须使用一种利用风、水，和任何其他资源或系统的多级处理方式，以达到彻底的再循环。

在都市中释放地上空间的工程
利用未使用的能源

　　公众在家里、办公室或者商店所消耗的能源持续增长，尤其在东京周围地区。正如前面提到的，自从1973年石油危机以来，通过使用先进的节能技术，日本缩减了工业能源的消耗。目前，日本公众的能源消耗率和能源消耗总量，都比欧洲和美国低。但是，根据预测，随着现代方便用具的使用，生活质量得到改善，日本公众的能源消耗量将进一步增长。这种负担会随着地区和季节的不同而有所差异，并且需要巨大的能源供应。因此，未来必须发展创新的高科技来节约能源。

　　日本必须依赖国外的石油和煤炭等燃料进口。目前，99.7%的石油，87%的煤炭，和95%的天然气是进口的。但是，在最近几十年中，国外的能源供应也趋于紧缩。未来如何获得一种稳固可靠的能源供应，变得越来越严峻了。

　　本来，日本目前的能源供应系统存在很多低效率的环节。比如，天然气和电能需要均匀供应，而高质量的电能必须被转换成热能。如果日本燃烧天然气和煤油，或者用电来生成热能，以满足公众的需求，那将会有很多浪费，因为室内气温至多在80°F左右。在东京这样的高密度城市，能量消耗是巨大的，结果导致热量散失和损失。因此，应该使用一种更精准，预先考虑周全的能源供应方式，以减少能量损失。为了对温度水平进行恰当的了解，以及把不能利用的能源转换成可使用的形式，更有效的方式是制定一个能源供应规划，以期能够适应所需热量消耗的特性。

能量消耗对于环境的影响，也应该列入考虑之列。城市的内陆部分是被混凝土和沥青所覆盖的，这会引起热的储集效应造成热岛现象。结果需要更多的能量来进行冷却。同样，在燃烧矿物燃料的时候，会产生各种各样的污染物质，比如 CO_2 和 NO_x 等。这些污染物质是引发全球性温室效应和酸雨现象的原因之一。

降低能量需求、发展多种能源，以及提高能源供应系统的效率，被认为是降低总能量需求的策略。然而，能量消耗的降低是有限度的。因此，提高能量利用的效率以及发展多种能源显得尤为迫切和必要。不过这需要一定的时间。在周围环境中，被称作未被利用的能源是指一种以往没有使用的能源。河水、海水，从水和垃圾处理过程中产生的热量，热能产生和消耗过程中产生的热量，以及建筑物、地铁和工厂中排出的热量等等，都应该有效地利用起来，因为它们都能够提升城市的气温。而这，反过来，也产生了更多的能量需求，以降低温度，因此更进一步地增多了公共能量消耗量。提高能量利用效率对于经济、资源和环境方面都是有益的(图 5.13)。

图 5.13 东京地区未使用的能量储备(尾岛俊雄，"东京的先进之处"，早稻田大学，东京，1995 年)

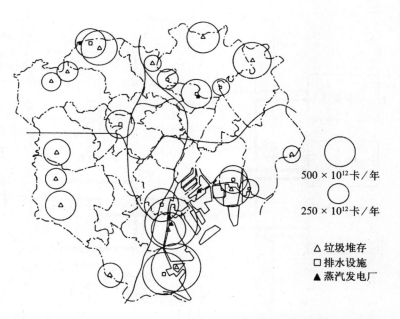

500×10^{12} 卡／年

250×10^{12} 卡／年

△ 垃圾堆存
□ 排水设施
▲ 蒸汽发电厂

此外，大量被抛弃的热源中由温差产生的能量未被利用，例如垃圾处理场，热电厂，排水，河水等。利用这些能源需要投入大量资金来建立热量收集系统，转化成可利用的能源。因此，区域规模的热量收集系统的效率会比现在普遍采用的单体建筑规模的效率高。

区域供冷供热(DHC，district heating and cooling)系统能够有效利用这里未被利用的能源，节约更多能量，提高利用率，应该作为一种新的城市基础设施(图5.14)。区域供冷供热系统是在一定区域建一座供冷供热中心，处理该区域的空调需求。要使区域供冷供热系统将来能够成为一种有效地利用能源的途径，需要一种有创意的方法，不仅能在区域范围内控制污染，而且能着眼于全球环境水平。

为了解决东京的环境污染问题，区域供冷供热系统已经开始在东京推广。东京都政府认为，解决环境污染问题是建设该系统的主要目的。实际上，区域供冷供热系统正在扩大到空气中SO$_2$含量低于环境污染控制标准的区域。

图5.14 大范围的供热网路系统(Toshio Ojima, Advanced Scene of Tokyo, Wased a University, Tokyo, 1995)

西方国家已经开始投入利用废热的区域供冷供热系统，在日本，因为燃料消耗量增加，最近不太重视防止环境污染。区域供冷供热的重点已经转向节约能源和替代石油能源。利用废热的系

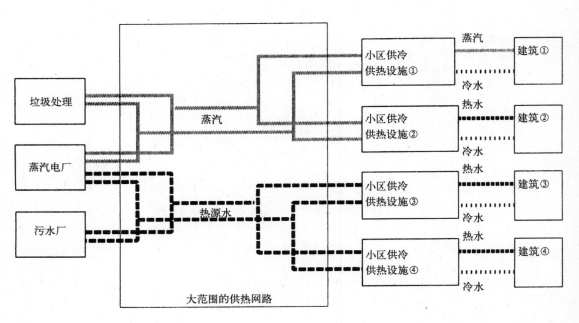

统已经开发出来,用于供给能源的一半未被回收而浪费掉了的地区。但是最近利用废热的技术又转向了节约能源。区域供冷供热系统主要适用于高温热源和低温热源都能利用的建筑或住宅。城市区域中主要的未被利用的能源如下:

- 消防站
- 工厂
- 垃圾焚烧场
- 污水处理厂
- 变压站与输电线

到1990年底,区域供冷供热系统已经在27个地区建立,并且东京都的23个区都极大地扩展了各自的区域供冷供热系统。但是使用未被利用能源的区域供冷供热系统还很少,其中两个系统利用位于大型公寓小区的垃圾焚烧场的废热,一个系统利用空气与河水的温差来提取能量,有几个系统收集变压站的空调排热。

此外,还有几种高温的废热热源,垃圾处理场作为这种热源,被设置在23个区的周围。位于东京湾的发电厂也排放出这种高温热量。排放低温废热的污水处理厂也散布于23个区中。到目前为止,这些未被利用的能源尚未被开发利用,因为它们的位置距离需要供冷供热的区域较远。作为第三工业发展阶段的能源基础设施的一部分,把区域供冷供热延伸到有需求的地区非常重要。在第三工业发展阶段,信息工业扮演主角,需要大量的办公自动化设备,例如计算机,复印机,传真机等。这些设备消耗电力,排放热量,使空调变得更加重要。

DHC网络应该建成可以互相支持、互为备份的冷热供应系统,由于区域供冷供热设施具有相当大的互为备用的能力,这样就可以通过使用高效率设备来节约能源,并能够在不打断能源供应的前提下更新升级,使能源供应范围能够延伸到所有地区。此外,可以通过连接两个或多个区域供冷供热站来实现负荷调节,并且存在增加区域供冷供热站设备容量的可能性。

建立区域供冷供热系统的网络不仅能够有效利用目前的区域

供冷供热设备，并能提高刚投入使用的设备的效率，所以城市规划应该把区域供冷供热系统设计成联网的系统。使区域供冷供热系统能够有效利用废热最终将有利于保护地球环境。

扩展的网络系统

目前在东京，急需提高水和能源的使用效率，建立水循环利用系统和大范围的供热网络，并研究它们对生态的影响。一个称为"共用管道合作空间网络"的深层地下隧道网络被提议作为对这些问题的解决之道。这个地下系统由两部分组成，连接地面和地下空间的垂直隧道和连接各个地下空间的水平隧道。能源和水的回收再利用设施和管线设施也将位于地下深层(图5.15)。垃圾、来自河流的未用过的水、流走的雨水、未用过的能源、排除的废热、传递信息的电话干线、煤气石油管线、电力干线可以设于该深层地下的空间网络(图5.16)。

把新的城市基础设施引入拥堵严重的城市中心区将非常有效率和有意义。然而，这个项目目前仅仅处于计划阶段，尚未被完善地规划。而且，也没有人能够肯定它的优点。例如，并未立法给予利用道路的地下空间以优惠。也就是说，在大范围内构建道路地下的基础设施网络还没有被实施。

不过，为了扩展基础设施网络，日本必须严肃地考虑利用深层地下空间。为了方便地使用地下空间，还有许多问题需要解决。一些比较明显的问题是对主要项目的财政支持、通风、降低或者避免灾难，以及为项目提供足够大的空间。不过，那些自己拥有网络系统的公司，已经在部分地利用地下空间了。要在未来拓展基础设施网络，全日本都必须使用深层地下空间。这是不可避免的结果。随着对于基础设施网络需求的增加，将会增设新的网络，而旧的会得到更新。

国家的交通系统也亟待更新和重建，并且，随着拥堵的增加，深层地下重新成为最适于发展的空间。为了在高峰时间减轻交通的压力，在城市中心建设深层地下的地铁系统是经济可行的和可操作的。当前，这种地铁系统已经进入了实施规划阶段，即便如此，也还是存在一些障碍的。因此，利用道路地下的空间还有不少的问题需要解决。这包括提供大的空间、资助主要项目、通风，和减少或避免大灾难的威胁。还有，把地下交通系统用于

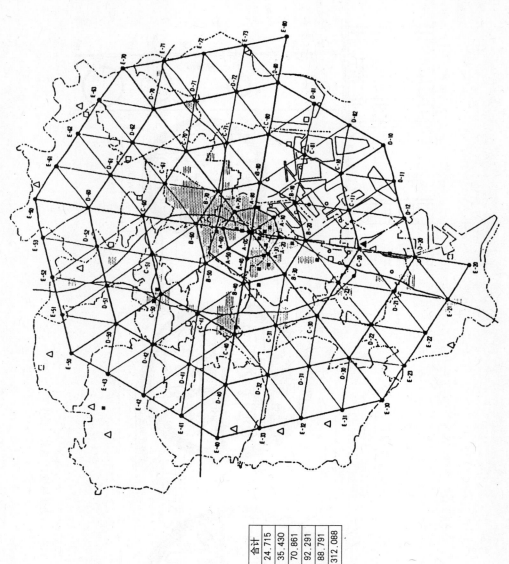

网络管线长度

	周长	半径	间距	合计
A-环	10.715	1.750	1.750	24.715
B-环	21.430	3.500	1.750	35.430
C-环	42.881	7.000	3.500	70.861
D-环	64.291	10.500	3.500	92.291
E-环	64.291	14.000	3.500	88.791
总计	203.588	14.000		312.088

• 每个环的总长度
  = 周长 + (通至内环的管线长度)

● 地下设备网络
■ 社区中央取暖空调运营区
○ 水滨再开发地区
△ 垃圾堆存
□ 排水设施
▲ 蒸汽发电厂
□ 社区中央取暖空调运营区的推进地区

图5.15 大范围网络的基础工程(尾岛俊雄, "可想象的东京", 《进步建筑》, 东京, 1991年, p. 99)

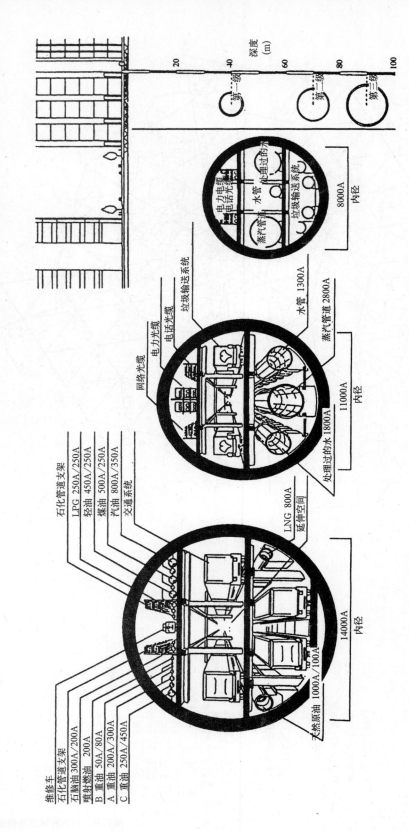

图 5.16 大范围网络剖面图(尾岛俊雄, "可想像的东京", 《进步建筑》, 东京, 1991 年, p. 99)

维修车
石化管道支架
石脑油 300A/200A
喷射燃油 200A
B 重油 50A/80A
A 重油 200A/300A
C 重油 250A/450A

石化管道支架
LPG 250A/250A
轻油 450A/250A
煤油 500A/250A
汽油 800A/350A
交通系统

LNG 800A
延伸空间

天然原油 1000A/100A

14000A 内径

网络光缆
电力光缆
电话光缆
垃圾输送系统

11000A 内径

处理过的水 1800A

水管 1300A

蒸汽管道 2800A

电力电缆
电话电缆
处理过的水
水管
垃圾输送系统

蒸汽管道

8000A 内径

深度 (m)
20   40   60   80   100

第一级
第二级
第三级

被忽视的物流配送是可行的，并能减少地面交通的压力。不过，如果这些地下设施被随意建设，缺乏统一规划，它们将无法协调。考虑到这一点，以及线性系统会导致相互交叉，分层利用深层地下空间是一种务实的解决方式。

最后，应该注意到越晚建造，就越难建成一个规划良好的地下系统。因而，为了规划深层地下的空间利用，建议将供给－管理设施的主干线布置在一个共用隧道中，虽然这会有财政上的困难，但对地下隧道却是最适合的。同时，随着道路下面的空间已经被利用了起来，就越来越需要对那些由于缺乏规划而造成浪费空间的现有设施进行重新整理。比如，地下步行网络，地下道路，电力和通信管线等等，都还没有有效地重新规划和建设。

当深层的地下基础设施完成时，会增加共用路线的情况，并会有更多的地下线路设置在共用隧道中。而且，一段时间以后，将一些主干线布置在深层的地下空间，通过增加这些新设施，可能会改善路面下较浅层的空间中的错综复杂的使用状况。这种方式将给东京的交通拥挤带来某些缓解，也将减少修路的需要。

通过保持市中心(上区)的建设量更高，而中间区域(下区)更低，采取预先行动在改善现有的城市蔓延上是很重要的。特别地，东京的地势缓缓地倾斜而下直至海湾，并且河流众多。那些位于河流分割土地处的地方，对于每一个地区的再发展都是非常有利的。地下的基础设施就可以规划在这里。另外，为了阻止火灾或者热岛效应，水体和绿地也可以有策略地加以设置来分割市区。在这些以这种方式游离的土地上面，通过建造一个地下空间网络来修建一个清凉的绿岛和一个火灾避难所都是可能的。围绕农田的建设也会刺激城市的再发展，当农田和市中心之间需要额外的空间时，低密度地区会担当一种后备。

第三节 东京湾地下空间网络工程

当前的问题

土地利用

二战之后的化学污染，迫使东京湾地区把大工业企业，铁工厂，发电厂等安置在海岸人工再造的土地上，以此推进再发展。(图5.17)但是，经过战后的转型期，这些工业用地闲置下来。图5.18说明了现在的土地情况。

目前，海湾地区再开发计划的最后决策，以及如何最好地使用这些土地，仍然悬而未决。根据它目前的规划和发展进程，21

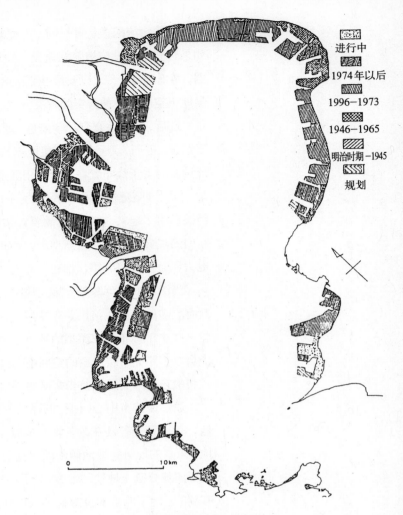

进行中
1974年以后
1996-1973
1946-1965
明治时期-1945
规划

东京湾地区再造土地的历史

图 5.17　东京湾地区再造土地的历史(尾岛俊雄，"可想像的东京"，《进步建筑》，东京，1991年，p.76)

世纪还需要投资超过 10 亿日元。需要重新安排相应的供应和处理设施，尤其是热电厂，水处理厂，和垃圾焚烧炉等。有些这类的设施已经老化了。因此，用比较便宜的再造土地来重新建造这些设施，而用那些比较贵的土地去发展新事业会更加有利。但是现在某些此类设施位于与内陆的连接部。这样一来，从实用的角度出发，也许重新利用这些设施原来所在的土地，会比把它们搬迁到地价便宜的土地上新建，更加划算。

交通

　　最近一些年来，日本贸易模式从出口转向进口。进口农产品的增加尤为迅速。因为日元更加强劲，进口变得越来越便宜，

东京湾地区的工业分布

图例：
- 能源
- 金属
- 机械
- 化学
- 食品
- 建筑
- 混合
- 未使用土地

（图中标注：东京港、千叶港、川崎港、横滨港、木更津港、横缜贺港）

图 5.18　东京湾目前的土地利用（尾岛俊雄，"可想像的东京"，《进步建筑》，东京，1991年，p. 76）

NIES 国家增强了它们的出口，而自由市场系统也更加完善了。

海运占国内运输的 45％和基础工业原料——比如石油，水泥和钢铁（图 5.19）——的 80％。现在，每年有超过 5 亿吨的货物从海湾水域运送。海湾已经非常拥挤了，几乎达到了它能够容纳船只的极限；结果是发生了许多事故。40％的船只是运送石油产品的，所以海湾地区发生严重事故的概率很高。

灾难的危险

东京湾的滨水地区尤为危险。由于接近水体，这些地区的建筑和设施损坏程度，比其他地区要严重很多。其他潜在的灾难包括：

- 城市中心区的衰退或停止供应，也会影响发展地区。
- 业已极为有限的供水也会更加紧张。
- 发展地区是一个被水环绕的岛屿，桥梁和隧道是惟一的救

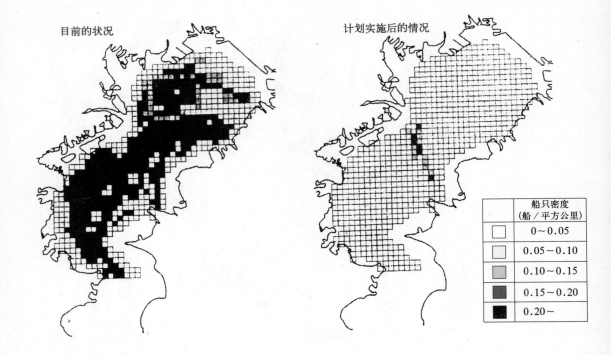

目前的状况　　　　　　　　　　计划实施后的情况

船只密度 (船／平方公里)	
	0～0.05
	0.05～0.10
	0.10～0.15
	0.15～0.20
	0.20～

图 5.19　东京湾船只的拥挤程度 (尾岛俊雄，"自由地下管道创造新的城市生活"，《IATSS Review》，Vol.15, No1. 1989 年, p. 21)

援通道。如果这些通道被切断，就很难保护货物和人。灾难救援将非常有限。

● 一旦再造土地发生液化现象，大量的水和沙就会喷涌到大气中，并到处散落，最终地面会塌陷。通常，这种地表崩溃不会一起发生。地基支撑会减弱。由地面直接支撑的较重的构筑物也会发生塌陷。另一方面，地面下较轻的设施，比如蓄水罐，排水管，和检修道等，会露出地面。

必须提出相应的措施来解决这些问题,以使建筑物再面临灾难的时候不会被损坏。使用坚固的基础或者锚固措施来有效地支撑和固定建筑物的构件，这些现象就可以避免。

释放海湾地区空间的工程
东京湾综合基础设施网络

东京作为日本的中心，养活着1/4的日本人。现在的问题是，日本应该建设怎样的基础设施，来使未来的城市更加舒适，安全，卫生和高效呢？

首先，东京需要为滨水地区提供一种特别设计的基础设施。海湾地区的基础设施应该是独特和独立的,因为这个地区沿着断层线延伸。一旦地震发生，风险将非常巨大，所有的地下管线网络都会严重受损，城市供应将变得非常有限或者根本断绝；也就是说，液化现象将会发生。然而，可以在再造土地的滨水地下深层的稳定区设置一种独立的基础设施或者生命线(图5.20)。这种生命线可以作为正常的水、电、气和信息通讯网络的附加部分。这种地下深层的公用管道走廊在东京湾地区是作为生命锚地计划提出来的。

所提出的生命锚地计划要求为电力,水和信息系统提供一种独立的基础设备(图5.21)。一些锚可以被安置在一种处于海湾地区深层地下的稳固的基础上,这样基础设施即便在有地震的时候也不会被破坏。

东京湾地区应该在海湾地区的不同岸线,设计位于地下深层的稳定基础上的备用设备基础,作为预防灾难的备用支持系统。这种设备需要能够在地震时期,维持海湾地区的城市功能至少一个星期。备用的装备,比如油罐,水罐,储热罐,私有发电机,锅炉,制冷设备,以及计算机等,需要在这类设施中安装。

图5.20　多用途隧道剖面图(尾岛俊雄,"可想像的东京",《进步建筑》,东京,1991年, p. 80)

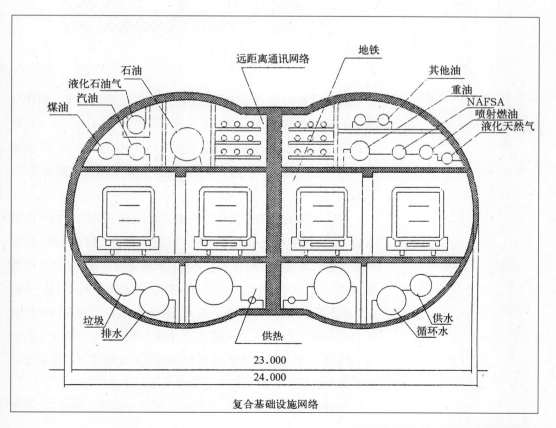

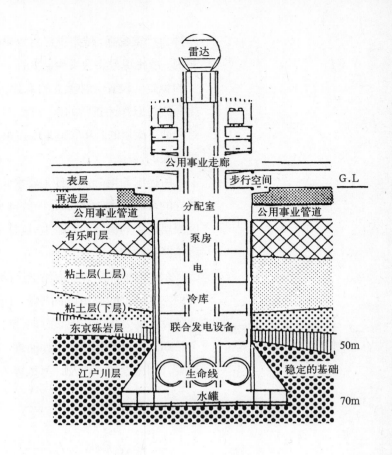

雷达

公用事业走廊

表层　　　　　　　　　步行空间　　　　G.L
再造层
公用事业管道　　　分配室　　　公用事业管道
有乐町层　　　　　泵房
　　　　　　　　　电
粘土层(上层)
　　　　　　　　　冷库
粘土层(下层)
东京砾岩层　　联合发电设备
　　　　　　　　　　　　　　　　　　　　50m
江户川层　　　　　生命线　　　稳定的基础
　　　　　　　水罐　　　　　　　　70m

图 5.21　生命锚地剖面图(尾岛俊雄，"可想像的东京"，《进步建筑》，东京，1991年，p.79)

　　这类设施的基础应该用地下深层的隧道连接起来，用作交通。石油相关的商品应该通过管道从海湾的入口处，输送到海湾内部的设备中。其他的货物也应该用这种方法分送。石油输送网络和货物配送网络需要安置在这些地下深层的隧道里面(图5.22)。

　　进入海湾地区的船只中大约40%是运送石油的。如果能够在这个地区消除这些危险的船只，代之以拥有公园，海滩，游艇码头，诸如此类事物的宜人的环境，那会更加有益。可以在海湾地区外面建设一个外港作为入口，避免进出该地区的船只过分拥挤，来实现上述愿望。外港会成为一个新装备的石油输送网络的入口。它必须足够深，以停靠大型油轮，并使之与港湾内部的地下网络相连接。配送石油的站房需要建筑在靠近使用石油的设备处，比如化工厂，煤气设备，热电设备，炼油厂等等。

　　另外，已经提议改变配送网络以减少货运事故的数量，并释

254

放一定的海湾空间来建造公园和娱乐设施。计划用10吨的集装箱替代货船。

配送网络的基础应该设于现有的或者规划的大规模海港基础设施区域内。96.9%的石油和39.5%现在由船只运送的货物,将由提议的网络来分送。这样船只的数量将减少82%,由280000艘减少到50400艘。另外,这还将减少事故的数量,这在当前是非常严重的问题。对于第二产业设施,通过把集装箱挪到海滨的工业区内,东京湾的120000公顷土地可以被划成公共娱乐用地。

公路交通也将减少,而且通过网络系统的高效交通,能源消耗也将随之减少。由于该系统将使用地下空间,就不会像通常的道路规划那样,把市民与滨水地区分隔开来。东京湾海岸将成为一个海滨公园,在那里,高度发达的工业和商业设施相互分离。旅馆和居住建筑被树木所包围,将会进行景观建设以代替20世纪作为现代化象征的工厂和工业区。重新构建基本上处于停滞状况的城市设施,将有助于建设可与法国南部以及里约热内卢相媲美的海岸风景。

图 5.22 东京湾复合基础设施路线(尾岛俊雄,"可想像的东京",《进步建筑》,东京,1991年,p. 80)

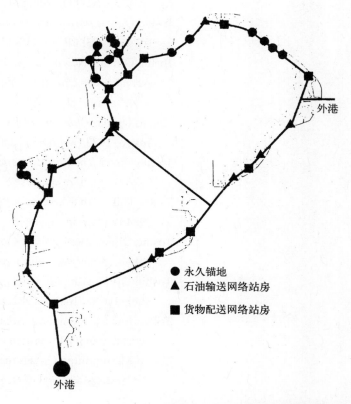

外港

● 永久锚地
▲ 石油输送网络站房
■ 货物配送网络站房

外港

结论　　　　　　　　　基础设施系统在应用地下空间方面具有很长的历史；这些系统决定着城市的环境状况。东京的环境问题已经成为世界性的问题，应该给予科学的城市规划。现在，重新构建城市环境的基础规划，与后期对环境的评估相比更为重要。对地区未来的理想使用，会随着在构建之前，为基础设施制定长期的、阶段的环境规划而逐步清晰起来。

参考文献

Civil Engineering Society, *Geo-Front New Frontier,* Gihodo, Tokyo, 1990, p. 136 (written in Japanese).

Engineering Promotion Society, *Report of Underground Space Utilization,* 1991 (written in Japanese).

Japan Development Bank, *Direction of Deep Underground Utilization,* Tokyo, 1989, pp. 33, 86 (written in Japanese).

Toshio Ojima, "Creating New Urban Life through Free Underground Tunnel," *IATSS Review,* Vol. 15, No. 1, 1989, p. 21 (written in Japanese).

Toshio Ojima, *Heating the Big City,* NHK Books, Tokyo, 1975.

Toshio Ojima, "Imaginable Tokyo," *Process Architecture,* Tokyo, 1991, pp. 62-99 (written in Japanese and English).

Toshio Ojima, *Infrastructure of Japan,* Nikkan Industry Newspaper, Tokyo, 1983, PP. 10, 112-13 (written in Japanese).

Toshio Ojima, "New Underground City Project," *Journal of Underground Space Utilization,* No. 2, Urban Underground Space Center of Japan, Tokyo, 1988, pp. 8-19 (written in Japanese).

Toshio Ojima, *Planning of Urban Utilities*, Kashima Publication, Tokyo, 1973 (written in Japanese).

Toshio Ojima, *The Reconstruction of Tokyo,* Chikuma Shobo, Tokyo, 1986 (written in Japanese).

Toshio Ojima, *To Construct a Picturesque City,* NHK Books, Tokyo, 1984 (written in Japanese).

Toshio Ojima, *Twenty-First Century Design of Tokyo,* NHK Books, Tokyo, 1986 (written in Japanese).

Toshio Ojima Lab., *Tokyo Underground Project,* Kenchikubunka, Shokokusha, Tokyo, 1982, p. 63 (written in Japanese).

Tokyo Electric Company, *Takanawa Electric Transformer,* Tokyo, undated pamphlet (written in Japanese).

Tokyo Metropolitan Government, *Master Plan of Second Generation Sewage,* Tokyo, 1991, p. 53 (written in Japanese).

Tokyo Metropolitan Government, *Report of Underground Garbage Plant System*, Tokyo, 1993, p. 52 (written in.Japanese).

Tokyo Metropolitan Government, *Underground River,* Tokyo, undated pamphlet (written in Japanese).

Tokyo Metropolitan Government, *White Paper of the City '91,* Tokyo, 1991, p. 27 (written in Japanese).

Urban Underground Space Center of Japan, *Challenge to Geo-Front,* Seibunsha, Tokyo, 1989, pp. 134-37 (written in Japanese).

第六章　各国的地下空间利用：
当地的和当代的实例

G·S·格兰尼

第一节　当地经验

最早被人类用来作为居住的掩蔽所是洞穴。千万年来这种形式的掩蔽所一直为人们所用，人们慢慢认识到土壤的热学及其变化过程的重要性。他们把它的热学条件的优势应用于居住、食品储存、工作和健康保健上。洞穴还能提供一种防御性的周围环境，抵抗严酷的昼夜和季节性变化的气候。

今天，我们可以发现还存在三种主要的当地群落仍然使用的地下空间，并且积累了成千上万年在这种住宅中居住的实际经验。最大的集中居住地位于中国华北的黄土地区，那里大约有3500万至4000万人口居住在农村和城市群落的地下住宅(窑洞)中。据推测，中国使用地下空间有4000多年的历史。第二大集中居住地散布在突尼斯南部地区的马特马塔(Matmata)平原和撒哈拉沙漠的北部地区，那里存在大约20个设防的农村聚落。在突尼斯，聚落的规模大到几千人，如马特马塔村，小到几百人，像最南方的村庄。第三个地区在土耳其中部的卡帕多基亚，那里有超过40个城镇和乡村存在。这一地区利用地下空间作为居住的实践兴旺发展了6000多年。

除了这三个从古至今一直存在的地下聚落以外，历史上，在其他一些地区还曾经有相类似的实践，这些地区有非洲北部、西班牙、法国中部和南部、意大利南部[特卢里(Trulli)地区和西西里]、波兰[维利奇卡(Wieliczka)、克拉科夫附近的地下采盐矿井和洞穴]、美国西南部、加拿大(爱斯基摩住宅)、伊朗、印度[印度西部的爱柳拉(Elura)和阿旃陀、巴哈贾(Bahaja)]、中东[纳巴泰王国的阿芙达特(Avdat)和彼特拉(Petra)、阿富汗(巴米杨山谷)]、埃塞俄比亚(阿迪卡多 Adi Kado)、以色列(耶路撒冷，贝尔谢巴(Beersheba)郊区，美吉多(Megiddo)和波斯，以及古代许多其他分散地区。这些地区的历史，很多都可以追溯到公元前3000年。而只有卡帕多基亚，在地下发展了全面联系的城市网络。

这三大主要的地下群落聚居地的共同特性是它们都位于干旱和半干旱气候地区，有漫长积累的进化历史、独特的建筑设计和他们对严酷环境的调整适应。干旱气候的特征是温度昼夜波动幅度大，白天温度极高，夜晚极低，以及急速而有限的降雨。在燃料匮乏的地区，抵御气候看起来也是选择地下居住的重要因素。地下房屋的建造通常不需要水，这是干旱地区采用地下住宅的另一个因素。在上面所说的三个地区，居民采用"切开－利用"建造方法，部分原因是因为这是建造过程中不需使用水的方法之一，甚至是惟一的方法。防御也是考虑的因素，尤其是在突尼斯和卡帕多基亚，那里地下聚落可能兼有防御工事。

所有生命周期围绕土壤旋转。随着科技的发展，人类有能力创造和利用地下空间作多种类型的土地利用，其中主要是用作居住。在整个古代历史中，地下空间最普遍的使用主要局限于居住、食品储藏(主要是谷物)、采矿、防御和墓地。使用洞穴居住长达数万年，而且，在某些地区，甚至延续到现在。在旧石器时代及其后的人类利用洞穴居住的证据发现于法国南部、以色列、中国北部、南非和世界上许多其他地方。过去和现在，人们都成功地利用合成材料，建造模仿洞穴环境的房屋。整个历史中，人类都尊崇他们本地的土壤，因为它为人生产出食物，供给他们生存的自然资源，以及提供一个他们最终安眠的地方。

中国

中国对地下空间的利用就规模和数量而言是世界上最古老和最广泛的。[1]这一地区的住宅分布几乎毫无例外地与一种特殊的、适用的叫做黄土的土壤相联系。在世界上的五个黄土地区，中国的这一个是最大的，共有631000平方公里，占中国整个陆地面积的6.6%。它还供养着这个国家大约1/15的人口。整个这个地区容纳的人口大约在2亿人，其中大约4000万人生活在通常称为窑洞的地下住宅中。最密集的集中地位于甘肃省的东部，占全省人口的83%。这一黄土区沿着中国北部，延伸在一个长2000多公里、宽800公里左右的区域，黄河与之相交叉。有五个省坐落在这个地区：河南、山西、陕西、甘肃和宁夏。这种土壤的重要特性在于它在干燥状态的坚固性和稳定性，适合耕作，没有石块，而且均匀性好。但是它对于侵蚀非常敏感，需要采取特殊的处理。

中国的窑洞主要有两种类型，第一种类型是地坑院式窑洞（图6.1）；另一种类型是崖壁式窑洞（图6.2）。地坑院式窑洞一般用在平地上。[2] 它由一个露天的大地坑组成，地坑敞开的边长平均为8—10米，坑深大约8米。形状通常是正方形或矩形。地坑内院周边围绕着房间，每边有两三个房间。每个房间都是从地坑的外边向土里挖出的一个单独的拱顶空间，一般在地表下面6—7米，房间宽2.5米，高度与宽度相当。地坑院式窑洞占地大，但能接受的采光和日照却有限。有些农民利用地坑院式窑洞上面的土地作打谷场。地坑通过地下楼梯踏步进入，楼梯从地坑开口附近的地方起步，向下引导进入到下面的内院。崖壁式窑洞是从陡

图6.1 河南省洛阳市附近的中头村刘学石家的地坑住居鸟瞰景色(*Golany,* Design and Thermal Performance:Below-Ground Dwellings in China, *U. of Delaware Press,* 1990, p.121).

图6.2　延安东12公里处的高毛湾村崖壁窑洞住宅群(*Golany*,Chinese Earth Sheltered Dwellings: Indigenous Lessons for Modern Urban Design, *U.of Hawaii Press,* 1992, p.55).

壁上开挖出来的，房间面向一个土地平整的宽大的平台。崖壁式窑洞的房间尺寸与地坑院式窑洞的相似；但是，当房间布置朝南时，它们白天会获得比后者多得多的日照和采光。一些崖壁式窑洞坐落在高原和悬崖之间的狭窄的条形边缘带上。高原上要种粮食，悬崖上要种果树，利用不上的边角地才用来建住宅。崖壁式窑洞比地坑院式窑洞占用的空间少。通常房间只能通过院子或者平台进入，而且相互之间不连通。某些崖壁式窑洞把地下空间和地上空间结合起来。

　　窑洞在农村和城市都有使用。当前中国利用地下空间作食品储存、购物中心、教育和文化设施、餐馆、工人俱乐部、旅馆和医院(图6.3，6.4和6.5)。医院特别得益于地下空间的重要优势。人们发现，受外伤的病人手术后的恢复过程，在地下空间中要比在地上快10%至30%。[3]

　　中国一定是进行地下住宅实验和探索的了不起的实验室。可以学习的经验包含土壤热学性能、健康状况和食品储存。中国的历史经验就其重要性而言并不局限于地下住宅。唐朝和宋

图 6.3 洛阳市韩家的一个古代储粮坑横剖面图(*Golany*, Urban Underground Space Design in China: Vernacular and Modern Practice, *U. of Delaware Press*, 1989, p.36).

图 6.4 北京前门内的会议室,它是最初设计作为人防工程的城市地下网络的某一部分(*Golany*, Urban Underground Space Design in China: Vernacular and Modern Practice, *U. of Delaware Press,* 1989, P. 86)

1.烧焦的土
2.稻壳或麦秆编的席子
3.厚木板
4.草灰和烧焦的土
5.排水空间
6.后堆集的覆土

A.覆土
B.涂油的麦秆或稻草
C.席子
D.厚木板
E.木骨架

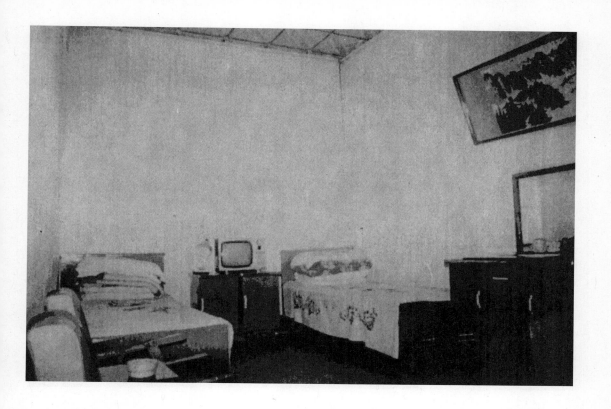

朝时(大约公元7至13世纪)，就广泛地利用地下空间储存粮食。那个时期的粮食储窖最近被发掘出来，并且发现大多数货物仍保存完好。一个重要的基址是在汉家镇，那是一个粮仓，有412个粮窖。

卡帕多基亚

在所有其他的当地地下空间中，土耳其的卡帕多基亚的地下空间利用非常独特。它的独特性在于它建造在石灰质土壤中，还有一套复杂的地道系统，以及在城市和村庄都有其发展。卡帕多基亚位于土耳其高原的中部，大约在土耳其首都安卡拉的东南400公里。

卡帕多基亚的名字来源于波斯，波斯是东部亚洲米诺(Asia Minor)的古老地区。卡帕多基亚南起金牛山，向北延伸到黑海。这个地区是一块高地不平的高原，土壤贫瘠。这个高原是由石灰质和火山灰沉积而成，它常年被水和风侵蚀成许许多多的由相对较软的石头构成的圆锥体形式(图6.6)。这个地区的气候夏热冬冷，干旱，无法耕种，它的大多数降水来自于冬季的降雪。

图6.5 中国南方重庆市的地下旅馆客房(*Golany*, Urban Underground Space Design in China: Vernacular and Modern Practice, *U. of Delaware Press, 1989, p.62*).

图6.6 土耳其卡帕多基亚格罗姆山谷的悬崖住宅。那里，风蚀创造出一种锥形山林立的石灰华岩石景观。这种大地景观为人们所用已长达6000多年，它创造了富于变化的地下空间土地利用(*courtesy of the Turkish Embassy in Washington, DC*).

历史上，这一地区人们开始利用地下空间在公元前4000年左右。从那时起，它的使用者有赫梯人、罗马人、希腊人、拜占庭人，最后是土耳其人。地下空间利用的范围包括住宅、墓地、地下墓穴和教堂、修道院、村庄和城市的防御工事。这种地下网络仍然用作仓库和居住以及作为全国的柑橘冷藏中心(图6.7)。拜占庭人广泛利用地下空间建造富于艺术品装饰的修道院和教堂。

高度发展的城市和村庄建造于赫梯时期，尤其是在公元前2000年中期到公元前1000年中期。其他的地下定居点建造于公元前3000年至公元前100年之间。今天，卡帕多基亚有155个地下村庄、城镇和城市，还有更多的地下洞穴。这个地区的地下掩蔽所的数量非常之多，几乎不可能把它们勘查穷尽。[4]内夫谢希尔(Nevsehir)和开塞利(Kayseri)是地下城市的两个主要的中心，但是除此之外还有其他的地方。

卡帕多基亚直到拜占庭末期建成，是惟一的发展了地下连通网络的地下城市。[5]在城市中，一个巷子和通道组成的路网将社

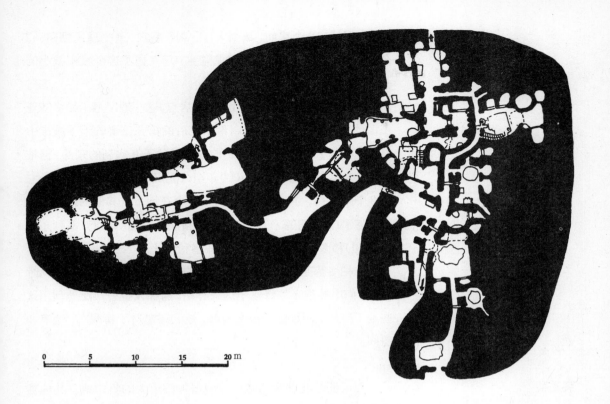

```
0    5    10    15    20 m
├────┼────┼────┼────┤
```

图6.7 卡伊马克彻地下城的平面
局部(adapted and repro-
duced from Anahtar, "An
Earth Integrated Hotel in
Cappadocia," Master's
thesis, Middle East Techni-
cal U., Ankara, Turkey,
1984, p.21).

区与社区或者地区与地区连接起来。地下城代林库尤
(Derinkuyu)发现于1963年,位置在距离内夫谢希尔29公里处。
它是30个已知的地下城之一。代林库尤城占地1500平方米,但
是至今只发掘了这个城市的1/4。理论上认为,这个城市以及其
他的地下城市主要是在出现危险的威胁时使用,一旦周围安全
了,人们就撤离这种城市。在赫梯时期以前,那里存在许多廊道,
其宽度足够容纳两个人同时通过。每一个廊道都有一个石头门入
口,门从里面开容易,而从外面很难打开。这个城市有八个水平
层,其中包括一个修道院学校、洗礼池、一个酒窖和掩蔽所里的
厨房。

　　另一个地下城卡伊马克彻(Kaymakli)位于内夫谢希尔南面
20公里处,距离代林库尤城9公里。1974年,向参观者开放了
四层,其他层还没有发掘。这个城市的大部分使用于公元5至
10世纪,其顶层的使用可以追溯到赫梯时期。这个城市拥有一
个非常长的联系网络。[6]奥兹柯纳克(Ozkonak)地下城被认为是
卡帕多基亚地区最大的一个,位于阿瓦诺斯(Avanos)北部19公

里处。它有 10 个房间、4 个大厅、4 个墓穴、3 个通风烟囱、2个大的圆形大门石和30个墙壁壁龛。只发掘了这个城市很小的一部分。

开塞利地区存在大量的地下定居点,这一地区是卡帕多基亚王国的中心。它是继内夫谢希尔之后的第二重要的地下城市中心。在阿卡尔卡雅(Asarkaya)的地下城位于开塞利的东部。据推测,阿卡尔卡雅在公元前4000年至公元800年间成为居民点。它有 8 个水平层,其中 3 个在地上,4 个在地下。其他的地下城还有开塞利(距离开塞利城3公里)、埃格纳斯(Agirnas)(开塞利东面25 公里)和多安里(Doganli)(在开塞利地区)。

卡帕多基亚的地下定居点主要的使用时期是在希腊和罗马时期,它们中的很多都修建于这一时期。赫梯人也曾广泛地利用这些地下空间,而且画了很多岩画。他们还建造了新洞穴、地道和房间。

突尼斯

突尼斯是北非利用地下空间居住的最大的集中地。其他具有类似使用的国家有埃及、利比亚、摩洛哥和阿尔及利亚。突尼斯的地下住宅最早由北非的柏柏尔部落开始建造,而且认为它在突尼斯南部与撒哈拉地区交界处马特马塔(Matmata)高原已经存在了几千年。这一高原从北向南延伸,海拔 500 米左右,长200 公里,平均宽度为 25 公里。公元 7 世纪,由于伊斯兰迅速地入侵北非,柏伯尔部落被迫取道位于地中海和马特马塔高原之间的狭窄平原通道逃跑(图6.8)。他们建立了利用地下的系统作为防卫和抵御严酷的气候条件。高原本身由浅褐色的沙漠土壤组成,这种土壤在洞穴顶部可以牢固地集结在一起。在高原南部,石灰石的分布非常普遍,并决定了地下住宅的形式。然而,高原上水源非常有限,每年的平均降水量小于100毫米,这样的降水不足以供给农业生产。除了马特马塔高原的这种情况,罗马人还在突尼斯北部的布拉雷吉亚(Bulla Regia)城中建造了地下住宅(图6.9)。

在马特马塔高原,大约有20个住宅遍布地下的聚落。[7]最大的聚落是马特马塔村,它位于马特马塔高原的北部,在海滨城市加贝斯(Gabes)南面30公里(图6.10)。马特马塔高原上存在两种

图 6.8 马特马塔地下村落鸟瞰，撒哈拉沙漠北部，突尼斯南部

类型的地下房屋，一种是地坑式，主要见于马特马塔村。另一种是悬崖式，例如多山的悬崖上的村庄塔塔维纳省舍尼尼(Chenini de Tataouine)村和杜维拉(Douirat)村。后者位于马特马塔村南面大约80公里处。杜拉维特村和舍尼尼村是突尼斯最南端的村庄，深入到撒哈拉沙漠中。

地坑式地下房屋采用一个巨大的正方形或矩形洞穴的形式，洞的宽度或长度在8米或10米左右，深7-10米。土壤相对较软，没有石块。当地人采用的建造方法是将土挖开并直接使用所创造的空间。他们在垂直于地坑墙壁的方向切出拱形的房间，房间平均宽4米，深6米。每个房间的高度在2.5-3米之间。光线通过门道和一个很小的窗户照进房间。没有建造烟囱供通风或空气循环之用。然而在主要的房间中，设置了一些壁龛来放置蜡烛或者用作橱柜空间。在某些情况下，主要房间还连通着另外一个建在地下深处的房间，它主要用作储藏室。有时，主要房间与天井位于同一层。地面距离土壤表面大约10米。在另外一些情况下，在距离地表层5米或者更深处，水平方向挖另一个小房间。更深处

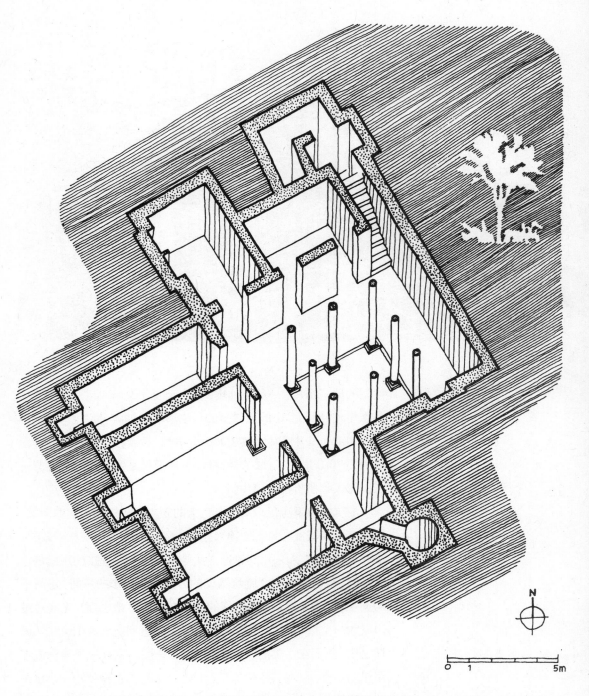

图 6.9　名为狩猎住宅的罗马地下别墅，建在突尼斯北部 Bulla Regia 城内(*Golany, Earth Sheltered Dwellings in Tunisia: Ancient Lcssons for Modern Design, U. of Delaware Press,* 1988, p. 118).

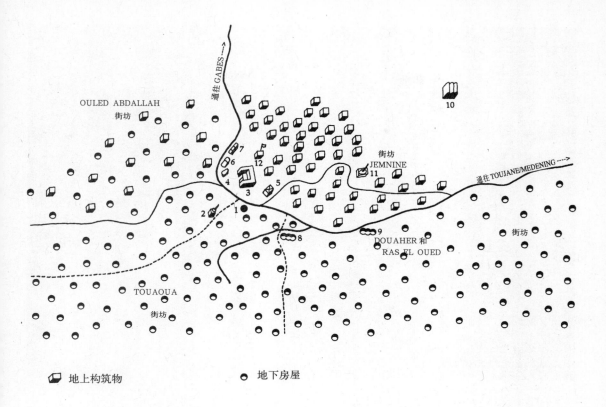

图中文字：

OULED ABDALLAH 街坊

通往 GABES →

街坊 JEMNINE 11

通往 TOUJANE/MEDENING ····→

街坊 DOUAHER 和 RAS EL OUED

TOUAOUA 街坊

▣ 地上构筑物　　◉ 地下房屋

图 6.10　马特马塔村庄的聚落模式土地勘测示意图：1.水井 2.清真寺 3.露天市场 4.邮局 5.学校 6.税务所 7.政府办公楼 8.西迪伊德里斯旅馆 9.马哈拉旅馆 10.盖斯尔 11.西迪穆萨坟墓 12.国家警卫 (*Reproduced from hand-recorded notes of the Institut Technologique d' Art, d' Architecture et d' Urbanisme de Tunis, (n.d.), and also from Ben-Hamza, "The Cave-Dwellers of Matmata: Ritual and Economic Decision Making in a Changing Community," Ph.D.diss.,Indiana U.,1977, p.34, and this author's field survey*).

的房间具有稳定的昼夜温度，而其他部分都存在某些温度波动。在地坑式的住房中，能有四到八个拱形房间。从地表面到单元的入口是通过地下楼梯进入，起步于地表层，逐渐弯曲向下到达天井层。在天井层的中间有一个大蓄水池，它用灰泥抹面，用来储存收集到的雨水，水池开口很小，用石头盖住口，用桶向上提水。

悬崖式地下房屋常见于杜维拉特、舍尼尼、古姆拉森(Ghoumerassen)和马特马塔高原南部的其他地方。舍尼尼村位于由软硬交替的石灰石构成的场地上(图6.11)。在地质上，所有的层积层都是水平的，厚2米。居民通过把软土层挖走创造出居住空间，这样上面的坚硬地层成为房间的顶棚，下面的坚硬地层成为地板。每个空间大约宽3米，深4米以上。开口被部分地封闭，留下一道门的空间，而且挖出来的软土层用来建造房屋单元前面的平台。远眺这个村庄，呈现出一种排列规整紧密的、便于防御的悬崖住宅的水平式格局，俯瞰着低地。

建在布拉雷吉亚城中的罗马人的地下住宅不同于在马特马塔高原上发展的地下房屋。我们趋向于认为罗马人认识到了北

(a)

(b)

非的柏柏尔人在罗马占领该地区前建造的地下住宅具有巨大的优势。另外，罗马人夏季利用地下空间躲避布拉雷吉亚城干热气候的酷暑，这一观点为我们的研究发现所支持。城市本身位于一个巨大封闭的、盛产小麦的山谷中。柏柏尔人在地下深处挖掘出他们的住所，在房间的拱顶上面保留大约5米厚的大块土壤层。

与之相对比，罗马人在他们的房间上面只保留大约1.5米的土壤层，建造的是贴近地表的住宅，而不是地下住宅。罗马人还将先进的现代技术引进到地下房屋的建造中。住宅的墙用石头砌成，所有的地面都有铺装，而且在房间的后面建造了一个采光竖井，它用来引入日照并形成空气流通。罗马人还将周柱式中庭引入到房屋中来，它由罗马式石柱围绕一个露天的院子组成，而且环绕着一圈走廊。一个宽敞的客厅或者餐厅向院子敞开，在房屋的基地上还修建有一口水井。这些住房用作罗马军官的别墅。

在利比亚的西北部，距离突尼斯边境不远的地方，还存在一些地下的村庄和城市，有叫盖尔扬(Gharyan)、纳卢特(Nalut)和古达米斯(Ghadamis)的。这些地下聚落仍然居住着柏柏尔人和阿拉伯人。

印度

印度是另一个有着几百年地下空间经验的国家。那里的焦点不是城市或村庄，而主要是庙宇和修道院。印度的地下空间的独特性在于它是从岩石和悬崖上凿刻出来的，使其能持久保持几百年。基地常选择在人迹罕至、与世隔绝的大山中，靠近水源，并且环境静谧凝思，能满足冥想和精神激发的需要。大多数是佛教场所。

这些场地是：

1. **奥兰加巴德(Aurangabad)** 洞穴位于奥兰加巴德(孟买东部400公里)的北部，从南到北绵延3公里长。洞穴里布满了女神和其他神灵的雕像。场地包括九个洞穴。

2. **埃洛拉(Ellora)** 位于奥兰加巴德西北约28公里处。埃洛拉以其奉献给湿婆神的庙宇而著名。它所有的空间都是从坚

图6.11 突尼斯马特马塔高原南部的台本地悬崖村庄塔塔维纳省舍尼尼村和杜维拉特村。注意地下房屋均按照山的地质层理呈水平层建造。石灰石的柔软层被挖出来做房屋

硬的红色石头中雕刻出来的。共有34个石窟,前12个是佛教的,接下来的17个是婆罗门教的,最后5个是耆那教的。所有石窟沿着一条古老的公路主干道布置。它们的建筑形式是印度雅利安和达罗毗荼的结合。在埃洛拉的34个石窟中,佛教石窟最为古老。

3. **阿旃陀**(Ajanta) 在奥兰加巴德的北部大约108公里处,共有30个石窟,都是佛教的。[8]石窟挖成一个半圆形的陡峭石壁,俯瞰着一道狭谷和瓦高拉(Waghora)河。阿旃陀的整个立面都是石刻,它们美妙地融合了绘画、雕刻和建筑。石窟包括有寺院(修道院)和5个诵经堂。修道院映出印度全境其他寺院的规划布局,是由一个四方的山洞组成,它的三个边围绕着凹龛,前部有一个宽敞的廊子,神龛放在后面,主宰着整个建筑。诵经堂是长方的,端头有拱顶的半圆室,还有柱廊。在半圆形后殿的中央是穹顶形式的有纪念意义的神祠。在阿旃陀,只有一个石窟有一个双层修道院。6号石窟有16根柱子,排成四排,墙上有16个凹龛。佛像与后面墙隔开。[9]最古老的石窟可能要上溯至公元前1世纪到公元3世纪。还有另外一些石洞可以追溯到6至7世纪。这些石洞以其壁画的质量和数量而独树一帜,[10]谱写出一首宗教艺术的诗篇。[11]其中有些绘画描绘了佛的生活片断,尤其是他的人形。阿旃陀石窟所在的地区曾在德干(Deccan)历史上有着非常重要的地位。[12]阿旃陀像埃洛拉一样,由特有的神龛和围绕着僧侣修行的凹龛的大院子组成,都是石刻庙宇中最常见的一种类型。德拉维人和耆那教庙宇有力而雄浑,并且还有着奇异的雕刻细部。[13]

4. **彼得萨**(Bedsa) 彼得萨(Bedsa)的较小的石窟群不很出名,它们位于从孟买到浦那(Poona)的公路沿线,靠近卡姆社特(Kamshet)。[14]

5. **卡拉**(Karla) 卡拉(Karla)石窟位于马拉维利(Malavli)火车站北面5公里处,距孟买91公里。它们是佛教石窟,由一个巨大的诵经堂和一些修道院组成。其设计规模宏大,它的诵经堂被认为是世界上最重要的纪念碑之一。[15]

综上所述,地下空间的当地利用局限于住宅,仓库,地下墓穴,宗教中心,下水道,供水管,以及开采自然资源的隧道。由于缺乏技术和安全的建造技术,住宅只能提供一种低下的生活标准。这些栖居地没有什么吸引力,这可能是由于设计－建造之间在执行过程中存在重大的差距,以及要为健康生活状况提出必需的规范。

从人类文明的早期至今,地下空间利用的历史实践遍布世界各地。过去,由于可用的技术受限,这种地下建设不能支持一种被我们当代标准所接受的生活质量。然而,利用地下空间的理念却具有积极的意义。它提供了扩展空间,节约能源,能用于食品储藏和防御。对以上这些以往经验的研究可能会引出某些经验教训,以适应现代利用。像过去一样,当代地下空间的利用起源于必要性,并会在将来得以持续发展。

第二节 当代实践

近年来,地下空间利用已经变成几乎是世界范围的一场运动。在大多数当代的实例中,地下空间已经开始使用现代化的技术,并与现代标准相一致。正像前面在日本的案例中所讨论的那样,技术先进的国家已经成为开拓地下空间作为现代化土地利用的领导者。

日本

地下空间使用的最重要的进步发生在日本的地下购物中心领域。遍布日本的大,中城市,已经建成76个地下购物中心。[16]这些购物中心中,有相当比例的设计技术上先进,运行上精密,因而得到许多赞扬。

美国

美国的经验很特别。[17]土地压力和地价上涨并没有构成一种压力因素,而这些因素在其他国家促进了地下空间的利用。[18]然而,出于美学的理由,美国大多数的公用管道在地下延伸。美国有数百个覆土住区,90多所学校,一些大学图书馆,办公建筑,以及农业仓储空间设置在地下。[19]这种现象首先开始于1970年代,适逢能源危机之时,它由关注环境而引发,主要关注覆土建筑的发展。[20]建筑被大约2至3米的厚厚的土层覆盖,目的是创造有效的绝热。其中一个最普遍的利用地下空间的用途是覆土类居所以及一些其他用途。[21]非居住的地下土地利用更加稳步地发展,重点放在商业、仓储、办公、停车,以及宗教、娱乐和农业设施。纽约,以及晚些的华盛顿特区,还发展了地下的交通系统。现在,西雅图建成了一条 2.1 公里的公共汽车隧道。

从能源危机以来，美国在开发地下的过程中实际曾有过一段停顿。但是我们预期会继续住宅以外的地下建设，尤其是在地价高昂，空间宝贵的城区之中。

法国　　　　虽然巴黎早在 1854 年就勾画了第一个地铁计划，但是直到 1900 年国际博览会时，第一条地铁线路才正式起用，然后地下系统扩展成一个巨大的城市网络。[22]使用地铁的人次从第一年的 5500 万增长到 1913 年的 4.5 亿万。地下网络成为巴黎的城市规划和城市结构的一部分。在 1930 年至 1952 年间，地下网络延展到所有的郊区。后来，它继续延伸，并与法国其他地区连接起来。[23]今天，这个系统包括以下方面：

1. Meteor，贯通地区东西的一条高速铁路，是一条完全自动控制的地下市内干线，并且连通重要的 Seine-Rive-Gauche 计划的各种网络和服务设施
2. Eole(Est-Ouest Liaison Express)，是一条宽轨距干线，直接连接郊区的开发中心和拉德方斯
3. Orbitale，这是一条支线铁路，是内环线的近路
4. Icare，这是一个重大的，150 公里长的地下收费公路计划，现在还处于规划的前期阶段。目前巴黎的地下网络长度为 199 公里。每年地铁的平均使用人次为 12 亿[24]

最后，33 公里长的英吉利海峡海底的法-英铁路和公路隧道近期开通了(1994 年 11 月中旬)。巴黎的 Eole 计划(东西贯通高速路)规划作为连接各地铁路的重要的地下干线要道。它的一期工程包括维列特(Villette)门到火车站北站和东站之间 4 公里长的隧道，在这里将新建一座火车站。[25]在铁路系统建设的同时，巴黎城内还有其他一些地下高速公路和步行系统规划。

搬迁巴黎食品市场，也就是哈雷(Les Halles)中央市场[哈雷(Halles)广场]的决定是 1960 年作出的，但是仅仅在 1968 年才对这个地区作出了一个官方的决策，随后表述了设计的性质。一个专门的公司，塞玛(SEMAH)，组建起来负责这个项目。设计覆盖了

这一地区的 21 公顷城市更新区域,其组成是哈雷(8 公顷)和深达地下 28 米的全面的土地利用。这些地下空间包括一个 RER(雷达效应反应器)车站和一个将 RER 和地铁车站连接到地面的地下广场。它计划容纳商业、文化、娱乐和体育等设施,并为行人提供最大限度的空间。建筑群将用作一个世界贸易中心,有商店、旅馆和餐厅,但是不接纳办公。建筑师克劳迪瓦丝柯尼(Claude Vasconi)和乔治潘克里奇(Georges Pencreach)从无窗的地下商城模式进行设计。然后,建筑师把从巨大的斜玻璃天窗倾泻而下的日光引入到不同的楼层,形成一个 17.5 米深的下沉内院,向天空敞开,三边围绕着花园。这个广场提供了丰富的商业用途,变成外国人眼中的"巴黎的大门"。

哈雷(Halles)广场 1979 年开始使用,差不多是在 RER 火车站起用的两年后。它里面有 10 个电影院,一个剧院,一个蜡像馆和美食馆、家具店、时装店,以及大量其他商店。它通过地下三、四层与 RER 火车站相连。广场还围绕着当地的地下道路网和两个停车场,可提供 1700 个停车位。这个道路系统位于地下四层,而且地上主要南北林荫大道的汽车不走弯路。

1986 年 10 月开放的新广场是原有中心的扩建,并代替了最初规划的社会,文化和体育中心。整个项目的完成历时 30 年。今天,每年有 3000 多万人来此参观,平均每天 10 万人。这些参观者的通行,78% 的人靠 RER 或地下铁道,17% 为步行,而只有不到 10% 的人开车。这个购物中心每年的销售额为 27 亿法郎。[26]

加拿大

加拿大的实践仅限于蒙特利尔和多伦多的少量的地下购物中心。[27]其中蒙特利尔的一个建于 20 世纪 60 年代,被认为是西方国家最先进、最大的地下购物中心之一。它包括商店、办公、餐馆、剧院和其他服务设施。在多伦多,通过一个复杂然而规划良好的网络使地下空间逐渐发展成步行环线。[28]魁北克市调查了市内现有的地下建筑,制定出评估地下空间发展的规划。魁北克旧城的大部分是依坡而建的。[29]

瑞典

瑞典绝大多数地下实践的重点放在斯德哥尔摩的购物中心,汽车维修工业和军港的建设上。地下空间的利用在瑞典起始于 19

世纪中期的隧道、输送管、涵洞、索道和通道工程。[30]现代技术使得瑞典人能够更深更广地深入花岗岩。新的开发允许把地下深处的场地作为免费区域，虽然产生了法律所有权的问题。瑞典皇家图书馆[位于赫姆勃花园(Humbgarden)地下的一个庞大的书店]和位于斯德哥尔摩市中心的一个深层隧道，是瑞典的地下空间利用的两个实例[31]，负担着将废水运送到排放点的任务。斯德哥尔摩地下逶迤"蛇行"的溢流水池设计用来阻止未经处理的暴雨流入马卢(Malur)湖。另外是将一个大型储油罐改变成一个储煤仓库，一个大型地下污水处理厂，一个交通枢纽，一条有轨线路和一个废弃的能源储藏区。[32]

中国

　　中国采用多样化的地下土地利用有着悠久的历史传统，这一传统延续至今。[33]中国可能有世界上最大和最广泛的地下防御掩蔽所。[34]在中国研究期间，作者得知，如果在遭遇核袭击的情况下，北京的人防系统在特定时间能够单独容纳500万人，组成城市人口的二分之一。整个人防网络会给每一个社区提供子系统，这些子系统彼此连接，并通过地下隧道通至北京城外几公里处。[35]

　　采用现代地下空间设计的还有其他一些国家：英国、印度、俄罗斯、挪威、芬兰、前南斯拉夫以及荷兰。[36]

结论

　　利用地下空间成为新兴的稳步发展的国际潮流。伴随着城市的增长，现在和未来的高科技将使这种运动潮流有更大的发展，地下空间的利用也将更加多样化。现代地下空间利用越来越呈现多样化，然而现在通常情况下，地下空间还只局限于仓库、车库和基础设施。而地下空间大量的实际优势现在带来一些其他建筑类型的建设：地下学校、图书馆、购物中心、交通系统、艺术馆和防御掩蔽所，但由于地下住宅隐含着一些负面的东西，人们仍然普遍不愿接受地下住宅。人们对过去使用地下空间的那些原始聚落存在心理上的抵制，态度是有偏见的、消极的，而经过深思熟虑的设计可以显著地改变这些。

　　虽然地下建筑与传统的地上建筑相比，在建设初期的费用更高一些，但是更多的实际经验，大规模的开发和技术的进步能够保证在建筑使用年限的全过程中，建筑的价格无论地下还是地上会持平。由于世界范围内加速发展的城市化进程,城市地价的飙升,城市基础设施的越来越膨胀,以及其他的一些相关因素,地下空间利用的增长已成必然。在技术上,日本、瑞典、美国和其他一些国家已经证明了利用地下空间是非常切实可行的。然而,要改善地下空间的使用,使地下空间在将来变成一种完全可行的选择,就必须在一些领域中,尤其是诸如工作条件,对健康(生理的和心理的)的益处,睡眠条件,创造性成果以及心理影响等多方面,进行深入的研究和设计理念的创新。

注释

1. Gideon S. Golany, *Chinese Earth-Sheltered Dwellings: Indigenous Lessons for Modern Urban Design* (Honolulu, HI: University of Hawaii Press, 1992): pp. 41-126.

2. John Carmody and Douglas Derr, "The Use of Underground Space in the People's Republic of China," *Underground Space,* Vol. 7, No. l (July/Aug. 1982): pp. 7-15.

3. Gideon S. Gollany, *Urban Underground Space Design in China: Vernacular and Modern Practice* (Newark, DE: University of Delaware Press, 1989): P. 93.

4. Omer Yorukoglu, et al., *Underground Cities in Cappadocia,* unpublished manuscript, 1989, p. 16.

5. Id., pp. 25-27.

6. Id., p. 30.

7. Gideon S. Golany, *Earth Sheltered Dwellings in Tunisia: Ancient Lessons for Modern Design* (Newark, DE: University of Delaware Press, 1988): pp. 26-29.

8. Percy Brown, *Indian Architecture (Buddhist and Hindu)* (Bombay, India: D. B. Taraporevala Sons & Co., Private Ltd., 1976): pp. 19-26, 26-30, 56-61, and 71-76.

9. Owen C. Kail, *Buddhist Cave Temples of India* (Bombay, India: D. B. Taraporevala Sons & Co., Private Ltd., 1976): pp. 80-92.

10. "Ajanta," *Encyclopaedia Britannica,* Vol. 1 (Chicago: William Benton, Publisher, 1970): p. 476.

11. S. G. Dawne, *Ajanta Ellora and Environs, Mythological, Historical, Sculptural, Pictorial Review,* 4th Ed. (Aurangabad, India: Mukund Prakashan, 1978): p. 125.

12. T. V. Pathy, *Ajanta, Ellora & Aurangabad Caves: An Appreciation* (Aurangabad, India: Shrimati T. V. Pathy, 1978): pp. 7-10.

I3. "Temple Architecture," *Encyclopaedia Britannica*, Vol. 21

(Chicago: William Benton, Publisher, 1970): p. 831b.

14. Kail, p. 93.

15. Kail, p. 108.

16. Tetsuya Hanamura, "Japan's New Frontier Strategy: Underground Space Development," *Tunneling and Underground Space Technology,* Vol. 5, No. 1/2 (1990): pp. 13-21.

17. Patrick Horsbrugh, "Geospace Panorama," *Urban Underground Utilization '91, Proceedings* (Tokyo: Urban Underground Space Center of Japan, 1991): pp. 625-32.

18. Raymond L. Sterling, "Recent Developments in Underground Utilization in the USA," *Urban Underground Utilization '91, Proceedings* (Tokyo: Urban Underground Space Center of Japan, 1991): pp. 77-79.

19. Gideon S. Golany, *Earth-Sheltered Habitat: History, Architecture and Urban Design* (New York: Van Nostrand Reinhold Company, 1983): pp. 23-38.

20. D. A. Gilbert, "Earth-Sheltered Housing in Appalachia," *Underground Space*, Vol. 6, No. 2 (Sept./Oct. 1991): pp. 89-92.

21. John Carmody and Raymond Sterling, "Design Guideline for People in Underground Spaces," *Urban Underground Utilization '91, Proceedings* (Tokyo: Urban Underground Space Center of Japan, 1991): pp. 641-46.

22. Truman Stauffer, Sr., "Subsurface Uses in Sweden and France: A Report," in *Underground Utilization: A Reference Manual of Selected Works, Vol. IV: Human Responses and Social Acceptance of Underground Space,* ed. Truman Stauffer (Kansas City, MO: A Geographic Publication, Department of Geosciences, University of Missouri, 1978): pp. 664-77.

23. D. Farray, "The Architecture of French Subways and Underground Railways," *Underground Space,* Vol. 8, No. 2 (1984): pp. 117-24.

24. François Ascher, "Impact of Land Use Transition by Underground Utilization: The Case of Paris," *Urban Underground Utilization '91, Proceedings* (Tokyo: Urban Underground Space Center of Japan, 1991): pp. 64-70.

25. André Guillerme, "Urban Underground Network and Terminal Facilities," *Urban Underground Utilization '91, Proceedings* (Tokyo: Urban Underground Space Center of Japan, 1991): p. 41.

26. Alain Sonntag, "An Image of an Underground Complex, the Forum des Halles in Paris," *Urban Underground Utilization '91,*

Proceedings (Tokyo: Urban Underground Space Center of Japan, 1991): pp. 92-96.

27. A. D. Margison, "Canadian Underground NORAD Economically Achieved," *Underground Space,* Vol. 2, No. 1 (Sept. 1977): pp. 9-18.

28. Daniel J. Boivin, "Underground Space Use and Planning in the Quebec City Area," *Tunneling and Underground Space Technology,* Vol. 5, No. 1/2 (1990): pp. 69-84.

29. Michael B. Barker, "Toronto's Underground Pedestrian System," *Tunneling and Underground Space Technology,* Vol. 1, No. 2 (1986): pp. 145-52.

30. Stauffer (1978), pp. 664-77.

31. Hans Wohlin, "Underground Planning," *Urban Underground Utilization '91, Proceedings* (Tokyo: Urban Underground Space Center of Japan, 1991): pp. 50-52.

32. Bjorn Sellberg, "Swedish R & D Programme and Support on Underground Planning in the 1990s," *Urban Underground Utilization '91, Proceedings* (Tokyo: Urban Underground Space Center of Japan, 1991): pp. 619-24.

33. G. Golany, *Urban Underground Space in China* (Newark, DE: University of Delaware Press, 1989).

34. Eugene Wukasch, "Underground Population Defense Structures in China," *Underground Space*, Vol. 7, No. 1 (July/Aug. 1982): pp. 16-20.

35. Golany (1989), pp. 64-71.

36. Further information on some European countries on the subject are:

   Einar Broch and Jan. A. Rygh, "Permanent Underground Openings in Norway — Design Approach and Some Examples," *Underground Space*, Vol. 1, No. 2 (1976): pp. 87-100.

   V. I. Hokkanen, M. Forssen, K. Niva, Sorjonen, and Lahti Institute of Design. "Four Examples of Subsurface Uses in Finland," *Tunneling and Underground Space Technology,* Vol. 9, No. 3 (July 1994): pp. 385-93.

   P. M. Maurenbrecher and H. J. B. Z. Trimbos, "Preliminary Infrastructural Development Plan for the Resort Town of Valkenburg, SE Netherlands, by Adapting Existing Open and Underground Quarry Spaces — Basis for an International Contest," *Urban Underground Utilization '91, Proceedings* (Tokyo: Urban Underground Space Center of Japan, 1991): pp. 661-70.

M. P. O'Reilly, "Some Examples of Underground Development in Europe," *Underground Space,* Vol. 2, No. 3 (April 1978): pp. 163-78.

Arthur Quarmby, "Recent Development in Earth-Sheltered Architecture in the United Kingdom," *Urban Underground Utilization '91, Proceedings* (Tokyo: Urban Underground Space Center of Japan, 1991): pp. 633-40.

Zlatko Svetlicic, "Uses of Underground Space in Yugoslavia," *Tunneling and Underground Space Technology,* Vol. 1, No. 1 (July 1986): pp. 67-70.

总参考文献

GENERAL

COUNTRIES: INDIGENOUS AND MODERN CASES

China   United States

Tunisia   Other Countries

Turkey

SELECTED TOPICS: DESIGN AND CONSTRUCTION

Construction   Soil Properties and

Design   Performance

Drainage, Waterproofing,   Technology

  and Insulation   Thermal Performance and

Natural Hazards   Energy

Roofs   Ventilation

Structure   Windows and Light

URBAN DESIGN: CITY PLANNING AND DEVELOPMENT

Climate   Psychology

Environmental Issues   Public Policy, Legislation,

Industrial and Commercial   and Zoning

  Use   Schools

Military Use   Social and Economic Issues

Parking   Transportation

GENERAL

Aughenbaugh, N. B. "Development of Underground Space." In *Earth-Covered Buildings and Settlements,* edited by Frank L. Moreland, 152—68. Springfield, VA: NTIS, 1979.

Bacon, Vinton W. "Overview of Underground Construction in Congested Areas." In *Underground Utilization,* edited by Truman Stauffer, Sr., 2: 176-79. Kansas City, MO: University of Missouri, 1978.

Birkets, Gunnar. *Subterranean Urban Systems.* Ann Arbor: Industrial Development Division, Institute of Science and Technology, University of Michigan, 1974.

Bligh, Thomas. "Building Underground." *Building Systems Design* (October-November 1976): 1-22.

Brown, G. Z. and B. J. Novitski. "Climate Responsive Earth-sheltered Buildings." *Underground Space* 5 (1981): 299, 305.

Campbell, Stu. *The Underground House Book*. Charlotte, VT: Garden Way Publishing, 1980.

Coogan, Alan H. "Classification and Valuation of Subsurface Space." *Underground Space* 3 (1979): 175-86.

Earth-sheltered Housing Design: Guidelines, Examples, and References. Minneapolis: Underground Space Center, University of Minnesota, 1978; revised edition, 1985. Also published, New York: Van Nostrand Reinhold, 1979.

Fairhurst, Charles. "Going Under to Stay on Top." *Underground Space* 1 (1976): 71-86. Also in *Underground Utilization*, edited by Truman Stauffer, Sr., 7: 942-54. Kansas City, MO: University of Missouri, 1978.

Golany, Gideon S. "An Underground Frontier." In *Research/Penn State: Arts and Humanities*. Vol. II, no. 3, September 1981, p. 17.

———. "Contribution of Geo-front Space to Modern Urban Design." In *Design Journal* (of the Department of Architecture and Building Engineering, Tokyo Institute of Technology), no. 3, 1991, p. 19.

———. "Earth-Sheltered Homes: It's 'Cool' Living Below the Ground." Interview in *Herald* (Shenandoah, PA) . November 28, 1985.

———. "Moving Down." Interview in *The Penn Stater*. March/April 1983, p. 15.

———."Subterranean Settlements for Arid Zones." In *Earth-covered Buildings and Settlements,* edited by Frank L. Moreland, 174-202. Springfield, VA: NTIS, 1979.

Hanamura, Tetsuya. "Alice City Network Concept of Urban Underground Space Use." Tokyo: Taisei Corporation, April 1989.

Horsbrugh, Patrick. *Geotecture, Concept, Design, Construction, and Economy of Geospace — The Creation of Subterranean Accommodation*. Minneapolis: Department of Civil and Mineral Engineering, University of Minnesota, 1973.

"House 'Revealed' Itself on Slope" (Case Study). In *Earth Shelter Digest and Energy Report,* no. 11 (September-October 1980): 11-14.

Jannsson, Birger. "City Planning and the Urban Underground." *Underground Space* 3 (1978): 99-115.

Jansson, Birger and Torbjörn Wingqvist. *Planning of Subsurface Use*. Oxford, England: Pergamon Press, 1977.

Jansson, Birger. "Terraspace — A World to Explore." *Underground Space* 1 (1976): 9-18.

Kommendant, August E. "Earth-Covered Structures." In *Earth-Covered Buildings: Technical Notes*, edited by Frank L. Moreland, F. Higgs, and J. Shih, 1-12. Springfield, VA: NTIS, 1979.

Labs, Kenneth B. "Performance of Earth-Covered Development: Planning Issues." In *Earth-Covered Buildings and Settlements*, edited by Frank L. Moreland, 125-40. Springfield, VA: NTIS, 1979.

Legget, Robert F. "The Underground of Cities." In *Underground Utilization,* edited by Truman Stauffer, Sr., 2: 184-88. Kansas City, MO: University of Missouri, 1978.

Moreland, Frank L. "Earth-covered Habitat—An Alternative Future." *Underground Space* 1 (1977): 295-307.

———, ed. *Alternatives in Energy Conservation: The Use of Earth-Covered Buildings.* Washington, DC: National Science Foundation/USGPO, 1978.

———, ed. *Earth-Covered Buildings and Settlements.* Springfield, VA: NTIS, 1979.

Moreland, Frank L., F. Higgs, and J. Shih, eds. *Earth-covered Buildings: Technical Notes.* Springfield, VA: NTIS, 1979.

Oliver, Paul, ed. *Shelter, Sign & Symbol.* (London: Barrie &Jenkins), 1975.

Potential Use of Underground Space. Minneapolis: Department of Civil and Mineral Engineering, University of Minnesota, 1975.

Randall, William J. "Space Age Cave Dweller." *Congressional Record — Appendix* 109, pt. l0 (18 July 1973): A4569-A4571.

Rapoport, Amos. *House Form and Culture*. Englewood Cliffs, NJ: Prentice Hall, 1969.

Reyner, J. F. *Analysis of Several Surveys Relative to Problems of Shelter Habitability*. Washington, DC: National Academy of Sciences, 1960.

Roy, Robert L. "How to Build an Underground Home." *Farmstead*, March 1979.

Scalise, James W. *Terratecture: The Environmental Benefits of Earth-Integrating Architectural Design Techniques*. Tempe, AZ: College of Architecture, Arizona State University, 1977.

——, ed. *Earth-Integrated Architecture: An Alternative Method for Creating Livable Environments with an Emphasis on Arid Regions*. Tempe, AZ: Architecture Foundation, Arizona State University, 1975.

Stauffer, Truman, Sr., ed. *Underground Utilization: A Reference Manual of Selected Works*. 8 vols. Vol. 1: *Historical Perspective;* Vol. 2: *Uses for Underground Space;* Vol. 3: *Space Construction Underground*; Vol. 4: *Human Response and Social Acceptance of Underground Space*; Vol. 5: *Advantages in Underground Space Use;* Vol. 6: *Regulations and Policy in the Use of Underground Space;* Vol. 7: *The Future of Underground Development*; Vol. 8: *Index*. Kansas City, MO: University of Missouri, 1978.

Sterling, Ray, et al. "Site Constructions for Earth-Sheltered Structures." *Concrete Construction* 25 (1980): 653.

"Study Report by the Subterranean City Concept Subcommittee, 1988-1990." In *"Proceedings of the Fourth International Conference on Underground Space and Earth Sheltered Buildings, December 3-5, 1991."* Tokyo, Japan: Sponsor—Urban Underground Space Center of Japan, 1991.

van der Meer, Sybe J. "Underground and Earth-covered Housing Deserves Consideration." In *Proceedings IAHS Symposium*, edited by Parviz Rad et al., 2: 1137-50. Coral Gables, FL: International Association for Housing Science, 1976.

Wohlin, Hans. "Underground Planning." In *"Proceedings of the Fourth International Conference on Underground Space and Earth Sheltered Buildings, December 3-5, 1991."* Tokyo, Japan: Sponsor—Urban Underground Space Center of Japan, 1991.

COUNTRIES: INDIGENOUS AND MODERN CASES

China

Andreadaki-Chronaki, Eleni. "Earth Sheltered Architecture as an Alternative for Environmental Planning: The Experience of Santorini. In *Earth Sheltered Buildings Conference* (1986): 6-11.

Aoki, Shiro, and Toshimasa Konishi. "Types and Locations of Earth Construction. In *Symposium on Earth Architecture* (1985): 17-19.

Architectural Journal, ed. "First symposium on cave dwellings and buildings in earth (Zhongguo jianzhu xuehui yaodong ji shengtu jianzhu: Di yi ci xueshu taolun huiyi jiyao)." *Architectural Journal* (Jianzhu xuebao) 10 (1981): 29-30.

Architectural Society of China and Tianjin University, Department of Architecture, eds. *Earth Sheltered Architecture in China* (Zhongguo shengtu jianzhu). Tianjin, China: Tianjin Science and Technology Press, 1985.

Architectural Society of China, ed. *Proceedings of the International Symposium on Earth Architecture* (1-4 November 1985), Beijing.

Arledge, Pat H., and Cora F. McKown. "Innovativeness and Risk-taking Characteristics of Owners of Earth Sheltered Houses." In *Symposium on Earth Architecture*

(1985): 41-46.

Asanga, Cletus T., and Robert B. Mills. "Changes in Environment, Grain Quality, and Insect Populations in Pearl Millet Stored in Underground Pits." *Underground Space* 9.5-6 (1985): 316-321.

Attewell, P. B., and A. R. Selby. "The Effects of Large Ground Movements Caused by Tunnelling in Compressible Soils." In *Conference on Underground Space* (1988): 316-326.

Baggs, S. A., and C. F. Wong. "Survey of Radon in Australian Geotecture and Architecture." In *Earth Sheltered Buildings Conference* (1986): 111-116.

Baggs, Sydney A. "Environmental Factors Possibly Influencing Attitude in Australians Living in Above-and Below-ground Dwellings in an Arid Region Mining Town." In *Symposium on Earth Architecture* (1985): 47-54.

——. "Survey and Analysis of Interior/Exterior Environments of Nine Case Studies of 'Dugout' Dwellings, Coober Pedy, South Australia." In *Conference on Underground Space* (1988): 441-446.

——. "The First International Earth Shelter Building Conference." *Underground Space* 8.3 (1984): 149.

Bai Mingxue. "Earthquake Hazards to the Earth Buildings in Ningxia." In *Symposium on Earth Architecture* (1985): 55-63.

Banks, H.J. "Effects of Controlled Atmosphere Storage on Grain Quality: A Review." *Food Technology in Australia* 83 (1981): 335-340.

Bansal, N. K., and M. S. Sodha. "An Earth-Air Tunnel System for Cooling Buildings." *Tunnelling and Underground Space Technology* 1.2 (1986): 177-182.

Bartz, Janet G. "Attitudes and Residential Satisfaction of Earth Sheltered Housing Consumers." In *Earth Sheltered Buildings Conference* (1986): 137-142.

Beijing City Office of Air Defense. "The Use of Air Raid Shelters in Beijing (Beijing renfang gongcheng de liyong)." *Architectural Journal* (Jianzhu xuebao) 11 (1982): 40-41.

Blick, Edward F., and J. G. Eyerman. "R Factor for Earth Bermed Buildings." In *Earth Sheltered Buildings Conference* (1986): 175-182.

Bowers, Douglas A. "Geocomposites: A Systems Approach." In *Earth Sheltered Buildings Conference* (1986): 103-106.

Boyd, Andrew C. H. *Chinese Architecture and Town Planning, 1500 B.C-A.D. 1911.* Chicago: University of Chicago Press, 1962.

Boyer, Lester L. "Daylighting Performance of an Earth Covered Dwelling at High Altitude. In *Earth Sheltered Buildings Conference* (1986a): 252-256.

——. "Design and Construction of a Remote, Fully Passive, Two-Story Earth Covered Residence at High Altitude." In *Earth Sheltered Buildings Conference* (1986b): 230-233.

Boyer, Lester L., and Morad R. Atif. "Comparison of Daylighting Distribution in an Underground Dwelling High in the Rockies Using Computer Algorithms, Scale Models, and On-Site Measurements." In *Conference on Underground Space* (1988): 470-475.

Boyer, Lester L., and W. T. Grondzik. "Sunlighting, Daylighting, and Passive Solar Heating for Earth Covered Dwellings." In *Earth Sheltered Buildings Conference* (1986): 220-223.

Britz, Richard D. "Modular Method of Making a Building 'earthship' Structure." In *Earth Sheltered Buildings Conference* (1986): 263-266.

Broch, Einar, and Jan A. Rygn. "Recreational Facilities in Rock in Norway." In *Conference on Underground Space* (1988): 502-508.

Brown, R. L. "Japan: Under Land and Under Water." *Building* 226 (1974): 87-88.

Cai Xiaohong and Lu Younian. "Calculation of Elastic-Plastic Stress for Hydrotechnical Pressure Tunnel (Shuigong yali suidong tansuo xingying li jisuan)." *Underground Space* (Dixia kongjian) 1 (1987): 29-38.

Cai Xiuyue. "The Utilization and Development of the Space in Subway Stations—Some Ideas on the Plan of Xi Dan Station." In *Conference on Underground Space* (1988): 110-115.

Cao Guiquan. "Application of In stallation with Heating Pipes and Heat Air Supply in Underground Construction (Refeng reguan zhuangzhi zai dixia gongcheng de yingyong)." *Underground Space* (Dixia kongjian) 8.3 (1988): 68-72.

Carmody, J. C., and R. L. Sterling. "Design Strategies to Alleviate Negative Psychological and Physiological Effects in Underground Space." In *Earth Sheltered Buildings Conference* (1986): 127-136.

Carmody, J. C., S. L. Shen, Y.J. Huang, L. G. Goldberg, and George D. Meixel, Jr. "A Comprehensive Method for Predicting Residential Energy Savings Due to Basement Insulation." In *Conference on Underground Space* (1988): 404-409.

Carmody, John, and Douglas Derr. "The Use of Underground Space in the People's Republic of China." In *Underground Space* 7. 1 (1982): 7-15.

Cave Dwelling Survey and Research Group. *Sunken Cave Dwellings in Gong County* (Gong xian de xiachen shi yaodong jianzhu). Construction Committee of Kaifeng Region, Henan, 1982.

Cena, K., L. Sliwowski, and J. R. Spotila. "Thermal Comfort of Humans in Normal and Special Environments." In *Conference on Underground Space* (1988): 492-495.

Chan Bingshan, Jian Wenbin, and Wu Qiong. "The Resource Significance of the Karst Underground Space." In *Conference on Underground Space* (1988): 280-282.

Chang, Kwang-Chih. *The Archaeology of Ancient China.* 3d ed. New Haven: Yale University Press, 1977.

Chatani, Masahiro, and Koji Yagi. "Analysis of Hillside and Pit Type Dwellings." In *Symposium on Earth Architecture* (1985): 20-23.

Chatani, Masahiro, K. Yagi, T. Nakazawa, and K. Yashiro. "Underground Dwellings in the Loess Land of China. In *Earth Sheltered Buildings Conference* (1986): 36-40.

Chatani, Masahiro, Koji Yagi, Kiyoshi Ishikawa, Naomi Ando, Katsuhiko Yashiro, and S, Nonaka. "Analysis of Recognition of Route in Underground Shopping Areas of Tokyo and Yokohama." In *Conference on Underground Space* (1988a): 433-436.

Chatani, Masahiro, Koji Yagi, Kiyoshi Ishikawa, T. Nakazawa, Katsuhiko Yashiro, and T. Taniguchi. "Research on Spatial Perception in Underground Shopping Areas of Tokyo and Yokohama." In *Conference on Underground Space* (1988b): 437-440.

Chen Benrong and Zhang Yushu. "Glimpse into the Underground City of Beijing (Beijing dixiacheng yi pie)." *Beijing Daily* 21 (December 1983).

Chen Lidao, Zhang Dongshan, and Shu Yu. "The Evaluation of Demand for Underground Space in Urban Areas and Optimal Distribution." In *Conference on Underground Space* (1988): 165-171.

Chen Qigao. "A Program on Wastes Control for a Heat Power Plant by an Underground System." In *Conference on Underground Space* (1988): 416-421.

——."Research on the Thermal Performance of a Sweet Orange Cellar.'' In *Earth Sheltered Buildings Conference* (1986a): 190-194.

——."Theory of Heat Transfer in a Tunnel with Natural Ventilation." In *Earth Sheltered Buildings Conference* (1986b): 205-209.

Chen Yanxun, Nie Minggang, and Xiao Mingyan. "Investigation on Acoustic Environment of Underground Space (Dixia kongjian de shenghuanjing diaocha)." *Underground Space* (Dixia kongjian) 8.3 (1988): 38-50.

Chen Zhanxiang. "Cave Dwellings and Architecture (Yaodong yu jianzhu)." *Architectural Journal* (Jianzhu xuebao) 10 (1981): 31-33.

Chen Ziqiang. "Construction and Management of an Underground Market in the Department Store Nanfang Dasha (Nanfang Dasha dixia shangchang de shigong yu guanli)." *Underground Space* (Dixia kongjian) 4 (1986): 49-55.

Chen, B. J., Q. Y. Chi, and X. K. Li. "Environment and Health in [an] Underground Hospital." In *Conference on Underground Space* (1988): 399-403.

Chinese Academy of Sciences, Institute of Geology. *Chinese Loess Soil Distribution Map* (Zhongguo huangtu fenbu tu). Beijing: Cartographic Press, 1965.

Chongqing University, Tongji University, Harbin Architectural Engineering Institute, and Tianjin University, eds. *Underground Architectural Structure in Rocks* (Yanshi dixia jianzhu jiegou). Beijing: China Building Industry Press, 1928.

Cui Zhensheng, and Gu Zuming. "The Ep-pur Elastic Sealer — A Sealing Material for Underground Engineering." In *Conference on Underground Space* (1988): 208-210. Central Meteorological Department, ed. *Climate of China, Diagrams and Illustrations.* Beijing: Maps Publishing Co., 1978.

Deng Qisheng. "Traditional Measures of Moistureproof in Raw Soil Architecture in China." In *Symposium on Earth Architecture* (1985): 64-68.

Di Cristofalo, S., S. Orioli, G. Silvestrini, and S. Alessandro. "Thermal Behavior of 'Scirocco Room' in Ancient Sicilian Villas." In *Conference on Underground Space* (1988): 45-47.

Duddeck, Heinz, Deiter Rabe, and Dieter Winselmann. "Design Criteria for Immersed Tube Tunnels: Experiences Gained by the Autobahn-Tunnel under the River Ems." In *Conference on Underground Space* (1988): 172-179.

Duddeck, Heinz. "Guidelines for the Design of Tunnels." In *Conference on Underground Space* (1988): 180-188.

Dunkel, F. V., R. L. Sterling, G. D. Meixel, and L. D. Bullerman. "Underground Structures for Grain Storage: Inter-relatedness of Biologic, Thermal, and Economic Aspects." In *Conference on Underground Space* (1988): 1-6.

Dunkel, F., R. Sterling, and G. Meixel. "Underground Bulk Storage of Shelled Corn in Minnesota." In *Earth Sheltered Buildings Conference* (1986): 78-85.

Dunkel, Florence V. "Grain Storage in South China." *Cereal Foods World* 27 (1982): 409-414.

——."Underground and Earth-Sheltered Food Storage: Historical, Geographic, and Economic Considerations." In *Underground Space* 9.5-6 (1985): 310-315.

Dunkel, Florence V., Zhe Lung Pu, Chuan Liang, and Fan-yi Huang. "Insect and Fungal Response to Sorbic Acid-treated Wheat During Storage in South China." *Journal of Economic Entomology* 75 (1982): 1083-1088.

Eberspacher, Warren. "The Earth Systems Structural Forming System." In *Earth Sheltered Buildings Conference* (1986): 257-262.

Editing and Writing Group, ed. *Handbook for the Design of Heating and Air Conditioning in Underground Buildings* (Dixia jianzhu nuan tong kongtiao sheji shouce). Beijing: China Building Industry Press, 1983.

El Bartali, Houssine, and Said Afif. "Temperature Variations in Underground Grain Storage Structures." In *Conference on Underground Space* (1988): 488-491.

El Bartali, Houssine. "Underground Storage Pits in Morocco." In *Earth Sheltered Buildings Conference* (1986): 68-78.

Esaki, Yoichiro, and Ryuzo Ohno. "A Morphological Analysis of Underground Rooms."

In *Symposium on Earth Architecture* (1985): 24-26.

Fairhurst, Charles, and Raymond Sterling. "Session Report: Subsurface Storage of Food." *Underground Space* (Dixia kongjian) 7.4-5 (1983): 249-250.

Fan Jiancheng and Kang Ning. "Analysis of Probability of Existence for Underground Construction (Dixia gongcheng de shengcun gailu qianxi)." *Underground Space* (Dixia kongjian) 4 (1986): 19-40.

Feng Zhongwen. "Scientific Management of Utilization of Underground Tunnel Air (Didaofeng liyong de kexue guanli)." *Underground Space* (Dixia kongjian) 1 (1987): 55-63.

Freeman, S. Thomas, et al. "Tunnelling in the People's Republic of China." *Underground Space* 7 · 1(1982): 24-30.

Fujita, K., K. Ueda, and Y. Shimomura. "An Empirical Proposal on Stability of Rock Cavern Wall During Construction in Japan." In *Storage in Excavated Rock Caverns, Rockstore* 77.2, Magnus Bergman, ed., 309-314.

Oxford, England: Pergamon Press, 1978.

Fukuchi, G. "Guest Editorial." *Tunnelling and Underground Space Technology* 1.3-4 (1986): 223-224.

Fuller, Myron L., and Fredrick G. Clapp. "Loess and Rock Dwellings at Shensi." *Geographical Review* 14 (1924): 215-226.

Gansu Cave Dwelling and Soil Construction Survey and Research Group, ed. *A Collection of Theses on Surveys of Cave Dwellings and Buildings in Earth in China* (Zhongguo yaodong ji shengtu jianzhu diaoyan lun wen xuanji). Lanzhou: Architectural Society of China, 1982.

Gao Boyang and Geng Yonghang. "Research on the Psychological Condition of People Working and Living in Underground Circumstances." In *Conference on Underground Space* (1988): 428-432.

Gao Hewei and Zhang Changquan. "Shanghai People's Square Under-ground Parking." In *Conference on Underground Space* (1988): 133-137.

Gilman, G. A., and R. A. Boxall. "The Storage of Food Grain in Traditional Underground Pits." *Tropical Stored Products Information* 28 (1974): 19-38.

Goding, Lloyd A. "Ferro Cement as a Building Material for Earth Shelter." In *Earth Sheltered Buildings Conference* (1986): 100-102.

Golany, Gideon S. "Chinese Belowground Dwellings: Cliffside, Pit (Sunken Courtyard), and Earth-Sheltered Dwellings; Home to 40 Million Inhabitants of Northern China". In *Adobe Journal,* Issue 10, 1994, pp. 8-12.

——.*Chinese Earth-Sheltered Dwellings: Indigenous Lessons for Modern Urban Design.* Honolulu: University of Hawaii Press, 1992.

——.*Design and Thermal Performance: Below-Ground Dwellings in China.* Newark, Delaware: University of Delaware Press, 1990.

——."The Pit and Cliff Houses of China." In *Research/Penn State: Arts and Humanities.* Vol. VI, no. 3, September 1985, pp. 18-19.

——.*Urban Underground Space Design in China: Vernacular and Modern Practice.* Newark, Delaware: University of Delaware Press, 1989.

Granit, Michael. "Underground Design in Urban Areas." In *Conference on Underground Space* (1988): 116-121.

Gu Fubao. *Cave Dwellings in West Henan* (Yuxi yaodong minju). Zhengzhou: Civil Engineering Department, Zhengzhou Engineering College, 1982.

Guan Lijun. "Research on Thermal Environments Inside Loess Cave Dwellings in China." In *Symposium on Earth Architecture* (1985): 82-92.

Gudehus, G. "Geotechnical Innovations for an Underground Garage in Soft Soil." In *Conference on Underground Space* (1988): 86-89.

Guo Yunfu, Ysang Nanfang, and He Tienan. "Design and Economical Benefit of Cavern Oil Storage with Double Approach (Danshuang yindao shantong shiyouku sheji yu jingjixiao yi fenxi)." *Underground Space* (Dixia Kongjian) 1 (1987): 5-16.

Hait, John N. "Passive Annual Heat Storage." In *Conference on Underground Space* (1988): 476-481.

Hanamura, Tetsuya. "Japan's New Frontier Strategy: Underground Space Development." *Tunnelling and Underground Space Technology* 5.1-2 (1990): 13-22.

Hane, Tadashi. "Application of Solar Daylighting System to Underground Space." In *Conference on Underground Space* (1988): 464-469.

——."Application of Solar Daylighting Systems to Underground Space." *Tunnelling and Underground Space Technology* 4.4 (1989): 465-470.

Hanegreefs, P., S. Clarke, and F. Dunkel. "Underground Bag Storage of Dry Edible Beans in Rwanda (East Africa)." In *Earth Sheltered Buildings Conference* (1986): 74-77.

Hasegawa, F., H. Yoshino, and S. Matsumoto. "Optimum Use of Solar Energy Techniques in a Semi-underground House: First Year Measurement and Computer Analysis." *Tunnelling and Underground Space Technology* 2.4 (1987): 429-436.

History of Chinese Architecture. Group compilation. Beijing: China Building Industry Press, 1979. In Chinese.

Hou Ji-Yao. "Cave Dwellings in North Shaanxi Province." *Knowledge of Architecture* 2 (n.d.). In Chinese.

Inaba, Kazuya, et al. "Investigation and Improvement of Living Environment in Cave Dwellings in China." *Proceedings of the International Symposium on Earth Architecture, 1-4 November, 1985, Beijing*. Beijing: Ar-chitectural Society of China, 1985.

Liu Duanzheng. *Chinese Housing Concepts*. Beijing: Architectural Construction Press, 1957. In Chinese.

Qian Fu-yuan and Su Yu. "Research on the Indoor Environment of Loess Cave Dwellings." *Proceedings of the International Symposium on Earth Architecture, 1-4 November, 1985, Beijing*. Beijing: Architectural Society of China, 1985.

Tunisia

Balland, Viviane. "Morphogenese quaternaire dans les monts de Matmata." In *Maghreb et Sahara, études géographiques offertes à Jean Despois,* 45-57. Special issue of *Acta Geographica*. Paris: Société de Géographie, 1973.

Bardin, P. "Les terres collectives et le paysannat dans le sud de la Tunisie." *La France Méditerranéenne et Africaine* 2 (1938): 65-72.

Ben-Hamza, Kacem. "The Cave-Dwellers of Matmata: Ritual and Eco-nomic Decision-Making in a Changing Community." Ph.D. diss., Indiana University, 1977.

Bertholon, L. "Les Ghoumracen, Douiret et Chenine." *Etude . . . Ardh* (1894): 189-91.

——. "Le plateau de Demer et les Ksours des Aouiya." *Etude ... Ardh*(1894): 185-88.

Beschaouch, Azedine, Roger Hanoune, and Yvon Thébert. *Lesruines de Bulla Regia*. Rome: Ecole Francaise de Rome, Palais Farnese, 1977.

Blanc, E. "Les oasis du sud de la Tunisie." *Bulletin de la Société de Géographie Commerciale de Paris* (1889): 117-24.

Bruun, Daniel. *The Cave Dwellers of Southern Tunisia. Recollections of a Sojourn with the Khalifa of Matmata*. London: W. Thacker and Co., 1898.

Carton, L. "Ksours et troglodytes de la Tunisie." *Bulletin de la Société de Géographie de Lille* (1913): 128-34.

Déambroggio [Kaddour Larby]. "Législation et coutumes des Berbéres du Sud Tunisien." *Revue Tunisienne* (1913): 97-103.

Despois, J. "Les greniers fortifiés de l'Afrique du Nord." *Les Cahiers de Tunisie* 1 (1953): 38-60.

Dupas, P. "Note sur les magasins collectifs du Haut-Atlas occidental." *Hespéris* 9 (1929): 303-21.

Duveyrier, H. "Excursion dans le sud de la Tunisie." *Revue Algérienne et Coloniale* (1860): 413-96.

el-Fechfach, Muhamed, et al. *Atlas of Tunisia*. Paris: Jean Afrique, 1980. Printed in Arabic.

Forest, G. "Coutumes des populations de la circonscription de Tataouine." *Mémoire du CHEAM* (Centre de Hautes Etudes d'Administration Mus-ulmane), no. 573 (1942).

Golany, Gideon S. *Earth-Sheltered Dwellings in Tunisia: Ancient Lessons for Modern Design*. Newark, Delaware: University of Delaware Press, 1988.

Haan, Herman. "Matmata." In *Architects Yearbook,* edited by David Lewis, 2: 126-228. London: Elek Books, 1965.

Hallet, Stanley. "Mountain Villages of Southern Tunisia." *Journal of Architectural Education* 29 (1975): 22-25.

Ibn Khaldun. *Histoire des Berbères et des dynasties musulmanes de l'Afiique septrionale*. Translated by Baron de Slane. 4 vols. Paris: P. Geuthner, 1968.

Idoux, M. "Un été dans le Sud Tunisien." *Mémoires de la Société Bourguignonne de Géographie et d'Histoire* 16 (1990): 20-22.

Jacques-Meuiné Mme. D. *Greniers-citadelles' au Maroc*. In Publications de l'Institut des Hautes Etudes du Maroc, pts.1 and 2, 52 (1951).

Johnston, Harry T. "A Journey through the Tunisian Sahara." *The Geographical Journal, June* 1898.

Joly, A. "Notes géographiques sue le Sud Tunisien." *Bulletin de la Société de Géographie d'Alger* (1907): 281-301; (1909): 223-50, 471-508.

Le Boeuf, J. *La colonisation de l'Extrême Sud Tunisien*. Tunis: Imprimerie Rapide, 1903.

Le Houerou, H. N. "Contribution à l'étude des sols du Sud Tunisien." *Annales Agronomiques* (Paris) (1960): 241-308.

Lelainville, J. "Les troglodytes du Matmata." *Bulletin de la Société Normande de Géographie* (1909): 119-42.

Louis, André, and M. M. Sironval. "Le mariage traditionnel en milieu berbère dans le sud de la Tunisie." *Revue de l'Occident Musulman et de la Méditerranéé*(Aix-en-Provence), no. 12 (1972): 93-121.

Louis, André, and Stanley Hallet. "Evolution d'un habitat: Le monde 'berbère' du Sud-Tunisien." *IBLA* (Institut des Belles Lettres Arabes) 42 (1972): 249-67.

Louis, .André. "Aus Matmatas et dans les ksars du sud, l'olivier et les hommes." *Cahiers des Arts et Traditions Populaires; Revue due Centre des Arts et Traditions Populaires* (Tunis: Ministere des Affaires Culturelles), no. 3 (1969): 41-66.

——.comp. *Bibliographie ethno-sociologique de la Tunisie*. Tunis: Institut des Belles Lettres Arabes, 1977.

——. "Aux Nefzaouas: Le palmier et les hommes. Du semi-nomadisme à la sédentarisation." Lecture given at the First National Festival of the Sahara, Douz, Tunisia, 17 November 1967. Published in *IBLA* (Institut des Belles Lettres Arabes) 31 (1968): 315-46.

——. "Contacts entre culture 'berbère' et culture arabe dans le Sud-Tunisien." In

Acres du Premier Congrès d'Etudes des Cultures Méditerranéennes d'Influence Arabo-Berbère, Malta, 3-6 April 1972, 394-405. Algiers: Société Nationale d'Edition et de Diffusion, 1972.

——. "Curieusement adossé à une falaise abrupte, un très vieux village: La Kessera." *IBLA* (Institut des Belles Lettres Arabes) 42 (1979): 235-47.

——. "Evolution des modes de vie au Sahara Tunisien." Lecture given at the Second National Festival of the Sahara, Douz, Tunisia, 9 November 1968. Published in *IBLA* (Institut des Belles Lettres Arabes) 32 (1969): 71-102.

——. "Greniers fortifiés et maisons troglodytes: Ksar-Djouama." *IBLA* (Institut des Belles Lettres Arabes) 28 (1965): 373-400.

——. "Habitat et habitations autour des ksars de montagne dans le Sud Tunisien." *IBLA* (Institut des Belles Lettres Arabes) 34 (1971): 123-48.

——. "Kalaa, ksour de montagne et ksour de plaine dans le Sud-Est Tunisien." In *Maghreb et Sahara, études géographiques offertes à Jean Despois*, 257-70. Special issue of *Acta Geographica*. Paris: Société de Géo-graphie, 1973.

——."L'habitation troglodyte dans un village des Matmata." *Cahiers des Arts et Traditions Populaires; Revue du Centre des Arts et Traditions Populaires* (Tunis: Secretariat d'Etat aux Affaires Culturelles et à l'Information), no. 2 (1968): 33-60.

——. "Le monde 'berbère' de l'Extrême-Sud Tunisien." *Revue de l'Occident Musulman et de la Méditerranée* (Aix-en-Provence), no. 11 (1972): 107-25.

——. "Sur un piton de l'Extrême-Sud, une étrange cité berbère: Douiret." *IBLA* (Institut des Belles Lettres Arabes) 27 (1964): 381-91.

——. *Carte pedologiue de la Tunisie*. Tunis, 1973.

——. *Etrange cité berbère du Sud Tunisien: Douiret*. Tunis: Société Tunisienne de Diffusion, 1975.

——.*Tunisie du Sud: Ksars et villages de Crêtes*. Paris: Editions du Centre National de la Recherche Scientifique, 1975.

Mathieu, G. "Contribution a l'étude des monts troglodytes, dans l'Extrême Sud Tunisien." *Annales des Mines et de Geology de Tunis*, no. 4 (1949).

Metal, Denyse. "Gravures pariétales d'une habitation du Segdel." *Revue Tunisienne* (1936): 273-341.

Montagne, R. *Un magasin collectif de l'Antnti-Atlas. L'Agadir des Ikounka*. Paris: Larose, 1930.

Moreau, Lt. "Le Castellum de Ras Oued el Gordab, près de Ghoumrassen." Paris: Imprimerie Nationale, 1905. Also published in *Bull. Arch. Sousse* (1904): 369-76.

Moreau, P. "Le probléme du nomadisme dans le Sud Tunisien." *L'Afrique et 1'Asie* (1950): 42-50.

Peltier, F., and F. Arin. "Les modes d'habit chez les Djebaliya du Sud-Tunisien." *Revue du Monde Musulman* 8 (1909): 1-28.

Pervinquière, L. "Rapport sur une mission scientifique dans l'Extrême Sud Tunisien." Tunis: Guinle, 1912. Also published in *Mémoires et Documents de la Direction de l'Agriculture du Commerce et de la Colonisation (Tunis)*, no. 2 (1912): 51-58 and plates.

Prost, G. "Les migrations des populations du Sud Tunisien." *Bulletin Economique et Social de la Tunisie*, no. 43 (1950): 71-83.

Sladen, Douglas. *Carthage and Tunis, the Old and New Gates of the Orient*. 2 vols. London: Hutchinson and Co., 1906.

Suter, Karl. "Die Wohnhöhlen und Speicherburgen des Tripolitanisch-Tunesischen Berglandes." *Zeitschrifi fiir Ethnologie* 89 (1964): 216-75.

Thomas, J. *A travers le Sud-Tunisien*. Paris: Société d'Editions Géographiques Maritimes et Colonailes, 1930.

Tunisia. Bureau of Native Affairs. *Historique du Bureau des Affaires Indigènes de Tataouine*. Bourg, France: V. Berthod, 1931.

Tunisia. Ministry of Agriculture. Department of Water and Soil Resources. Soil Division. *Carte pedologique de la Tunisie*. Tunis, 1971.

Ward, Philip. *Touring Libya: The Western Provinces*. London: Faber and Faber, 1967.

Warthilâni. "A travers la berbèrie orientale du XVIIIᵉ siècle avec le voyageur al-Warthilâni." *Revue Afiicaine* 95 (1951): 315-99.

Williams, Maynard O. "Time's Footprint in Tunisian Sands." *National Geographic* 71 (1937): 344-86.

Turkey

Anahtar, Ali Yavuz. "An Earth-Integrated Hotel in Cappadocia." Ankara, Turkey, Master's thesis in Architecture, Middle East Technical University, July 1984, p. 21.

Erguvalani, A. K., and A. E. Yüzer. "Past and Present Use of Underground Openings Excavated in Volcanic Tuffs at Cappadocia Area." In *Storage in Excavated Rock Caverns, Rockstore 77,* edited by Magnus Bergman, 1: 31-36. Oxford, England: Pergamon Press, 1978.

Fahrner, Rudolf. *The Face of Anatolia: Caves and Khans in Cappadocia*. Vienna: Austrian National Printing Press, 1995.

Giovannini, Luciano. "The Rock Settlements." In *Arts of Cappadocia,* edited by Luciano Giovannini, 67-83. Geneva: Nagel, 1971.

Hazer, Fahriye. "Cultural-Ecological Interpretation of the Historic Underground Cities of Göreme, Turkey." In *Alternatives in Energy Conservation, the Use of Earth-Covered Buildings,* edited by Frank L. Moreland, 21-36. Washington, DC: National Science Foundation/USGPO, 1978.

Kostof, Spiro K. *Caves of God: The Monastic Environment of Byzantine Cappadocia*. Cambridge, MA: MIT Press, 1972.

Ozkan, Suha, and Selahattin Onur. "Another Think Wall Pattern: Cappadocia." In *Shelter, Sign & Symbol*. (London: Barrie &Jenkins), 1975, pp. 95-106.

Yorukoglu, Omer, et al. *Underground Cities in Cappadocia* (Ankara: not pub., 1989).

United States

Bennett, David. "University of Minnesota Bookstore." In *Alternatives in Energy Conservation, the Use of Earth-Covered Buildings,* edited by Frank L. Moreland, 117-30. Washington, DC: National Science Foundation/USGPO, 1978.

Boyer, L. L., ed. *An Earth-Sheltered Guest House*. Stillwater, OK: Oklahoma State University, 1979.

Boyer, L. L., W. T. Grondzik, and T. N. Bice, "Energy Usage in Earth-Covered Dwellings in Oklahoma." In *Proceedings: Earth-Sheltered Building Design Innovations,* edited by Lester L. Boyer, 4. 17-4.31. Stillwater, OK: Oklahoma State University, 1980.

Boyer, L. L., W. T. Grondzik, and M. J. Weber. "Passive Energy Design and Habitability Aspects of Earth-Sheltered Housing in Oklahoma." *Underground Space* 4 (1980): 333-39. Also published in *Preconference Proceedings of the Solar Heating & Cooling Systems Operational Results,* 183-89. Colorado Springs, CO: Department of Energy, 1979.

Boyer, L. L., M.J. Weber, and W. T. Grondzik. "Energy and Habitability Aspects of Earth-Sheltered Housing in Oklahoma." Project Report, Presidential Challenge

Grant. Stillwater, OK: Oklahoma State University, 1980.

"Largest Earth Shelter in San Francisco." *Earth Shelter Digest and Energy Report*, no. 9 (May-June 1980): 37.

MacCurdy, George G. "American Caves and Cave Dwellers." *American Journal of Archaeology* 4 (1937): 383-87.

Machowski, Barb. "Earth Shelters Enrich American History." *Earth Shelter Digest and Energy Report, no.* 11 (September-October 1980): 48-51.

"Saving by Going Underground." *AIA Journal* 61 (1974): 48-50.

Sterling, Raymond L. "Recent Developments in Underground Utilization in the USA." In *Proceedings of the Fourth International Conference on Underground Space and Earth Sheltered Buildings, December* 3-5, 1991. Tokyo, Japan: Sponsor—Urban Underground Space Center of Japan, 1991.

Other Countries

Ascher, Francois. "Impact of Land Use Transition by Underground Utilization: The Case of Paris." In *Proceedings of the Fourth International Conference on Underground Space and Earth Sheltered Buildings, December* 3-5, 1991. Tokyo, Japan: Sponsor — Urban Underground Space Center of Japan, 1991.

Autio, Jorma. "Economic and Functional Operating Characteristics of Rock Caverns Used for Various Purposes in Finland." *In Conference on Underground Space* (1988): 31-36.

Baggs, Sydney A. "The Dugout Dwellings of an Outback Opal Mining Town in Australia." In *Underground Utilization,* edited by Truman Stauffer, Sr., 4: 573-99. Kansas City, MO: University of Missouri, 1978. Also in mimeo, University of New South Wales, Sydney, Department of Landscape Architecture, 1977.

——. "The Lithotecture of Australia: With Specific Reference to User Health Factors." In *Proceedings: Earth-Sheltered Building Design Innovations,* edited by Lester L. Boyer, 2:19-2:26. Stillwater, OK: Oklahoma State University, 1980.

——. "Underground Architecture." *Architecture Australia* (December 1977-January 1978): 62-69.

Bergman, Sten G. A. *Underground Construction in Sweden.* Stockholm: Swedish Underground Construction Mission, 1976.

Brown, Percy. *Indian Architecture (Buddhist and Hindu),* Bombay: D.B. Taraporevala Sons & Co. Private Ltd., 1976.

Clausen, O. "Sweden Goes Underground." *New York Times Magazine,* 22 May 1966, 23-25.

Crawford, Harriet, ed. *Subterranean Britain —Aspects of Underground Archeology.* New York: St. Martin's Press, 1980.

Dawne, S. G. *Ajanta Ellora and Environs, Mythological, Historical, Sculptural, Pictorial Review*. India: Mukund Prakashan, 4th Ed., 1978.

Duffaut, Pierre. "Ground Pressure and Tunnelling from the Nineteenth Century to the Present." *Underground Space* 1 (1977): 185-200.

——. "Past and Future of the Use of Underground Space in France and Europe." *Underground Space* 5 (1980): 86-91.

Fujita, K., K. Ueda, and Y. Shimomura. "An Empirical Proposal on Stability of Rock Cavern Wall during Construction in Japan." In *Storage in Excavated Rock Caverns, Rockstore* 77, edited by Magnus Bergman, 2: 309-14. Oxford, England: Pergamon Press, 1978.

"Invisible Architecture in the Paris Underground; UNESCO Three-Story Underground Buildings." *Fortune* 73 (1966): 176.

"Japan, Underground Movement." *The Economist* 221 (1966): 1323.

Kovac, Milan. "Subterranean Museum for Pharaoh's Funeral Vessel at Giza, Egypt." *Underground Space* 3 (1979): 303-8.

Labs, Kenneth. "Terratecture: The Underground Design Movement of the 1970's." *Landscape Architecture* 67 (1977): 244-49.

———."The Use of Earth-Covered Buildings through History." In *Alternatives in Energy Conservation, the Use of Earth-Covered Buildings*, edited by Frank L. Moreland, 7-19. Washington, DC: National Science Foundation/USGPO, 1978.

LaNier, Royce. *Geotecture, Subterranean Accommodation and the Architectural Potential of Earthworks.* South Bend, IN: Privately printed, 1970.

Lang, Thomas A. "Underground Experience in the Snowy Mountains — Australia." In *Protective Construction in a Nuclear Age,* edited by J. J. O'Sullivan, 2: 688-765. New York: Macmillan Co., 1961.

Legget, Robert F. "75-Year-Old Underground Compressed Air Plant Still in Use in Canada." *Underground Space* 4 (1979): 29-31.

O'Reilly, M. P. "Some Examples of Underground Development in Europe." *Underground Space* 2 (1978): 163-78.

Owen, Christopher R. L. "Lalibala: The Rugged Highlands of Ethiopia Hold a Cache of Extraordinary Rockhewn Churches." *Architecture Plus* 2 (1974): 44-49.

Pathy, T. V. *Ajanta, Ellora & Aurangabad Caves: An Appreciation.* Aurangabad, India: Shrimati T. V. Pathy, 1978.

Ponte, Vincent, "Montreal High on Its Underground." *Kansas City Star*, 19 December 1976.

Rudofsky, Bernard. "Troglodytes." *Horizon* 9 (1967): 39.

Wolfe, Nancy H. *The Valley of Bamiyan, Kabul.* Kabul, Afghanistan: Afghanistan Tourist Organization, 1963.

Woodcock, George. "Cave Temples of Western India." *Arts Magazine* 36 (1962): 74-81.

SELECTED TOPICS: DESIGN AND CONSTRUCTION

Construction

Anagnostou, G., and K. Kovári. "The Face Stability of Slurry-Shield-Driven Tunnels." *Tunnelling and Underground Space Technology* 9, no. 2 (1994): 165-174.

Biggart, A. R., J. P. Rivier, and R. Sternath. "Storebælt Railway Tunnel—Construction." In *Proceedings of the International Symposium on Technology of Bored Tunnels Under Deep Waterways.* Copenhagen: Teknisk Forlag A/S, 1993.

DahlØ, T. S., and B. Nilsen. "Stability and Rock Cover of Hard Rock Subsea Tunnels." *Tunnelling and Underground Space Technology* 9, no. 2 (1994): 151-158.

de Ronde, S. F., G. J. Koo, and G. T. Visser. "The Design of the Piet Hein Tunnel, Amsterdam." In *Options for Tunnelling* 1993. Edited by H. Burger. Amsterdam: Elsevier, 1993.

Eisenstein, Z. D. "Large Undersea Tunnels and the Progress of Tunnelling Technology." *Tunnelling and Underground Space Technology* 9, no. 3 (1994): 283-292.

Fairhurst, Charles, et al. "The International Stripa Project: An Overview." *Tunnelling and Underground Space Technology* 8, no. 3 (1993): 315-343.

Grantz, Walter C. "Catalog of Immersed Tunnels." *Tunnelling and Underground Space Technology* 8, no. 2 (1993): 175-263.

———. "Waterproofing and Maintenance." *Tunnelling and Underground Space Technology* 8, no. 2 (1993): 161-174.

Gravesen, Lars, and Nestor S. Rasmussen. "A Milestone in Tunnelling: Rotterdam's Maas Tunnel CelBaxter, D.A. Construction of the Brunswick Street Rail Tunnels,

Brisbane." In *Proceedings of the VIIIth Australian Tunnelling Conference, Sydney.* Parkville, Victoria: The Australasian Institute of Mining and Metallurgy, 1993.

Kashima, S., et al. "Study of an Underground Physical Distribution System in a High-Density, Built-Up Area." *Tunnelling and Underground Space Technology* 8, no. 1 (1993): 53-59.

Malmberg, Bo. "Shotcrete for Rock Support: A Summary Report on the State of the Art in Fifteen Countries." *Tunnelling and Underground Space Technology* 8, no. 4 (1993): 441-470.

Nilsen, B. "Empirical Analysis of Minimum Rock Cover for Subsea Rock Tunnels." *Options for Tunnelling* 1993. Edited by H. Burger. Amsterdam: Elsevier, 1993.

Nishida, Y., and N. Uchiyama. "Japan's Use of Underground Space in Urban Development and Redevelopment." *Tunnelling and Underground Space Technology* 8, no. 1 (1993): 41-45.

Nuclear Waste Technical Review Board. "Underground Exploration and Testing at Yucca Mountain." *Tunnelling and Underground Space Technology* 9, no. 3 (1994): 353-363.

Odgård, Anders, David G. Bridges, and Steen Rostam. "Design of the Storebælt Railway Tunnel." *Tunnelling and Underground Space Technology* 9, no. 3 (1994): 293-307.

Pelizza, Sebastiano, and Daniele Peila. "Soil and Rock Reinforcements in Tunnelling." *Tunnelling and Underground Space Technology* 8, no. 3 (1993): 357-372.

Pusch, Roland, and Christer Svemar. "Influence of Rock Properties on Selection of Design for a Spent Nuclear Fuel Repository." *Tunnelling and Underground Space Technology* 8, no. 3 (1993): 345-356.

Rosengren, Lars, and Ove Stephansson. "Modeling of Rock Mass Response to Glaciation at Finnsjon, Central Sweden." *Tunnelling and Underground Space Teehnology* 8, no. 1 (1993): 75-82.

Rostam, A. "Service Life Design — The European Approach." *Concrete International* 15 (1993): 24-33.

Saveur, Jan, and Walter C. Grantz. "Structural Design of Immersed Tunnels." *Tunnelling and Underground Space Technology* 8, no. 2 (1993): 123-139.

van der Schrier, J. S., et al. "Tunnelling in Urban Areas, Interaction With Loaded Foundation Piles." In *Options for Tunnelling* 1993. Edited by H. Burger. Amsterdam: Elsevier, 1993.

Zhang, Qing, et al. "An Expert System for Prediction of Karst Disaster in Excavation of Tunnels or Underground Structures through a Carbonate Rock Area." *Tunnelling and Underground Space Technology* 8, no. 3 (1993): 373-378.

Design

Bligh, Thomas P. "Building Underground." *Building Systems Design* (October-November 1976): 1-22.

Duke, Buford W., Jr. "Incorporating Earth Shelter Considerations into the Design Process for Nonresidential Building." In *Proceedings: Earthsheltered Building Design Innovations*, edited by Lester L. Boyer, 5:23- 5:30. Stillwater, OK: Oklahoma State University, 1980.

Golany, Gideon S. *Earth-Sheltered Habitat: History, Architecture, and Urban Design.* New York: Van Nostrand Reinhold Co., 1983.

——."Design of the Earth-Sheltered Habitat: A Challenging Issue in Arid Lands." *ITTC Review* 12 (1983): 75-86.

——."Subterranean Settlements for Arid Zone." In *Housing in Arid Lands: Design and Planning,* edited by Gideon S. Golany, 109-22. London: Architectural Press, 1980.

Gorman, James. "Underground Architecture." In *Underground Utilization,* edited by Truman Stauffer, Sr., 3: 329-31. Kansas City, MO: University of Missouri, 1978.

Jia Kunnan and Dong Yikang. "Sintered Cave for Living Room." *Proceedings of the International Symposium on Earth Architecture, 1-4 November,* 1985, *Beijing.* Beijing: Architectural Society of China, 1985.

Labs, Kenneth. "The Architectural Underground." Parts 1, 2. *Underground Space* 1 (1976): 1-8, 135-56.

——."The Architectural Use of Underground Space: Issues and Limitations." New Haven, CT: privately printed, 1975.

Langley, John B. "The Barrel Shell—Structural Rethinking in Earth-Sheltered Design." *Underground Space* 5 (1980): 92-101.

Newman, Jerry, and Luther C. Godbey. *Design Considerations for Below-Grade-Level Houses.* Saint Joseph, MI: American Society of Agricultural Engineers, 1978.

Pennsylvania State University. Shelter Research and Study Program. *Planning, Analysis, and Design of Shelters.* 5 vols to date. University Park, PA: College of Engineering and Architecture, Pennsylvania State University, 1961.

Powell, Evelyn J. "Design Considerations for the Elderly and Handicapped." In *Earth-Covered Buildings and Settlements,* edited by Frank L. Moreland, 149-51. Springfield, VA: NTIS, 1979.

Preliminary Design Information for Underground Space. Minneapolis: Department of Civil and Mineral Engineering, University of Minnesota, 1975.

Shih, Jason C. "The Optimization of Earth-Covered Shell Structures." In *Earth-Covered Buildings: Technical Notes,* edited by Frank L. Moreland, F. Higgs, and J. Shih, 92-114. Springfield, VA: NTIS, 1979.

Sonntag, Alain. "An Image of an Underground Complex, the Forum des Halles in Paris." In *Proceedings of the Fourth International Conference on Underground Space and Earth Sheltered Buildings, December 3-5, 1991.* Tokyo, Japan: Sponsor — Urban Underground Space Center of Japan, 1991.

Wells, Malcolm B. *Underground Designs.* Brewster, MA: privately printed, 1977.

Drainage, Waterproofing, and Insulation

Bligh, Thomas P., Paul Shipp, and George Meixel. "Where to Insulate Earth-Protected Buildings and Existing Basements." In *Earth-Covered Buildings: Technical Notes,* edited by Frank L. Moreland, F. Higgs, and J. Shih, 251-72. Springfield, VA: NTIS, 1979.

Edvardsen, Knut I. *New Method of Drainage of Basement Walls.* Ottawa: National Research Council of Canada, 1972.

Foute, Steven J., and Douglas B. Cargo. "Earth-Covered Housing: Hydrologic and Pollution Considerations." In *Earth-Covered Buildings and Settlements,* edited by Frank Moreland, 108-24. Springfield, VA: NTIS, 1979.

Gill, G. W. "Waterproofing Buildings Below Grade." *Civil Engineering* 29 (1959): 3-5.

Gratwick, Reginald T. *Dampness in Buildings.* London: Lockwood Press, 1966.

Hagerman, Tor H. "Groundwater Problems in Underground Construction." In *Underground Utilization,* edited by Truman Stauffer, Sr., 3: 451-52. Kansas City: University of Missouri, 1978. Also in *Large Permanent Underground Openings,* edited by Tor Brekke and Finn Jorstad, 319-21. Oslo: Scandinavian University Books, 1970.

Klepper, M. R. "Underground Space: An Unappraised Natural Resource. Some Geologic and Hydrologic Considerations." In *Underground Utilization,* edited by Truman Stauffer, Sr., 1: 31-33. Kansas City: University of Missouri, 1978.

Lane, Charles A. "Waterproofing Earth-Sheltered Houses." *Fine Homebuilding,* no. 2 (April-May 1981): 35-37.

McGroarty, Bryan. "Waterproofing: Design to Work." *Earth Shelter Digest and Energy Report,* no. 12 (November-December 1980): 23-26.

Moyers, John C. *Value of Thermal Insulation in Residential Construction.* Oak Ridge, TN: Oak Ridge National Laboratory, 1971.

Randall, Frank A., Jr. "Construction Recommendations for Moisture Control." *Concrete Construction* 25 (September 1980): 675.

Remson, I., G. M. Hornberger, and F. J. Molz. *Numerical Methods in Subsurface Hydrology.* New York: John Wiley & Sons, 1971.

Natural Hazards

"Disasters Point Way to Earth Shelters." *Earth Shelter Digest and Energy Report,* no. 8 (March-April 1980): 11-14.

Dowding, Charles H. "Seismic Stability of Underground Openings." In *Storage in Excavated Rock Caverns, Rockstore* 77, edited by Magnus Bergman, 2: 231-38. Oxford, England: Pergamon Press, 1978.

Fukushima, Kunio, M. Hamada, and T. Hanamura. "Earthquake Resistant Design of Underground Tanks." In *Storage in Excavated Rock Caverns, Rockstore* 77, edited by Magnus Bergman, 2: 315-20. Oxford, England: Pergamon Press, 1978.

Pratt, H. R., W. A. Hustrulid, and D. E. Stephenson. *Earthquake Damage to Underground Facilities.* Washington, DC: Department of Energy Report Prepared by E. I. Du Pont De Nemours & Co., 1978.

Tamura, C. "Design of Underground Structures by Considering Ground Displacement during Earthquakes." *Proceedings of U. S.-Japan Seminar on Earthquake Engineering Research with Emphasis on Lifeline Systems.* Tokyo, 1976.

Yamahara, Hiroshi, Y. Hisatomi, and T. Morie. "A Study on the Earthquake Safety of Rock Cavern." In *Storage in Excavated Rock Caverns, Rockstore* 77, edited by Magnus Bergman, 2: 377-82. Oxford, England, Pergamon Press, 1978.

Roofs

Bargabus, Dave, and D. Laubach. "Covered vs. Conventional Roofs: What's Best?" *Earth Shelter Digest and Energy Report,* no. lo (July- August 1980): 26-28.

Behr, Richard, Ernst W. Kiesling, and Gary Boubel. "Thin Shell Roof Systems and Construction Techniques for Earth Sheltered Housing." In P*roceedings: Earth-sheltered Building Design Innovations,* edited by Lester Boyer, 7:17-7:27. Stillwater, OK: Oklahoma State University, 1980.

Gordon, Ann. "Rooftop Plantings for Earth-Covered Buildings in Temperate Climates." In *Proceedings: Earth-sheltered Building Design Innovations,* edited by Lester Boyer, 3:11-3:16. Stillwater, OK: Oklahoma State University, 1980.

Roy, Robert L. "Earth Roof Thickness: The Tradeoffs." *Earth Shelter Digest and Energy Report,* no. 13 (January-February 1981).

Structure

Bello, Arturo A. "Simplified Method for Stability Analysis of Underground Openings." In *Storage in Excavated Rock Caverns, Rockstore* 77, edited by Magnus Bergman, 2: 289-94. Oxford, England: Pergamon Press, 1978.

Bodonyi, J., and S. Fekete. "Calculation and Design of Large Underground Openings." In

Storage in Excavated Rock Caverns, Rockstore 77, edited by Magnus Bergman, 2: 295-300. Oxford, England: Pergamon Press, 1978.

Chicago Urban Transportation District. "Underground Construction Problems, Techniques & Solutions." In Proceedings of a Seminar, U.S. Department of Transportation, 20-22, October 1975, Chicago. Springfield, VA: NTIS, n.d.

Darvas, Robert M. "Structural Problems in Earth Covered Buildings." In Earth-Covered Buildings: Technical Notes, edited by Frank L. Moreland, F. Higgs, and J. Shih, 70-73. Springfield, VA: NTIS, 1979.

Earth-Sheltered Construction: A Special Issue of Concrete Construction 25 (September 1980).

Getzler, Z., Menachem Gellert, and Ruben Eitan. "Analysis of Arching Pressures in Ideal Elastic Soil. "Journal (Soil Mechanics and Foundations Division, American Society of Civil Engineers) 96 (1970): 1357-72.

Getzler, A., and L. Lupu. "Experimental Study of Buckling of Buried Domes. "Journal (Soil Mechanics and Foundations Division, American Society of Civil Engineers) 95 (1969): 605-24.

Gill, H. L. "Model Study of Arching Above Buried Structures." Journal (Soil Mechanics and Foundations Division, American Society of Civil Engineers) 95 (1969): 1120-22.

——."Static Loading of Small Buried Arches." Port Hueneme, CA: U.S. Naval Civil Engineering Laboratory, 1965.

Lenzini, Peter A. "Ground Stabilization: Review of Grouting and Freezing Techniques for Underground Openings." Underground Space 1 (1977): 227-40.

Shih, Jason C. "Literature Review on the Structural Optimization for the Possible Application of Earth-Covered Buildings." In Earth-Covered Buildings: Technical Notes, edited by Frank L. Moreland, F. Higgs, and J. Shih, 115-22. Springfield, VA: NTIS, 1979.

Sterling, Ray. "Structural Systems for Earth Sheltered Housing." In Earth-Covered Buildings: Technical Notes, edited by Frank L. Moreland, F. Higgs, and J. Shih, 60-69. Springfield, VA: NTIS, 1979. Also in Underground Space 3 (1978): 75-81.

Vadnais, Kathleen. "Double Envelope Concept Applied to Earth-Sheltering." Earth Shelter Digest and Energy Report, no. 13 (January-February 1981).

Soil Properties and Performance

Ashbel, D., et al. Soil Temperature in Different Latitudes and Diffrent Climates. Jerusalem: Hebrew University, 1965.

Bergman, S. Magnus. "Geo-Planning—the Key to Successful Underground Construction." Underground Space 2 (1977): 1-7.

Blick, Edward F. "A Simple Method for Determining Heat Flow through Earth Covered Roofs." In Proceedings: Earth-sheltered Building Design Innovations, edited by Lester L. Boyer. 3: 3-23. Stillwater, OK: Oklahoma State University, 1980.

Bligh, Thomas P. "Thermal Energy Storage in Large Underground Systems and Buildings." In Storage in Excavated Rock Caverns, Rockstore 77, edited by Magnus Bergman, 1: 63-71. Oxford: Pergamon Press, 1978.

Bliss, Donald E., et al. "Air and Soil Temperatures in a California Date Garden." Soil Science 53 (1942): 55-64.

Bodonyi, J. "Engineering Geology Related to Underground Openings." UNESCO International Post-Graduate Course on the Principles and Methods of Engineering Geology. Budapest, 1975.

Boileau, G. G., and J. K. Latta. "Calculation of Basement Heat Losses." In Under-

ground Utilization, edited by Truman Stauffer, Sr., 5: 754-64. Kansas City, MO: University of Missouri, 1978.

Carson, James E. "Analysis of Soil and Air Temperatures by Fourier Techniques."*Journal of Geophysical Research* 68 (1963): 2217-32.

——. *Soil Temperature and Weather Conditions.* Lemont, IL: Argonne National Laboratory, 1961.

Crabb, G. A., Jr., and J. L. Smith. "Soil-Temperature Comparisons under Varying Covers." In *Soil Temperature and Ground Freezing,* 32-80. Washington, DC: National Academy of Sciences, National Research Council, 1953.

Davies, G. R. "Thermal Analysis of Earth-Covered Buildings." In *Proceedings of the 4th National Passive Solar Conference,* edited by G. Franta, 744. Newark, DE: American Section of the International Solar Energy Society, 1979.

Davis, William B. "Earth Temperature: Its Effect on Underground Residences." In *Earth-Covered Buildings: Technical Notes,* edited by Frank L. Moreland, F. Higgs, and J. Shih, 205-9. Springfield, VA: NTIS, 1979.

de Vries, D. A. "Thermal Properties of Soils." In *Physics of Plant Environment,* edited by Willem R. van Wijk, 210-35. New York: John Wiley & Sons, 1963.

Drapeau, F.J. *Mathematical Analysis of Temperature Rise in the Heat Condition Region of an Underground Shelter.* Washington, DC: U.S. Department of Commerce, National Bureau of Standards, 1965.

Druker, E. F., and J. T. Haines. "A Study of Thermal Environment in Underground Survival Shelters Using an Electronic Analog Computer." A*SHRAE Transactions* 70 (1964): 7-20.

Flathau, W. J., and J. P. Balsara. "Soil-structure Interaction—An Overview." In *Earth-Covered Buildings: Technical Notes*, edited by Frank Moreland, F. Higgs and J. Shih, 13-33. Springfield, VA: NTIS, 1979.

Fluker, B. J. "Soil Temperatures." *Soil Science* 86 (1958): 35-46.

Givoni, Baruch. "Modifying the Ambient Temperature of Underground Buildings." In *Earth-covered Buildings: Technical Notes,* edited by Frank L. Moreland, F. Higgs, and J. Shih, 123-38. Springfield, VA: NTIS, 1979.

Golany, Gideon S. "Soil Thermal Performance and Geo-Space Design." In *Geotechnical Engineering, Japan Society of Civil Engineers.* Proceedings of JSCE, No. 445/III-18, March 1992-3, pp. 1-8.

Jumikis, A. R. *Thermal Soil Mechanics.* New Brunswick, NJ: Rutgers University Press, 1966.

Kusada, T. and F. J. Powell. *Heat Transfer Analysis of Underground Heat Distribution Systems.* Report 10-194. Washington, DC: National Bureau of Standards, 1970.

Kusada, T., and P. R. Achenbach. "Comparison of Digital Computer Simulations of Thermal Environment." In *Occupied Underground Protective Structure with Observed Conditions.* Report 9473. Washington, DC: National Bureau of Standards, 1966.

——."Numerical Analyses of the Thermal Environment of Occupied Underground Spaces with Finite Cover Using a Digital Computer." *ASHRAE Transactions* 69 (1963): 439-52.

Kusada, T. *Earth Temperature Beneath Five Different Surfaces.* Report 10373. Washington, DC: U.S. Department of Commerce, National Bureau of Standards, 1971.

——."Least Squares Technique for the Analysis of Periodic Temperature of the Earth's Surface Region." *Journal of Research of the National Bureau of Standards* 71C, no. 1 (1967): 43-50.

——. "The Effect of Ground Cover on Earth Temperature." In *Alternatives in Energy*

Conservation, the Use of Earth-Covered Buildings, edited by Frank L. Moreland, 279-303. Washington, DC: National Science Foundation/USGPO, 1978.

Labs, Kenneth. "The Underground Advantage: Climate of Soils." In *Proceedings of the 4th National Passive Solar Conference,* edited by G. Franta. Newark, DE: American Section of the International Solar Energy Society, 1979.

Langbein, W. B. "Computing Soil Temperatures." *Transactions of the American Geophysical Union* 30 (1949): 543-47.

Lytton, Robert L. "Soil and Ground Water Considerations." In *Alternatives in Energy Conservation, the Use of Earth-Covered Buildings,* edited by Frank L. Moreland, 257-62. Washington, DC: National Science Foundation/USGPO, 1978.

Maxwell, Robert K. "Temperature Measurements and the Calculated Heat Flux in the Soil." Master's thesis, University of Minnesota, 1964.

McBride, M. F., et al. "Measurement of Subgrade Temperatures for Prediction of Heat Loss in Basements." *ASHRAE Transactions* 85, pt. 1 (1979).

Penrod, E. B. "Variation of Soil Temperature at Lexington, Kentucky, from 1952-1956." Bulletin 57. Lexington, KY: Engineering Experiment Station, University of Kentucky, 1960.

Peters, A. *Soil Thermal Properties: An Annotated Bibliography.* Philadelphia: Franklin Institute, 1962.

Pollack, H. A., and D. S. Chapman. "The Flow of Heat from the Earth's Interior." *Scientific American* 237 (1977): 60-76.

Shipp, P. H. "Thermal Characteristics of Large Earth Sheltered Structures." Ph.D. diss., University of Minnesota, 1979.

Singer, Irving A., and R. M. Brown. "The Annual Variations of Sub-soil Temperatures about a 600-Foot Circle." *Transactions of the American Geophysical Union* 37 (1956): 743-48.

Smith, A. "Diurnal, Average, and Seasonal Soil Temperature Changes at Davis, California." *Soil Science* 28 (1929): 457-68.

Smith, W. O. "The Thermal Conductivity of Dry Soils." *Soil Science* 53 (1942): 435-59.

"Survival Shelters." In *ASHRAE Guide and Data Book Applications,* 1971, 177-202. New York: American Society of Heating, Refrigerating, and Air-Conditioning Engineers, 1971.

Van Straaten, J. F. *Thermal Performance of Buildings.* Amsterdam: Elsevier Publishing Co., 1967.

Willi, W. O. "Bibliography on Soil Temperature." Mandan, ND: U.S. Department of Agriculture, Agricultural Research, Northern Great Plains Field Station, 1964.

Technology

Dunnicliff, John. *Geotechnical Instrumentation for Monitoring Field Performance.* New York: John Wiley & Sons, Inc., 1993.

Kämppi, A. "Viikinmäki: Helsinki's New Central Wastewater Treatment Plant." *Tunnelling and Underground Space Technology* 9, no. 3 (1994): 373-377.

Kovari, K., R. Fechtig, and Ch. Amstad. "Experience with Large-Diameter Tunnel Boring Machines in Switzerland." *Options for Tunnelling* 1993. Edited by H. Burger. Amsterdam: Elsevier, 1993.

Kramer, Steven R., William J. McDonald, and James C. Thompson. *An Introduction to Trenchless Technology.* Arlington, VA: National Utility Contractors Association, 1994.

Molenaar, V. L. "Construction Techniques." *Tunnelling and Underground Space Tech-*

nology 8, no. 2 (1993): 141-159.

Murray, C., S. Courtley, and P. F. Howlett. "Developments in Rock-Breaking Techniques." *Tunnelling and Underground Space Technology* 9, no. 2 (1994): 225-231.

Robbins, Richard, and Martin Kelley. "Tunnelling Machine Development for Under-sea Projects—A Review of the Issues." *Tunnelling and Underground Space Technology* 9, no. 3 (1994): 323-328.

Soliman, E., H. Duddeck, and H. Ahrens. "Two-and Three-Dimensional Analysis of Closely Spaced Double-Tube Tunnels." *Tunnelling and Underground Space Technology* 8, no. 1 (1993): 13-18.

Thermal Performance and Energy

Allen, F. C. "Ventilating and Mixing Processes in Nonuniform Shelter Environments." Springfield, VA: National Technical Information Service, 1970.

Barnes, Paul R., and Hanna Shapira. "Passive Solar Heating and Natural Cooling of an Earth-Integrated Design." In *Proceedings: Earth-sheltered Building Design Innovations,* edited by Lester L. Boyer, 7:29-7:36, Stillwater, OK: Oklahoma State University, 1980.

Bedell, Berkley. "Earth-sheltered Homes Help to Achieve Energy Inde-pendence." *Earth Shelter Digest and Energy Report,* no. 9 (May-June 1980): 48-49.

Bennett, David, and Thomas P. Bligh. "The Energy Factor—A Dimension of Design." *Underground Space* 1 (1977): 325-32.

Bligh, Thomas P. "A Comparison of Energy Consumption in Earth-Covered vs. Non-Earth-Covered Buildings." In *Alternatives in Energy Conservation, the Use of Earth-Covered Buildings,* edited by Frank L. Moreland, 85-105. Washington, DC: National Science Foundation/ USGPO, 1978.

Chester, C. V., et al. "An Earth-Covered Residential Concept for the Humid Conti-nental Region." In *Earth-covered Buildings: Technical Notes,* edited by Frank L. Moreland, F. Higgs, and J. Shih, 171-94. Springfield, VA: NTIS, 1979.

Coffee and Crier, Architects. "An Underground Solar-Heated Residence (Plan)." In *Alternatives in Energy Conservation, the Use of Earth-Covered Buildings,* edited by Frank L. Moreland, 149. Washington, DC: National Science Foundation/USGPO, 1978.

Cunningham, Kim. "Underground Architecture: An Alternate Approach to Architec-ture and Energy Conservation." Master's thesis, Oklahoma State University, 1977.

Drucker, Eugene E., and Herbert S. Y. Cheng. "Analog Study of Heating in Survival Shelters." In *Symposium on Survival Shelters,* 35-80. New York: American Soci-ety of Heating, Refrigerating, and Air-conditioning Engineers, 1963.

Ducar, G. J., and G. Engholm. "Natural Ventilation of Underground Fallout Shelters." *ASHRAE Transactions* 71, pt. 1 (1965): 88-100.

"Earth-Sheltered Colorado House is 100% Solar Heated." *Underground Space* 4 (1980): 403-4.

Eckert, E. R. G., T. P. Bligh, and E. Pfender. "Energy Exchange between Earth-Sheltered Structures and the Surrounding Ground." In *Earth-Covered Buildings: Technical Notes,* edited by Frank L. Moreland, F. Higgs, J. Shih, 226-50. Springfield, VA: NTIS, 1979.

Emery, A. F., D. R. Heerwagen, and C. J. Kippenhan. "Earth-Sheltered Passive Solar Structures—Occupant Comfort and Energy Use." In *Earth-Sheltered Building Design Innovations,* edited by Lester L. Boyer, 4:33-4:40. Stillwater, OK: Okla-homa State University, 1980.

Golany, Gideon S. "Free-Energy Cooling Systems for Houses in the Desert." In *Innovations for Future Cities,* edited by Gideon S. Golany, 246-62. New York: Praeger Publications, 1976. Also in *Proceedings of the International Conference of Energy Use Management,* edited by Rocco A. Fazzolare and Craig B. Smith, 2: 339-46. New York: Pergamon Press, 1977.

——. "Urban Design Morphology and Thermal Performance." In *Atmospheric Environment,* Vol. 29, 1995, pp. 1-11.

Hylton, Joe. "Underground-Solar House Wind Tunnel Test." In *Earth-Covered Buildings: Technical Notes,* edited by Frank L. Moreland, F. Higgs, and J. Shih, 195-204. Springfield, VA: NTIS, 1979.

Jackewicz, Shirley A. "New Cave Dwellers Save on Energy Bills, Keep Comfortable." *Wall Street Journal,* 24 May 1979.

Labs, Kenneth. "Earth Tempering as a Passive Design Strategy." In *Earth-Sheltered Building Design Innovations,* edited by Lester L. Boyer, 3.3- 3.10. Stillwater, OK: Oklahoma State University, 1980.

Nordell, Bo, et al. "The Combi Heat Store—A Combined Rock Cavern/Borehole Heat Store." *Tunnelling and Underground Space Technology* 9, no. 2 (1994): 243-249.

Orlowski, Henry. "Thermal Chimneys and Natural Ventilation." In *Earth-Covered Buildings: Technical Notes,* edited by Frank L. Moreland, F. Higgs, and J. Shih, 220-25. Springfield, VA: NTIS, 1979.

Rice, Irvin. "Heating, Ventilating, and Air Conditioning of Underground Installations." *In An Introduction to the Design of Underground Openings for Defense,* edited by Le Roy Goodwin, *Quarterly of The Colorado School of Mines* 46: 259-304. Golden: Colorado School of Mines, 1951.

Schutrum, L. F., and N. Ozisik. "Solar Heat Gains through Domed Skylights." *ASHRAE Journal* 3 (1961): 51-60.

Sohar, Ezra. "Man in the Desert." In *Arid Zone Settlement Planning: The Israeli Experience,* edited by Gideon S. Golany, 447-518. New York: Pergamon Press, 1979.

"The Energy Initiative Program: An Earth-Covered Military Plant." *Underground Space* 3 (1979): 269-70.

Thompson, Robert. "Air Quality Maintenance in Underground Buildings." *Underground Space* 1 (1977): 355-64.

van Hove, J. "Productivity of Aquifer Thermal Energy Storage (ATES) in The Netherlands." *Tunnelling and Underground Space Technology* 8, no. 1(1993): 47-52.

Ventilation

"Energy Conservation by Building Underground." *Underground Space* 1 (1976): 19-33.

"Underground Building Climate." *Solar Age* 4 (1979): 44-50.

Windows and Light

Boyer, Lester L. "Subterranean Designs Need Daylighting." *Earth Shelter Digest and Energy Report,* no. 4 (July-August 1979): 32-34.

Burts, E., and Eva McDonald. "Opinions Differ on Windowless Classrooms." *NEA Journal* 50 (October 1961): 13-14.

Chambers, J. A. "A Study of Attitudes and Feelings toward Windowless Classrooms."

Ed.D. diss., University of Tennessee, 1963.

Collins, Belinda Lowenhaupt, ed. *Windows and People: A Literature Survey. Psychological Reaction to Environments With and Without Windows.* Gaithersburg, MD:U.S. Department of Commerce, National Bureau of Standards, 1975.

Karmel, L. J. "Effects of Windowless Classroom Environment on High School Students." *Perceptual and Motor Skills* 20 (1965): 277-78.

URBAN DESIGN: CITY PLANNING AND DEVELOPMENT

Climate

Barber, E. M. "Adequacy of Evaporative Cooling and Shelter Environmental Prediction." Report 10689. Washington, DC: National Bureau of Standards, 1972.

Behr, Richard, Ernst Kiesling, and Gary Boubel. "Earth-Sheltered Housing Potentials for West Texas." *Earth Shelter Digest and Energy Report,* no. 5 (September-October 1979): 24-25.

Gelder, John. "Underground Desert Shelter." B. Arch. thesis, University of Adelaide, Australia, 1977.

Golany, Gideon S. "Subterranean Settlements for Arid Zones." In *Earth-Covered Buildings and Settlements,* edited by Frank L. Moreland, 174-202. Springfield, VA: NTIS, 1979. Also in *Housing in Arid Lands: Design and Planning*, edited by Gideon S. Golany, 109-22. London: Architectural Press, 1980.

Green, Kevin W. "Passive Cooling: Designing Natural Solutions for Summer Cooling Loads." *Research and Design* 2 (Fall 1979): 4.

Hummell, John D., David E. Bearint, and James A. Eibling. "Survival Shelter Cooling: Conventional and Novel Systems." *ASHRAE Transactions* 71, pt. 1 (1965): 125-33.

Kiesling, E. W., and Gary A. Boubel. "Ashford Earth-Covered Residence, Muleshoe, Texas." In *Earth-Covered Buildings and Settlements,* edited by Frank Moreland, 273-77. Springfield, VA: NTIS, 1979.

Kiesling, E. W., Gary A. Boubel, and R. Behr. "Earth Forms Texas House." In *Earth Shelter Digest and Energy Report,* no. 4 (July-August 1979): 8-11.

Knauer, Virginia, and Lewis M. Branscomb. *Eleven Ways to Reduce Energy Consumption and Increase Comfort in Household Cooling.* Washington, DC: National Bureau of Standards, 1971.

Labs, Kenneth. "Terratypes: Underground Housing for Arid Zones." In *Housing in Arid Lands: Design and Planning,* edited by Gideon S. Golany, 123-40. London: Architectural Press, 1980.

Langley, John B. "Sun Belt Subsoil Studied." *Earth Shelter Digest and Energy Report,* no. 12 (November-December 1980): 20-21.

Langley, John B., and James L. Gray. *Sun Belt Earth-Sheltered Architecture.* Winter Park, FL: Sun Belt Earth-Sheltered Research, 1980.

Shih, J. C., and S. Kumar. "A Case for Subsurface and Underground Housing in Hot-arid Lands." Washington, DC: U.S. Army Research Office, 1976.

van der Meer, Wybe J. "The Possibility of Subterranean Housing for Arid Zones." In *Housing in Arid Lands: Design and Planning,* edited by Gideon S. Golany, 141-150. London: Architectural Press, 1980.

Environmental Issues

Carleton, Joseph G. "An Environmentalist's Views on Underground Construction." In *Underground Utilization,* edited by Truman Stauffer, Sr., 6: 894-99. Kansas

City, MO: University of Missouri, 1978.

Dasler, A. R., and D. Minard. "Environmental Psychology of Shelter Habitation." *Transactions. Proceedings of the ASHRAE Semiannual Meeting,* Vol. 71, pt. 1, 115-24. Chicago: American Society of Heating, Refrigerating, and Air-Conditioning Engineers, 1965.

LaNier, Royce. "Assessing Environmental Impact of Earth-Covered Buildings." *Underground Space* 1 (1977): 309-15.

——. "Earth-Covered Buildings and Environmental Impact." In *Alter-natives in Energy Conservation, the Use of Earth-Covered Buildings,* edited by Frank L. Moreland, 269-78. Washington, DC: National Science Foundation/USGPO, 1978.

Lasitter, H. A. *Acoustics Noise Reduction in Shielded Enclosures.* Port Huemene, CA: Naval Civil Engineering Laboratory, 1967.

Wells, Malcolm. "To Build Without Destroying the Earth." In *Alternatives in Energy Conservation, the Use of Earth-Covered Buildings*, edited by Frank L. Moreland, 211-32. Washington, DC: National Science Foundation/USGPO, 1978. Also in *Underground Utilization,* edited by Truman Stauffer, Sr., 4: 546-52. Kansas City, MO: University of Missouri, 1978.

Industrial and Commercial Use

"Building Underground: Factories and Offices in a Cave." *Engineering News-Record* 166 (18 May 1961): 58-59.

Callahan, S.J. "The Development of Limestone Mines into Underground Warehouses and Manufacturing Plants." In *Underground Utilization*, edited by Truman Stauffer, Sr., 1: 22-26. Kansas City, MO: University of Missouri, 1978.

Carlier, R. "Design of Windowless Factories in Belgium." *Annales, Institut Technique du Bâtiment et des Travaux Publics* 22 (1969): 1441-83.

Chryssafopoulos, Nicholas. "Employee Attitudes." In *Underground Utilization,* edited by Truman Stauffer, Sr., 4:530-31. Kansas City, MO: University of Missouri, 1978.

Fairhurst, Charles. "U.S. Develops New, Commercial Uses for Earth-Sheltering." *Underground Space* 5 (1980): 31-35.

Keighley, E. C. "Visual Requirements and Reduced Fenestration in Office Buildings—A Study of Window Shape." *Building Science* 8 (1973): 311-20.

Lonsdale, Richard E. "Underground Space as a Locational Consideration in Industry." *Underground Space* 1 (1976): 59-60. Also in *Underground Utilization*, edited by Truman Stauffer, Sr., 5: 687-88. Kansas City, MO: University of Missouri, 1978.

Military Use

Blaschke, Theodore E. "NORAD's Underground Command Center." *Civil Engineering* 34 (1964): 36-39.

Jones, Lloyd S. "Non-traditional Military Uses of Underground Space." *Underground Space* 2 (1978): 153-58.

Lally, Elaine K. "The Strange Language of Cheyenne Mountain: The NORAD Underground." In *Underground Utilization*, edited by Truman Stauffer, Sr., 7: 965-74. Kansas City, MO: University of Mis-souri, 1978.

Margison, Arthur D. "Canadian Underground NORAD Economically Achieved." *Underground Space* 2 (1977): 9-17.

Olson, J. J., et al. *Ground Vibrations from Tunnel Blasting in Granite: Cheyenne Mountain (NORAD), Colorado.* Minneapolis: Bureau of Mines, Twin Cities Mining Research Center, 1972.

Shih, Jason, and S. Kumar. *Optimization of Subsurface and Underground Shells.* Washington, DC: U.S. Army Research Office, 1970.

Parking

Igarashi, K., and S. Okumura. "Conception of an Underground Parking System." *Tunnelling and Underground Space Technology* 8, no. 1 (1993): 61-64.

Matsushita, K., S. Miura, and T. Ojima. "An Environmental Study of Underground Parking Lot Developments in Japan." *Tunnelling and Underground Space Technology* 8, no. 1 (1993): 65-73.

Narvi, S., et al. "Legal, Administrative, and Planning Issues for Subsurface Development in Helsinki." *Tunnelling and Underground Space Technology* 9, no. 3 (1994): 379-384.

National Research Council. *In Our Own Backyard: Principles for Effective Improvement of the Nation's Infrastructure.* Edited by Albert A. Grant and Andrew C. Lemer. Washington, DC: National Academy Press, 1993.

Pells, P. J. N., R. J. Best, and H. G. Poulos. "Design of Roof Support of the Sydney Opera House Underground Parking Station." *Tunnelling and Underground Space Technology* 9, no. 2 (1994): 201-207.

Pells, P.J.N., P. A. Mikula, and C. J. Parker. "Monitoring of the Sydney Opera House Underground Parking Station." In *Proceedings of the VIIth Australian Tunnelling Conference, Sydney.* Parkville, Victoria: The Australasian Institute of Mining and Metallurgy, 1993.

Pickell, Mark B., ed. *Pipeline Infrastructure II.* New York: American Society of Civil Engineers, 1993.

Psychology

Bechtel, Robert B. "Psychological Aspects of Earth Covered Buildings." In *Earth-Covered Buildings and Settlements,* edited by Frank L. Moreland, 71-77. Springfield, VA: NTIS, 1979.

Collins, Belinda L. "Review of the Psychological Reaction to Windows." In *Underground Utilization,* edited by Truman Stauffer, Sr., 4: 532-40. Kansas City, MO: University of Missouri, 1978.

Paulus, Paul B. "On the Psychology of Earth-Covered Buildings." In *Alternatives in Energy Conservation, the Use of Earth-Covered Buildings*, edited by Frank L. Moreland, 65-69. Washington, DC: National Science Foundation/USGPO, 1978. Also printed in *Underground Space* 1 (1976): 127-30.

Seybert, Jeffrey A. "Psychological Factors and Future Expansion of Underground Space Utilization." In *Underground Utilization*, edited by Truman Stauffer, Sr., 7: 1018-19. Kansas City, MO: University of Missouri, 1978.

Wunderlich, Elizabeth. "Psychology and Underground Development." In *Underground Utilization,* edited by Truman Stauffer, Sr., 4: 526-29. Kansas City, MO: University of Missouri, 1978.

Public Policy, Legislation, and Zoning

Barker, Michael B. "Earth-Sheltered Construction: Thoughts on Public Policy Issues." *Underground Space* 4 (1980): 283-88.

Colvin, Brenda. *Land and Landscape: Evolution, Design, and Control.* 2d ed. London:

J. Murray, 1973.

Duffaut, Pierre. "Site Reservation Policies for Large Underground Openings." *Underground Space* 3 (1979): 187-93.

Fischer, Hans C. "National and International Cooperation in Underground Construction." Stockholm: Swedish Underground Construction Mission, 1976.

Green, Melvyn. "Building Codes and Underground Buildings." In *Earth-Covered Buildings and Settlements,* edited by Frank L. Moreland, 25-29. Springfield, VA: NTIS, 1979.

Guinnee, John W., and William G. Gunderman. "Terraspace: In Consideration of a Policy." In *Underground Utilization,* edited by Truman Stauffer, Sr., 6: 834-36. Kansas City, MO: University of Missouri, 1978.

Hamburger, Richard. "Public Policy Considerations and Earth-Covered Settlements." In *Earth-Covered Buildings and Settlements,* edited by Frank L. Moreland, 1-6. Springfield, VA: NTIS, 1979.

——. "Strategies for Legislative Change." In *Alternatives in Energy Conservation, the Use of Earth-Covered Buildings,* edited by Frank L. Moreland, 243-46. Washington, DC: National Science Foundation/USGPO, 1978.

Harza, Richard D. "National Commitment to Better Urban Life Assures a Rapid Growth in Underground Construction." Paper presented at the annual meeting of the Geological Society of America, Washington, DC, 1971.

Higgs, Forrest S. "Integrating Earth-Covered Housing into Existing Energy-Efficiency Code Structures." In *Earth-Covered Buildings and Settlements,* edited by Frank L. Moreland, 44-53. Springfield, VA: NTIS, 1979.

Labs, Kenneth. "Underground Development, Zoning, and You." *Earth Shelter Digest and Energy Report,* no. 4 (July-August 1979): 4-7.

LaNier, Royce, and Frank L. Moreland. "Earth-Sheltered Architecture and Land-Use Policy." *Underground Space* 1 (1977): iii-iv.

Legal, Economic, and Energy Considerations in the Use of Underground Space. Washington, DC: National Academy of Sciences, 1974.

Schools

Allen, Phelan G. "Fremont Elementary School Air Conditioning." In *Underground Utilization,* edited by Truman Stauffer, Sr., 4: 562-63. Kansas City, MO: University of Missouri, 1978.

Bailey, Edwin R. "Alternatives to Educational Space Needs." In *Underground Utilization,* edited by Truman Stauffer, Sr., 2: 180-83. Kansas City, MO: University of Missouri, 1978.

Carter, Douglas N. "Community and Building Official Reaction to Earth-Covered Buildings: A Case Study, Terraset Elementary School, Reston, Virginia." In *Earth-Covered Buildings and Settlements,* edited by Frank L. Moreland, 78-81. Springfield, VA: NTIS, 1979.

——. "Terraset Elementary School, Reston, Virginia." In *Alternatives in Energy Conservation, the Use of Earth-Covered Buildings,* edited by Frank L. Moreland, 135-49. Washington, DC: National Science Foundation/USGPO, 1978.

——. "Terraset School." *Underground Space* 1 (1977): 317-23.

Cooper, James G., and Carl H. Ivey. *A Comparative Study of the Educational Environment and the Educational Outcomes in an Underground School, a Windowless School, and Conventional Schools.* Washington, DC: Defense Civil Preparedness Agency, 1964.

——. *Final Report of the Abo Project. Santa* Fe: New Mexico Department of Education,

1964.

Demos, G. D. "Controlled Physical Classroom Environments and Their Effect upon Elementary School Children." Windowless Classroom Study. Riverside County, CA: Palm Springs School District, 1965.

Larson, C. Theodore. *The Effect of Windowless Classrooms on Elementary School Children.* Ann Arbor, MI: Architectural Research Laboratory, University of Michigan, 1965.

Lutz, Frank W. "Studies of Children in an Underground School." In *Alternatives in Energy Conservation, the Use of Earth-Covered Buildings,* edited by Frank L. Moreland, 71-77. Washington, DC: National Science Foundation/USGPO, 1978. Also in *Underground Space* 1 (1976): 131-34.

Lutz, Frank W., and Susan B. Lutz. *The Preliminary Report on the Abo Project.* Washington, DC: Defense Civil Preparedness Agency, 1964.

Lutz, Frank W., Patrick D. Lynch, and Susan B. Lutz. *Abo Revisited: An Evaluation of the Abo Elementary School and Fallout Shelter (Final Report).* Washington, DC: Defense Civil Preparedness Agency, 1972.

Platzker, J. "The First 100 Windowless Schools in the U.S.A." Paper presented at the twenty-eighth annual convention of National Association of Architectural Metal Manufacturers, 1966.

Tikkanen, K. T. "Window Factors in Schools." In *Overhead Natural Lighting, Part* 2. Helsinki, Finland: University of Technology, 1974.

"Three Underground Schools." *Progressive Architecture* 56 (1975): 30.

Social and Economic Issues

Davidoff, Linda. "Social Issues in Community Planning for Earth-Covered Shelters." *In Earth-Covered Buildings and Settlements,* edited by Frank L. Moreland, 17-24. Springfield, VA: NTIS, 1979.

Dorum, Magne. "Energy Economy in Rock Stores. A Study of Heat Requirement in Air-conditioned Stores, Freestanding and in Rock Caverns." *In Storage in Excavated Rock Caverns, Rockstore* 77, edited by Magnus Bergman, 1: 73-77. Oxford, England: Pergamon Press, 1978.

Foster, Eugene L. "Social Assessment—A Means of Evaluating the Social and Economic Interactions between Society and Underground Technology." *Underground Space* 1 (1976): 61-63.

Fox, Greg. "Low Cost Earth-Sheltered Housing." *Alternative Sources of Energy, no.* 48 (March-April 1981).

Garrison, W. L. "Social, Economic, and Planning Impacts of Rapid Excavation and Tunneling Technology." In *Underground Utilization,* edited by Truman Stauffer, Sr., 6: 854-58. Kansas City, MO: University of Missouri, 1978.

Golany, Gideon S. *Ethics and Urban Design: Culture, Form, and Environment.* New York: John Wiley & Sons, 1995.

Hoch, Irving. "Economic Trends and Demand for the Development of Underground Space." In *Legal, Economic, and Energy Considerations in the Use of Underground Space,* 68-86. Washington, DC: National Academy of Sciences, 1974.

Isakson, Hans R. "Institutional Constraints on the Marketing and Financing of Earth-Covered Settlements." In *Earth-Covered Buildings and Settlements,* edited by Frank L. Moreland, 7-11. Springfield, VA: NTIS, 1979.

Korell, Mark L. "Financing Earth-Sheltered Housing: Issues and Opportunities." *Underground Space* 3 (1979): 297-301.

McKown, Cora, and K. Kay Steward. "Consumer Attitudes Concerning Construction

Features of an Earth-Sheltered Dwelling." *Underground Space* 4 (1980): 293-95.

McWilliams, Donald B., and Stephen M. Findley. "A Life Cycle Cost Comparison Between a Conventional and an Earth-Covered Home." In *Earth-Covered Buildings and Settlements,* edited by Frank L. Moreland, 94-107. Springfield, VA: NTIS, 1979.

Muller, C. A., and R. A. Taylor. "No Cause for Apprehension about Costs of Insuring Earth-Sheltered Homes." *Underground Space* 5 (1980): 28-30.

Newcomb, Richard T. "Dynamic Analyses of Demands for Underground Construction." In Legal, Economic, and Energy Considerations in the Use of Underground Space, 87-103. Washington, DC: National Academy of Sciences, 1974.

Parker, Albert D. *Planning and Estimating Underground Construction.* New York: McGraw-Hill, 1970.

Rockaway, John D., and N. B. Aughenbaugh. "Go Underground for Low-Cost Housing." In *Underground Utilization,* edited by Truman Stauffer, Sr., 4: 614-18. Kansas City, MO: University of Missouri, 1978.

Roy, Robert L. *Underground Houses: How to Build a Low-Cost Home.* New York: Sterling Publishing, 1979.

Smay, V. E. "Underground Living in this Ecology House Saves Energy, Cuts Building Costs, Preserves the Environment." *Popular Science,* June 1974, 88-89.

Williams, John E. "The Application of Life-Cycle Cost Techniques for Earth-Covered Building Analysis: A Preliminary Evaluation." In *Underground Utilization,* edited by Truman Stauffer, Sr., 5: 765-80. Kansas City, MO: University of Missouri, 1978.

———. "Comparative Life-Cycle Costs." In *Alternatives in Energy Conservation, the Use of Earth-Covered Buildings*, edited by Frank L. Moreland, 43-64. Washington, DC: National Science Foundation/USGPO, 1978.

Transportation

Alders, Charles. "A Study of Earth-Covered Buildings by an Electric Utility Company." In *Alternatives in Energy Conservation, the Use of Earth-Covered Buildings,* edited by Frank L. Moreland, 107-15. Washington, DC: National Science Foundation/USGPO, 1978.

Anttikoski, U., et al. "Bedrock Resources and Their Use in Helsinki." *Tunnelling and Underground Space Technology* 9, no. 3 (1994): 365-372.

Asche, H. R., and D. A. Baxter. "Design and Ground Support Monitoring of the Brunswick Street Rail Tunnels, Brisbane." *Tunnelling and Underground Space Technology* 9, no. 2 (1994): 233-242.

Berg, N. "Aspects on Underground Location of Urban Facilities—Power Supply, Oil Storage, and Sewage Treatment." In *Geological and Geographical Problems of Areas of High Population Density*. Sacramento, CA: Association of Engineering Geologists, 1970.

Branyan, S. G. "Operation and Maintenance of Underground Storage." In *Symposium on Salt,* 609-15. Cleveland: Northern Ohio Geological Society, 1963.

Brown, Verne. "Underground Location of Utilities as Part of Underground Development." In *Underground Utilization*, edited by Truman Stauffer, Sr., 2: 254-56. Kansas City, MO: University of Missouri, 1978.

Espedal, Tor Geir, and Gunnar Nærum. "Norway's Rennfast Link: The World's Longest and Deepest Subsea Road Tunnel." *Tunnelling and Underground Space Technology* 9, no. 2 (1994): 159-164.

Hoffman, George A. "Urban Underground Highways and Parking Facilities." Memo-

英汉词汇对照

Accessibility, slope geo-space habitat design 可达性，坡地地下住居设计
Design principles 设计原则
Site selection 选址
Acute gradient slope, slope geo-space habitat design, design considerations 陡坡，坡地地下住居设计，设计注意事项，
Air pollution, see pollution 大气污染，见污染
Altitude, slope geo-space habitat design, site selection 海拔高度，坡地地下住居设计，选址
Automation 自动化
Delivery systems, described 物流系统，描述
Parking facilities 停车设施

Baserock storage, infrastructure 基岩储存库，基础设施
Belowground(subterranean) space, described 地下空间，描述
   see also Geo-space urban environment 也见地下城市环境
Bias, slope geo-space habitat design 偏见，坡地地下住居设计
Business space, see Commercial space; Shopping centers 商务空间，见商业空间，购物中心
Cable cars, slope geo-space habitat design, transportation 缆车，坡地地下住居设计，运输
Canada, geo-space use 加拿大，地下空间利用
Cappadocia, Turkey, indigenous geo-space use 卡帕多基亚，土耳其，当地地下空间利用
China 中国
contemporary geo-space use 现代的

地下空间利用
indigenous geo-space use 当地地下空间利用，
Claustrophobia, slope geo-space habitat design and 幽闭恐怖症，坡地地下住居设计
Climate, see Soil thermal performance; thermal performance 气候，土壤热性能，热性能
geo-space environment 地下空间环境
slope geo-space habitat design 坡地地下住居设计
design and 设计
site selection 选址
   altitude 海拔高度
   orientation 朝向
Tokyo, heat island 东京，热岛
Climbing wagon, slope geo-space habitat design, transportation 爬升小货车，坡地地下住居设计，运输
Clinton administration 克林顿任期内
Commercial space, see shopping centers 商业空间，见购物中心
   geo-space environment 地下空间环境
   land-use division 用地划分
Compact land use, described 紧凑的土地利用，描述
Condensation, slope geo-space habitat design, thermal performance 冷凝，坡地地下住居设计，热性能
Construction costs 建筑成本
   parking facilities 停车设施
   shopping centers 购物中心
   subway 地铁
Construction forms, subway 建设形式，地铁
Construction methods, slope geo-space habitat design 建设方法，坡地地

下住居设计

Cultural facilities, land-use division 文化设施，用地划分

Deep zone, described 深层区域，描述

Defense, geo-space environment conditions 防御，地下空间环境状况

Delivery systems 物流系统
    automated 自动化的
    underground roadways 地下车行道

Depth considerations 深度因素
    deep zone 深层区域
    generally 一般地
    medium depth zone 中深度区域
    shallow depth zone 浅深度区域

Distribution systems, see Delivery systems 配送系统，见物流系统

Downtown center, geo-space/supra-space fusion 市中心，地下空间/地面空间的结合

Earthquake, see Hazards and safety infrastructure 地震，见危险和安全设施
    electrical wire 电线
    Tokyo underground space network project 东京地下空间网络工程
    slope geo-space habitat design 坡地地下住居设计
    subways, 地铁

Earth-sheltered habitat, described 覆土住宅，描述

Educational facilities 教育设施
    geo-space environment 地下空间环境
    land-use division 用地划分

Electrical appliances, shopping centers, 电器，购物中心

Electrical supply, infrastructure 供电，基础设施

Elevators, slope geo-space habitat design, transportation 电梯，坡地地下住居设计，运输

Energy consumption 能耗
    parking facilities 停车设施
    shopping centers 购物中心
    slope geo-space habitat design 坡地地下住居设计
    subways 地铁
    Tokyo 东京

Energy tanks , infrastructure 储油罐，基础设施

Entertainments facilities, land-use division 娱乐设施，用地划分

Environmental characteristics 环境特性
    shopping centers 购物中心
    see also thermal performance 也见热性能

Erosion, slope geo-space habitat design, site selection 侵蚀，坡地地下住居设计，选址

Escalator, slope geo-space habitat design, transportation 自动扶梯，坡地地下住居设计，运输

Finance: 财政
    infrastructure, deep ground 基础设施，地下深层
    shopping centers 购物中心

Fire 火灾
    infrastructure，Tokyo underground space network project 基础设施，东京地下空间网络工程
    parking facilities 停车设施
    shopping centers 购物中心
    slope geo-space habitat design 坡地地下住居设计
    subways 地铁

Flood, see Hazards and safety sewage system 水灾，危险和安全下水道系统
    shopping centers 购物中心
    slope geo-space habitat design 坡地地下住居设计
    subways 地铁

Floor planning, shopping centers 平面规划，购物中心

France, geo-space use 法国，地下空间利用

Garbage, disposal, see Waste disposal 垃圾，处理，废物处理

Gas supply, infrastructure 供煤气，基础设施

Geological structure, slope geo-space habitat design, site selection 地质构造，坡地地下住居设计，选址

Geomorphology, slope geo-space habitat design, site selection 地形学，坡地地下住居设计，选址

Geo-space infrastructure, see infrastructure 地下基础设施，见基础设施

Geo-space shopping centers, see shopping centers 地下购物中心，见购物中心

Geo-space urban environment 地下城市环境

conditions required for 必要条件
depth considerations 深度因素
deep zone 深层区域
generally 一般地
medium depth zone 中深区域
shallow depth zone 浅深区域
hazards and safety 危险和安全
health and 健康
land-use division 用地划分
commercial centers 商业中心
educational, cultural, and entertainment 教育，文化，和娱乐
generally 一般地
industrial development 工业发展
windowless structures 无窗结构
land-use policy 用地政策
compact land use 紧凑的土地利用
generally 一般地
segregated or integrated land use 分隔的或综合的土地利用
legislation and 立法
national urban policy and 国家城市政策
overview of 综述
pros and cons of 赞成和反对
slope geo-space habitat design 坡地地下住居设计
soil thermal performance 土壤热性能，
supra-space fusion 结合地面空间
transportation system 交通系统
delivery systems, automated, described 物流系统，自动化的，描述
zero-pollution vehicles 无污染交通工具
typology 类型学
belowground(subterranean) space 地下空间
earth-sheltered habitat 覆土住宅
geo-space usage 地下空间利用
semi-belowground dwellings 半地下住居
subsurface house 地下住宅

Government 管理
geo-space urban environment and 地下城市环境
infrastructure, deep ground 基础设施，地下深层
shopping centers and 购物中心

Gradient, of slope, slope geo-space habitat design 倾斜的，斜坡，坡地地下住居设计
design considerations 设计需考虑的因素
site selection 选址

Habitat forms, slope geo-space habitat design 居住形式，坡地地下住居设计
Hazards and safety, see health considerations 危险和安全，健康因素
geo-space urban environment 地下城市环境
parking facilities 停车设施
shopping centers 购物中心
slope geo-space habitat design 坡地地下住居设计
subway 地铁
Tokyo 东京
underground roadways 地下车行道
Health considerations, see Hazards and safety 健康因素，见危险和安全
geo-space urban environment 地下城市环境
parking facilities 停车设施
shopping centers 购物中心
subway 地铁
Heating, infrastructure 供热，基础设施
Heat island, Tokyo 热岛，东京
Hillside supra-space settlements, described 坡地地上定居点，描述
Howard, Ebenezer 埃比尼泽·霍华德
Humidity, see Relative humidity 湿度，见相对湿度
Hydrology, slope geo-space habitat design, site selection 水文学，坡地地下住居设计，选址

India, indigenous geo-space use 印度，当地地下空间利用
Indigenous geo-space use 当地地下空间利用
Cappadocia, Turky 卡帕多基亚，土耳其
China 中国
India 印度
overview 综述
Tunisia 突尼斯
Industrial development 工业发展
geo-space urban environment 地

下城市环境
    land-use division 用地划分
Infections, geo-space urban environ-
    ment and, see also health consider-
    ations 传染病，地下城市环境，健
    康因素
Infrastructure 基础设施
    development of 发展
    electrical supply 供电
    electrical wire 电线
    energy tanks and baserock stor-
    age 储油罐，基岩储油库
    gas supply 供煤气
    heating 供热
    sewage system 污水系统
    telecommunications 电讯
    utility tunnels 市政隧道
    waste treatment 废物处理
    water supply system 供水系统
    water treatment facilities 水处理
    设施

Japanese 日本的
overview 综述
Tokyo Bay space network project 东
    京湾空间网络工程
    hazards and safety 危险和安全
    land use 土地利用
    Life Anchor Project 生命锚地
    计划
    Transportation 运输
Tokyo underground space network
    project 东京地下空间网络计划
    hazards and safety 危险和安全
    heat island 热岛
    network system 网络系统
    overview of 综述
    supra-space and 地面空间
    waste disposal 废物处理
underground utilization 地下利用
    deep ground 地下深层
    generally 一般
    technology, 技术
Integrated land-use policy, described
    综合土地利用政策，描述
International perspective 国际观点
    contemporary use 当代利用
    Canada 加拿大
    China 中国
    France 法国
    Japan 日本
    Sweden 瑞典
    U.S 美国

indigenous use 当地利用
Cappadocia, Turkey 卡帕多基
亚，土耳其
China 中国
India 印度
overview 综述
Tunisia 突尼斯

Japanese geo-space shopping centers,
    see Shopping centers 日本地下购
    物中心，见购物中心
Japanese infrastructure, see Infrastruc-
    ture 日本基础设施，见基础设施
Japanese transportation, see Transpor-
    tation 日本交通，见交通

Land costs 土地价格
    geo-space environment 地下空
    间环境
    shopping centers 购物中心
Land ownership 土地所有权
    geo-space urban environment and
    地下城市环境
    infrastructure, deep ground 基础
    设施，地下深层
Land preservation, geo-space urban
    environment conditions 土地保存，
    地下城市环境状况
Landslide, slope geo-space habitat de-
    sign 塌方，坡地地下住居设计
Land-use division 用地划分
    commercial centers 商业中心
    educational, cultural, and entertain-
    ment 教育，文化，和娱乐
    generally 一般地
    industrial development 工业发展
    windowless structures 无窗结构
Land-use policy 用地政策
    compact land use 紧凑的土地
    利用
    generally 一般地
    segregated or integrated land use
    分隔的或综合的土地利用
Le Corbusier 勒·柯布西耶
Legislation 立法
    geo-space urban environment and
    地下城市环境
    infrastructure, deep ground 基础
    设施，地下深层
    shopping centers and 购物中心
Lighting, shopping centers, see also
    Sunshine penetration 照明，购物
    中心，日照透射

Liquid natural gas, infrastructure 液化
天然气，基础设施

Longevity, geo-space urban environ-
ment and 寿命，地下城市环境

Low gradient slope, slope geo-space
habitat design, design considerations
缓坡，坡地地下住居设计，设计注
意事项

Maintenance, shopping centers 维护，
购物中心

Medium depth zone, described 中等
深度区域，描述

Moderate gradient slope, slope geo-
space habitat design, design consid-
erations 中等斜坡，坡地地下住居
设计，设计注意事项

Nasal mucosa, geo-space urban environ-
ment and 鼻粘膜，地下城市环境

National urban policy, geo-space ur-
ban environment and 国家城市政
策，地下城市环境

Network systems, infrastructure, To-
kyo 网络系统，基础设施，东京

New Austrian Tunneling Method
(NATM) 新奥地利隧道方法

Noise reduction, geo-space urban en-
vironment and 降噪声，地下城市
环境

Office space, geo-space environment
办公空间，地下环境

Orientation, slope geo-space habitat
design 方位，坡地地下住居设计
design principles 设计原则
site selection 选址

Parking facilities 停车设施
efficiency 效率
geo-space/ supra-space fusion 地
下空间 / 地上空间融合
health 健康
overview of 综述
Pedestrian movement 步行
geo-space/ supra-space fusion 地
下空间 / 地上空间融合
shopping centers 购物中心
Perception, slope geo-space habitat
design 认知，坡地地下住居设计
Plumbing systems, shopping centers
管道系统，购物中心
Pollution 污染
energy consumption 能耗
industrial development, land-use
division 工业发展，用地划分

parking facilities 停车设施
shopping centers 购物中心
underground roadways 地下车行道
zero-pollution vehicles 无污染
交通工具
Prejudice, slope geo-space habitat de-
sign 偏见，坡地地下住居设计
Psychology, slope geo-space habitat
design 心理，坡地地下住居设计
Public space, geo-space environment
公共空间，地下环境

Quality of life, lope geo-space habitat
design 生活品质，坡地地下住居
设计

Radioactive substances, geo-space ur-
ban environment and 放射性物质，
地下城市环境
Railroads, shopping centers, see also Sub-
ways 铁路，购物中心，也见地铁
Refrigerated storage, geo-space envi-
ronment 冷藏库，地下环境
Relative humidity 相对湿度
shopping centers 购物中心
slope geo-space habitat design 坡
地地下住居设计
site selection 选址
Respiratory tract, geo-space urban en-
vironment and 通风管道，地下城
市环境
Restaurants, shopping centers 餐厅，
购物中心
Rheumatism, geo-space urban environ-
ment and 风湿，地下城市环境
Roadways, see Underground roadways
车行道，地下车行道
Runoff, slope geo-space habitat design,
site selection 流水量，坡地地下
住居设计，选址
Safety, see Hazards and safety 安全，
见危险与安全
Scale, shopping centers 规模，购物
中心
Security, shopping centers 安全，购
物中心
Segregated land-use policy, described
分隔的土地利用政策，描述
Self-image, slope geo-space habitat
design and 自我形象，坡地地下
住居设计
Semi-belowground dwellings 半地下
住居

described 描述
 slope geo-space habitat design and 坡地地下住居设计
Sewage system 污水系统
 infrastructure 基础设施
 slope geo-space habitat design and 坡地地下住居设计
 site selection 选址
 accessibility 可达性
Shallow depth zone, described 浅深区域，描述
Shopping centers, see also Commercial space 购物中心，也见商业空间
 air pollution 空气污染
 amenities 舒适
 case study 案例研究
 connections within 内部联系
 construction costs 建设费用
 energy consumption 能耗
 entrepreneurs 企业家
 environmental characteristics 环境特性
 floor planning, 平面规划
 history of 历史
 legislation and 立法
 lighting 照明
 management 管理
  electrical appliances 电器
  fire protection systems 防火系统
  of installations 安装
  maintenance 维护
  plumbing systems 管道系统
  security and safety 安全保卫
  special services 特别服务
 overview of 综述
 safety 安全
 scale 规模
 site planning 场地规划
 stores and restaurants 商店和餐馆
 thermal performance 热性能
 wind velocity 风速
Site planning and selection 场地规划和选址
 shopping centers 购物中心
 slope geo-space habitat design and 坡地地下住居设计
  accessibility 可达性
  altitude, thermal performance, relative humidity 海拔高度，热性能，相对湿度
  design principles 设计原则
  generally 一般地
  geological structure and soil com-

position 地质构造和土壤成分
  geomorphology 地形学
  hydrology, runoff, water table, and erosion 水文学，径流，地下水位，侵蚀
  orientation 方位
  slope gradient 坡度
Skin protection, geo-space urban environment and 表面防护，地下城市环境
Sleep, geo-space environment 睡眠，地下环境
Slope geo-space habitat design and, see also geo-space urban environment 坡地地下住居设计，地下城市环境
 bias and prejudice against 偏见和反对
 claustrophobia and 幽闭恐怖症
 design 设计
  gradients 倾斜度
  guidelines 指导
  habitat forms 居住形式
  principles 原则
  transportation 交通
 design and climate considerations 设计和气候因素
 innovative methods 创新方法
 construction 建设
 generally 一般地
 hillside supra-space settlements 坡地地上住居
 significance of 意义
 overview of 综述
 self-image and 自我形象
 site selection 选址
 accessibility 可达性
 altitude, thermal performance, relative humidity 海拔高度，热性能，相对湿度
 generally 一般地
 geological structure and soil composition 地质构造和土壤成分
 geomorphology 地形学
 hydrology, runoff, water table, and erosion 水文学，径流，地下水位，侵蚀
 orientation 方位
 slope gradient 坡度
 socioeconomic benefits 社会经济利益
 thermal performance 热性能
 condensation 冷凝

example 实例
generally 一般地
geo-space form and 地下空间形式
Slope gradient, slope geo-space habitat
design 坡度，坡地地下住居设计
design considerations 设计因素
site selection 选址
Socioeconomic benefits, slope geo-
space habitat design 社会经济利
益，坡地地下住居设计
Soil composition, slope geo-space habi-
tat design, site selection 土壤成分，
坡地地下住居设计，选址
Soil thermal performance, see Ther-
mal performance 土壤热性能，见
热性能
geo-space urban environment 地
下城市环境
Solar radiation, slope geo-space habi-
tat design, design and, see also Sun-
shine penetration 太阳辐射热，坡
地地下住居设计，设计，日照透射
Soleri, Paolo 美国建筑家保罗索勒里
Staircase, slope geo-space habitat
design, transportation 楼梯，坡地
地下住居设计，交通
Stores, shopping centers 商店，购物
中心
Subsurface house, described 地上住
宅，描述
Subterranean space, see Geo-space ur-
ban environment 地下空间，见地
下城市环境
Subways 地铁
construction forms 建造形式
development of 发展
efficiency 效率
example of 实例
function of 功能
hazards and safety 危险和安全
health 健康
shopping centers 购物中心
slope geo-space habitat design
坡地地下住居设计，
transportation 交通
Sunshine, see Solar radiation 日照，
见太阳辐射
Sunshine penetration 日照透射
shopping centers 购物中心
slope geo-space habitat design 坡
地地下住居设计，
design and 设计
Supra-space 地上空间

hillside, described 山坡，描述
Tokyo underground space network
project 东京地下空间网络工程
urban environment, geo-space fu-
sion 城市环境，地下空间融合
Sweden, geo-space use 瑞典，地下
空间利用

Telecommunications, infrastructure 电
讯，基础设施
Temperature, see Soil thermal
performance; Thermal performance
温度，见土壤热性能，热性能
Thermal performance 热性能
shopping centers 购物中心
slope geo-space habitat design 坡
地地下住居设计
condensation 冷凝
example 实例
generally 一般地
geo-space form and 地下空间
形式
site selection 选址
thermal fluctuation 温度波动
subways 地铁
Tokyo, heat island 东京，热岛
Thermal performance of soil, see Soil
thermal performance 土壤的热性
能，见土壤热性能
Tokyo Bay space network project 东
京湾空间网络工程
hazards and safety 危险和安全
land use 土地利用
Life Anchor Project 生命锚地工程
transportation 交通
Tokyo underground space network
project 东京地下空间网络工程
hazards and safety 危险和安全
heat island 热岛
network systems 网络系统
overview of 综述
supra-space and 地上空间
energy utilization 能量利用
network systems 网络系统
waste disposal 垃圾处理
Tranquility, geo-space environment 宁
静，地下空间环境
Transportation 交通
delivery systems, automated 物
流系统，自动化
described 描述
infrastructure, Tokyo 基础设施，
东京

medium depth zone 中深区域
parking facilities 停车设施
   efficiency 效率
   health 健康
   overview of 综述
shopping centers 购物中心
slope geo-space habitat design 坡地地
  下住居设计
   design 设计
   site selection, accessibility 选址，
   可达性
subways 地铁
   construction forms 建造形式
   development of 发展
   efficiency 效率
   example of 实例
   function of 功能
   hazards and safety 危险和安全
   health 健康
underground roadways 地下车行道
   distribution systems 配送系统
   examples 实例
   overview of 综述
   problems of 存在问题
zero-pollution vehicles 无污染车辆
Tunisia, indigenous geo-space use 突
  尼斯，当地地下空间利用
Turkey, indigenous geo-space use 土
  耳其，当地地下空间利用

Underground roadways 地下车行道
   distribution systems 配送系统
   examples 实例
   overview of 综述
   problems of 存在问题
United States, geo-space use 美国，
  地下空间利用
Upper respiratory tract, geo-space ur-
  ban environment and 上呼吸道，
  地下城市环境
Urban policy, see National urban policy
  城市政策，见国家城市政策
Urban scale, geo-space environment
  conditions 城市规模，地下空间环
  境条件
Utility tunnels, infrastructure 市政隧
  道，基础设施

Ventilation 通风
   shopping centers 购物中心
   slope geo-space habitat design 坡
  地地下住居设计
   design 设计

design principles 设计原则
underground roadways 地下车行道

Waste disposal 垃圾处理
   slope geo-space habitat design, site
   selection, accessibility 坡地地下
   住居设计，选址，可达性
   Tokyo 东京
Waste treatment, infrastructure 垃圾
  处理，基础设施
Water supply system, infrastructure 供
  水系统，基础设施
Water table, slope geo-space habitat
  design, site selection 地下水位，
  坡地地下住居设计，选址
Water treatment facilities, infrastruc-
  ture 水处理设备，基础设施
Weather, slope geo-space habitat de-
  sign 气候，坡地地下住居设计
Windowless structure, land-use divi-
  sion 无窗结构，用地划分
Winds 风
   shopping centers 购物中心
   slope geo-space habitat design 坡
  地地下住居设计
   design 设计
Wright, Frank Lloyd 美国建筑大师
  弗兰克·劳埃德·赖特

Zero-pollution vehicles, transportation
  systems 无污染车辆，交通系统
Zoning, shopping centers and 区划，
  购物中心